# 抽水蓄能机组优化控制问题及其启发式优化方法

李超顺　周建中　许颜贺　著

U0296538

科学出版社

北　京

# 内 容 简 介

本书针对大型抽水蓄能机组控制系统中的优化问题及其启发式优化算法进行深入研究和讨论。按照抽水蓄能机组控制系统建模及仿真、启发式优化算法设计、非线性系统辨识、控制器参数优化、水轮机工况开机规律优化与机组导叶关闭规律优化的结构体系进行全面论述，综合展示抽水蓄能机组控制与优化运行的理论基础、算法设计和工程应用。

本书适合从事非线性系统建模与辨识、控制优化、水电生产过程自动化等方向相关学科高年级本科生、研究生学习参考使用，也适合从事水电机组辨识、控制优化、建模工作的研究人员和工程技术人员参考。

**图书在版编目(CIP)数据**

抽水蓄能机组优化控制问题及其启发式优化方法/李超顺，周建中，许颜贺著. —北京：科学出版社，2019.6

ISBN 978-7-03-057212-7

I. ①抽… II. ①李… ②周… ③许… III. ①抽水蓄能水电站–单元机组–研究 IV. ①TV743

中国版本图书馆 CIP 数据核字（2018）第 084287 号

责任编辑：孙寓明 / 责任校对：高 嵘
责任印制：彭 超 / 封面设计：苏 波

科 学 出 版 社 出版

北京东黄城根北街 16 号
邮政编码：100717

http://www.sciencep.com

武汉中科兴业印务有限公司印刷
科学出版社发行 各地新华书店经销

＊

开本：787×1092 1/16
2019 年 6 月第 一 版 印张：12
2019 年 6 月第一次印刷 字数：285 000

**定价：88.00 元**

（如有印装质量问题，我社负责调换）

# 序

我国抽水蓄能技术研究起步较晚,迄今为止国内研究技术人员对它的了解还不够深入,尤其是在当前抽水蓄能机组向大型化、复杂化、智能化发展的趋势下,抽水蓄能机组的安全、稳定、高效运行还有许多亟待研究的理论问题与急需解决的关键科学和技术问题。其中,抽水蓄能机组的优化控制问题是人们需要关注的一个关键问题。抽水蓄能机组的优化控制涉及水力、机械、电力等诸多方面,是一类多场耦合的复杂非线性优化问题。

尽管国内外对传统水轮发电机组建模、辨识、发电过程控制等关键科学问题开展了卓有成效的研究,在一定程度上揭示了水轮发电机的运行特性,基本掌握了其优化运行和控制技术,但仍缺乏对抽水蓄能机组优化控制问题的深入研究,未见系统的理论依据与技术对策。抽水蓄能机组运行特性较一般水轮发电机组更为复杂,机组优化控制问题可能影响抽水蓄能机组的安全稳定运行,进而限制机组调峰调频、调节负荷、促进电力系统节能和维护电网安全稳定运行的功能。

根据国家规划,我国将加快抽水蓄能电站建设,以适应新能源大规模开发需要,保证电力系统安全稳定。以风电为代表的新能源大规模并网引发的电网不稳定性问题对抽水蓄能机组的调节品质和可靠性提出了更高要求。在此背景下,迫切需要加强对抽水蓄能机组精细化建模、辨识、发电过程机制进行深入研究,以期揭示抽水蓄能机组水–机–电耦合系统非线性特性,实现其机组适应变工况的高效、精准控制。因此,阐明抽水蓄能机组优化控制面临的科学问题,最终形成建模、辨识、控制优化有效融合的多维度调控理论与技术体系,具有重要的理论意义和工程应用价值。

本书介绍了抽水蓄能机组建模、辨识、控制等方面的学术前沿和发展动态,是作者及其研究团队近年来部分研究工作的总结。全书从抽水蓄能机组复杂非线性特征研究入手,围绕精细化非线性模型高精度辨识与多工况优化控制等优化问题,系统研究了启发式优化方法,提出了问题的解决思路与方法,形成了基于启发式优化的抽水蓄能机组系统辨识方法、机组控制参数优化方法、机组启动、关闭控制优化方法,这些理论和方法为提升抽水蓄能机组控制品质与运行效果奠定了理论基础。他们不仅进行了深入的理论研究和实践探索,而且将理论成果应用到实际工程,体现了他们的扎实学术功底和对前沿研究方向的把握能力。本书具有很强的系统性和实用性,是一本理论结合实际、具有重要学术价值的著作。需要指出的是,抽水蓄能机组安全、稳定运行涉及的理论方法具有很强的学科交叉性,其中的优化问题是很多学科都在进行的基础性科学、技术问题。因此,本书的出版不仅丰富和发展了抽水蓄能机组安全稳定运行理论的内涵和外延，而且促进了交叉学科的融合发展。

希望本书对推动相关领域的学术研究和工程应用技术发展发挥作用。

中国工程院院士：

2019 年 3 月

# 前　言

随着我国社会与经济的快速发展，工业发展水平和创新高技术产业规模不断壮大，人民生活水平提升，电力需求增大，导致电力负荷持续增长。在化石能源日趋枯竭，环境问题日益严峻的当今社会，能源问题愈来愈影响世界各国的可持续健康发展，开发与利用可再生能源是当今社会的一个热点问题。我国相继出台了《中华人民共和国可再生能源法》《可再生能源产业发展指导目录》等一系列法律法规及配套政策措施，大力推进可再生能源的开发，鼓励发展新型储能方式。在此绿色能源快速发展以及能源结构深化改革背景下，我国抽水蓄能电站建设发展迅速，可逆式抽水蓄能机组研发、制造、应用和维护向高水头、大容量、智能化方向发展，对我国实现改善能源结构、推动节能减排、降低企业发电对环境的影响、促进经济可持续快速发展具有重大意义。

我国已建及在建的抽水蓄能电站存在单机容量大、引水管道长、水流惯性巨大、布置复杂等特点，控制系统呈现非最小相位、非线性强等特性，精确模型描述十分困难，导致目前国内相关研究往往采用简化模型，无法真实反映机组控制系统的动态响应特性。此外，机组采用可逆式的结构设计，各工况之间切换方式复杂，也使得水泵水轮机流道内流态紊乱、水力瞬变规律呈现不确定性，机组压力脉动和空化现象较常规水轮发电机组更为普遍，对机组控制品质提出了更高要求。因此，通过系统辨识研究建立精确的水轮发电机组控制系统模型，进一步研究机组的先进控制策略，对于提高机组控制系统动态响应品质和运行稳定性具有重要的理论意义及工程应用价值。

本书针对大型抽水蓄能机组控制系统模型辨识与先进控制策略研究面临的关键科学与技术问题，按照非线性精细化建模、启发式优化算法、非线性参数辨识、控制器参数优化、过渡过程控制优化的结构体系进行全面阐述。全书分为 8 章，第 1 章阐述抽水蓄能机组控制中的优化问题与启发式优化算法在电力生产中的应用，揭示控制优化理论发展趋势与最新研究；第 2 章讨论分析抽水蓄能机组调速系统和同步发电机励磁调节系统的非线性精细化模型；第 3 章介绍引力搜索算法并据此提出改进引力搜索算法；第 4 章提出模拟羊群觅食模式的人工羊群算法并将其拓展至多目标优化领域，提出多目标人工羊群算法；第 5 章提出基于启发式优化算法的抽水蓄能机组调速系统、同步发电机和励磁系统非线性模型的参数辨识策略；第 6 章以提升水轮机调节系统的控制品质为目标，研究并提出抽水蓄能机组调速系统控制参数优化策略；第 7 章论述抽水蓄能机组开机过渡过程控制理论，提出开机导叶控制规律多目标优化策略；第 8 章研究抽水蓄能机组甩负荷过渡过程控制理论，提出甩负荷工况导叶控制规律多目标优化策略。

本书相关研究内容主要来源于作者承担的国家自然科学基金"抽水蓄能机组的集成故障诊断非线性预测控制研究（51479076）""抽蓄储能风光互补智能微网多尺度控制研究

（51679095）"与国家重点研发计划项目课题"枢纽发电、泄洪、通航联合优化调控技术（2016YFC0401910）""水力发电系统耦联动力安全及智能运行技术（2016YFC0401905）"，以及企业委托项目的最新研究成果，并在工程实践中获得广泛应用。

在本书的撰写过程中，李超顺教授主要负责第2～5章的撰写工作，周建中教授主要负责第1章与第8章的撰写工作，许颜贺博士与贺徽高级工程师共同负责第6～7章的撰写工作。作者所在实验室近年来毕业和在读的部分研究生也参与了本书相关章节的撰写工作，张楠博士参与了第1章、第3章、第5章、第6章的撰写，汪赞斌硕士参加了第1章、第2章、第7章的撰写，赖昕杰博士参加了第1章、第4章、第8章的撰写。李超顺教授负责全书大纲的拟定与审定工作，并具体负责统稿和定稿。张楠、汪赞斌、赖昕杰等研究生协助李超顺教授负责全书校订和插图绘制工作。书中的一些内容是作者在相关研究领域工作成果的总结，在研究过程中得到了相关单位以及有关专家同仁的大力支持，同时本书也吸收了国内外专家学者在这一研究领域的最新研究成果，在此一并表示衷心的感谢！

由于系统辨识、控制与优化理论和方法在实际应用中受诸多因素影响，加之作者水平有限，书中不当之处在所难免，恳请广大专家同行和读者批评指正。

作 者

2018 年 4 月 10 日于华中科技大学

# 目　　录

# 第 1 章 绪　论

随着我国经济和社会的快速发展，电力负荷迅速增长，峰谷差不断加大，对电网稳定性的要求也越来越高，调峰能力不足将成为制约电力系统发展的突出问题。抽水蓄能电站以其削峰填谷的独特运行特性，发挥着调节负荷、促进电力系统节能和维护电网安全稳定运行的功能，逐步成为我国电力系统有效的、不可或缺的调节手段[1-11]。"十三五"期间，国网新源控股有限公司在建装机容量达到 3 135 万千瓦，建成投运 13 座抽水蓄能电站，累计管理装机容量（运行容量和在建容量）达到 5 420 万千瓦；按规划到 2020 年，国网新能源控股有限公司运行容量将达到 3 000 万千瓦、在建容量 4 500 万千瓦，资产总额、装机容量在 2015 年基础上翻一番[12]。抽水蓄能机组绝大多数按可逆式设计，水轮机/发电机运行与电动机/水泵运行相互交替，使得抽水蓄能电站的控制较常规电站呈现高度复杂特性[13-14]。同时，抽水蓄能电站在电力系统中起着不可替代的作用，尤其在绿色能源大发展的背景下，更需要发挥抽水蓄能电站调峰填谷、调频调相、旋转备用等快速响应的作用，以提高电网供电质量和电网灵活性及可靠性。由此，对抽水蓄能机组控制系统可靠性提出了更高的要求。在此背景下，为实现抽水蓄能电站效益的最大化，保障抽水蓄能机组的高效稳定运行，开展抽水蓄能机组调速系统优化控制性能优化研究，对于提高机组动态性能、提高机组运行效率、促进电站安全稳定运行有重要的科技支撑作用。

然而，我国抽水蓄能电站的发展受到多方面的制约[15]。目前，在建及已建的抽水蓄能机组调速控制设备大都依赖进口，尤其是调节系统控制参数由国外专家整定后往往不再优化和调整。在抽水蓄能机组安装调试和测试完善过程中通常通过水力分析、过渡过程分析来实现机组性能分析，均未能从调速控制系统及控制策略方面来进行运行的经济、安全和稳定性分析。引水系统、过渡过程分析等参数合理时，控制问题则是影响机组运行的主要因素，直接影响机组的运行效率和性能，甚至威胁到电站的运行安全[16-17]。与常规水电机组相比，我国对抽水蓄能机组的研究起步较晚，其发展面临更多的挑战，主要体现在两个方面。

（1）水泵水轮机的国产化。至今我国已建或在建的抽水蓄能电站，绝大多数水泵水轮机及其调速系统均由国外生产厂家提供，不仅在一定程度上影响抽水蓄能电站的经济性，而且受控于人，极不利于可持续发展和自主创新。水泵水轮机国产化的关键不仅要引进消化国外先进技术，而且要在消化吸收的基础上，加强其设计制造、运行控制所需的理论、分析、计算等基础性的研究，其中水泵水轮机调节系统最为关键，是水力设计、过渡过程、机组起动、工况转换、安全稳定运行等关键技术的基础。

（2）解决水泵水轮机强非线性导致机组控制难度大的问题。水泵水轮机全特性存在着水轮机反"S"区和水泵驼峰区两个运行不稳定的区域，导致低水头水轮机起动并网困难、低水头调相转发电不稳定、机组空载振荡、水泵启动过程中的水压振荡等控制问题突出。传统的控制策略和控制规律无法满足抽水蓄能机组控制品质的需求，无法从根本上解决抽水蓄能机组控制对象强烈非线性、时变性与线性控制规律之间的适配问题，研究更先进的控制规律和策略成为抽水蓄能科学技术发展的驱动力。因此，亟待建立高精度的抽水蓄能机组调速系统模型，通过在线性能测试和仿真建模，开展抽水蓄能机组控制策略优化研究。

本书正是在我国抽水蓄能电站大规模开发及陆续投运的背景下，针对抽水蓄能机组安全稳定运行面临的科学问题及关键技术难题，解析抽水蓄能机组控制系统模型特性，全面系统地建立抽水蓄能机组控制系统的参数辨识及整体辨识的研究框架，深入开展抽水蓄能机组控制优化理论与方法研究，对全面认识机组特性，维护抽水蓄能机组的稳定运行，保障抽水蓄能电站与电网安全，具有重要的创新意义及工程应用价值。

## 1.1 抽水蓄能机组控制中的优化问题

抽水蓄能电站在区域电网中的主要作用是调峰调频、削峰填谷，抽水蓄能机组调节系统作为抽水蓄能电站的核心控制系统，承担着稳定机组频率和调节机组功率的重任，调节系统的动态性能和控制品质尤为重要[18]。然而由于长引水管道水流惯性巨大和水泵水轮机"S"特性不稳定区域的存在，加之导叶执行机构等设备含有大量时滞、死区、间隙非线性环节，抽水蓄能机组调节系统的优化控制呈现高度复杂特性。此外抽水蓄能机组需要经常在水轮机工况和水泵工况两个运行方向切换以完成发电、抽水任务，其工况之间的平稳切换也存在困难。出于结构简单可靠、参数易于调整和工程人员熟悉等方面考虑，目前我国大多数抽水蓄能电站调节系统仍然采用传统的比例积分微分控制器（proportion integration differentiation，PID）控制规律。

尽管传统 PID 控制器在抽水蓄能电站中得到了广泛应用[19-20]，但它缺乏非线性处理和环境自适应能力，机组的动态特性与控制品质取决于 PID 控制器参数的优化整定效果，当工况发生改变时控制效果容易发生劣化。针对常规 PID 控制在抽水蓄能机组应用中存在的这些不足，研究者将 PID 与智能算法[21-27]、模糊逻辑[2, 28-35]、神经网络[36]、分数阶系统等先进理论与方法相结合，实现控制参数的最优整定和控制规律的融合改进。

针对抽水蓄能机组工况转换复杂，传统 PID 控制稳定性欠佳的问题，引入电容场强作用原理和专家控制经验构造出非线性控制调节函数，即一种智能非线性 PID 控制器，通过极差实验对其参数进行整定，试验结果表明该控制器改善了抽水蓄能机组的动态性能和调节品质。在此基础上结合变速积分思想，Wang 等[32]提出一种增益自适应 PID 控制器，并引入人工羊群算法（artificial sheep algorithm，ASA）对启发式增益调度非线性 PID 控制器（heuristic gain-scheduling nonlinear PID，HGS-NPID）参数进行优化整定，通过不同水头工况的开机和频率扰动实验验证了控制器的有效性。Mirjalili 等[37]构造了一种非线性模糊 PID 控制器,为解决控制参数和模糊规则的优化选取问题,运用柯西扰动和重力系数加权策略改进引力搜索算法,得到了较好的控制鲁棒性。为改善抽水蓄能机组在一次调频时转速响应的速动性和稳定性,有学者提出将功率误差 ITAE 指标与超调量加权后作为一次调频控制参数优化的目标函数,通过粒子群算法（particle swarm optimization,PSO）优化获得了较优的控制性能。

由于抽水蓄能机组相比传统水轮发电机组主要区别在于可逆式设计的水泵水轮机和发电/电动机,在水轮机工况运行方向两者调节系统的结构和特性类似,国内外专家学者针对传统水轮发电机组优化控制获得的大批卓有成效的研究成果,也可以为抽水蓄能机组优化控制提供理论和技术支撑。Bonnett[38]提出了一种改进的具有确定性混沌变异因子的进化规划方法（deterministic chaotic mutation evolutionary programming,DCMEP）,并将其应用于水轮机调节系统的在线 PID 参数优化,改进后的方法能有效地优化 PID 参数,具有稳定性高和快速响应的特点。为进一步将菌群优化算法（bacterial foraging optimation,BFO）与粒子群算法结合,Malik 等[39]提出了基于菌群–粒子群算法的水轮发电机组 PID 调速器参数优化方法,并通过实际工况分析了所提算法相对于 BFO 和 PSO 算法的优势。此外,例如神经网络自抗扰控制、鲁棒非线性协调控制、非线性自适应控制、非线性扰动解耦控制也被相继提出[40-41],而以上这些研究成果也为抽水蓄能机组的优化控制提供了新的思路与方向。

## 1.2　启发式优化算法在水电生产中的应用

启发式优化算法是近年来兴起的一类新型优化算法[42]。与传统的最优化算法不同,启发式优化算法的目标不在于找到解空间中的所有最优解,而是在可接受的时间和计算成本内,找到问题的一个最优解或次优解。虽然启发式优化算法不能保证所得到的解为问题最优解或所有解,甚至在多数情况下无法阐述所得解与最优解的近似程度,但通过合理的设计,启发式优化算法在处理许多实际问题时仍可以在合理时间内得到不错的答案,具有较高的应用价值。因此,启发式优化算法被计算机科学、工程科学等各行各业广泛应用。

启发式算法从诞生至今,产生了一系列具有重要影响力的算法。以其诞生时间排序可分为遗传算法（genetic algorithm,GA）[43-48]、模拟退火算法（simulated annealing,SA）[49]、人工神经网络（artificial neural network,ANN）[50]、禁忌搜索（tabu search,TS）、演化算法（evolutionary algorithm,EA）[51-55]、蚁群算法（ant colony algorithm,ACA）和粒子群算法等,有兴趣的读者可参阅文献[59]～[93]。此外,以其搜索策略又可将遗传算法、演化算法等归类为进化算法[94-98],进化算法通过借鉴生物界自然选择机制,形成随机搜索框架,此类算法最容易理解,应用也最为广泛。归纳上述特点可知,启发式优化算法从随机产生的初始解出发,采用模拟自然界物理或生物遗传过程的迭代策略,使初始解逐渐逼近最优解。它们的基本要素包括:①随机初始可行解;②定量衡量解的优劣的评价函数;

③产生新解的迭代规则；④选择和接受新解的准则；⑤终止准则。

启发式优化算法诞生至今，已经被广泛应用于各行各业。在电力生产行业，尤其是水电生产行业，启发式优化算法更是深入生产的每个环节，用于解决抽水蓄能机组中的优化问题[99-136]。下面以普通混流式水轮机组和抽水蓄能机组调节系统为例，介绍启发式优化算法在水电生产中的应用。

（1）抽水蓄能机组调节系统非线性参数辨识。水轮机抽水蓄能机组调节系统是一个典型的非线性灰箱模型，即系统结构已知，系统参数未知。因此，其参数辨识可以转化为优化问题进行求解，而启发式优化算法作为求解优化问题的有力工具，在抽水蓄能机组调节系统参数辨识问题上发挥了重要作用。为了实现抽水蓄能机组调节系统参数精确辨识，李超顺等[137-139]在引力搜索算法（gravity search algorithm，GSA）的基础上，融入 PSO 的搜索机制，并根据不同目标对优化结果的贡献程度重新定义目标函数，提出了改进引力搜索算法，进行了抽水蓄能机组调节系统参数辨识，取得了良好的效果；陈志环等[140]通过将 PSO 的搜索机制引入 GSA，加快了 GSA 的收敛速度。此外，通过设计新型边界处理策略和引入混沌变异策略，避免了算法陷入局部最优的问题，提升了抽水蓄能机组调节系统辨识速度和精度；针对普通混流式水轮机调节系统非线性模型参数辨识，受差分进化算法启发，曹健等[141]设计了一种双曲函数型衰减规律用于动态调整 GSA 算法参数，进而提出了一种改进 GSA 算法，提高了水轮机调节系统参数辨识的精度。

（2）水轮机调节系统模糊模型参数辨识。水轮机调节系统模糊模型与非线性模型的不同之处在于，模糊模型属于黑箱模型，即系统结构和系统参数均未知，需要同时进行辨识。T-S 模糊模型作为最重要的一类模糊模型，受到了广泛关注，它由多个局部线性子模型加权组合而成，既可以逼近任何非线性系统，又具有线性模型的优点。李超顺等[142]通过将混沌变异引入 GSA，提出了一种基于混沌变异引力搜索算法的方法，并将其应用于水轮机调节系统的 T-S 模糊模型辨识。该方法首先利用模糊 C-回归聚类算法获得初始模糊模型前件隶属度函数，然后应用提出的混沌变异引力搜索算法在初始结果附近优化隶属度函数。

（3）抽水蓄能机组调节系统控制优化。目前国内外水轮发电机组大部分采用 PID 控制器。PID 控制器因其控制效果良好、结构简单易实现、鲁棒性强等优点，被广泛应用于水轮机组控制器中。由于水轮机组的个体差异性，其 PID 控制器的控制参数需要有针对性地整定，也就是说，不同的机组需要整定不同的 PID 控制参数才能获得最佳的控制性能。因此，启发式优化算法因其优化能力强和可移植性强的优势，被广泛应用于水轮机控制器控制参数整定。基于混沌精英策略的非支配排序的遗传算法（chaotic fust and elitist multiobjective genetic algorithm，CNSGA-II）的分数阶 PID 控制器参数优化策略被 Chen 等[143]提出，该策略以平方误差（square error，SE）和时间平方误差积分（integral of time weighted squared errors，ITSE）为优化目标，优化分数阶 PID 参数，取得了良好的控制效果。进一步模糊遗传算法和改进粒子群算法被提出，应用于水轮机调节系统调速器参数整定。此外，Shu 等[144]将遗传算法引入抽水蓄能机组大波动过渡过程导叶关闭规律控制优化中，以机组过渡过程调节保证计算核心指标为目标，获得了机组甩负荷工况下的最优导叶关闭规律,证明了启发式优化算法是求解抽水蓄能机组调节系统控制优化问题强有力的工具。

启发式优化算法在水电生产中的应用非常广泛,上述介绍仅为其冰山一角,有兴趣深入研究的读者可参阅文献[145]～[171]。启发式优化算法对于水电生产十分重要,本书去粗取精,介绍了近年来出现的优秀启发式优化算法,并以抽水蓄能机组为例,着重介绍其在抽水蓄能机组调节系统控制问题中的应用与效果。

# 第 $\mathcal{2}$ 章　抽水蓄能机组控制系统建模及仿真

抽水蓄能机组模型的精确建模是一项基础性的研究工作，是控制系统动态特性分析、电力系统稳定性分析以及机组过渡过程计算的基础，具有重要的理论及工程应用价值。抽水蓄能机组模型主要包括原动机调速系统和励磁调节系统。原动机调速系统作为水力发电机组控制系统的重要组成部分，对水力发电机组的安全稳定运行发挥着重大作用[172-177]。精确的水泵水轮机调速系统模型不仅是机组调节器控制规律的设计研究的基础，而且对于电力系统分析、控制器参数优化设计有着重要的工程实用价值及理论意义。励磁调节系统由励磁系统和电力网络部分组成，包括发电/电动机、励磁机、控制器以及电网等部件[18]。在对励磁系统进行研究时必须先对励磁调节系统进行深入分析，在合理的假设前提下建立较为精确的模型，并进行有效的系统性能分析。但由于电力系统涉及电磁反应、机械运动和机电暂态转换，过程十分复杂，试图建立一个绝对精确的抽水蓄能机组模型在现阶段几乎是不可能完成的任务。不过在前人不断努力研究及结合电站机组的实际控制模型[178]，本章将建立一个具有较高实用性的抽水蓄能机组模型，侧重于研究控制方法对系统可靠性和稳定性的影响。

## 2.1　抽水蓄能机组调速系统数学模型

可逆式抽水蓄能机组调速系统是一个集水力、机械、电气为一体的复杂闭环控制系统[9,11,179-180]，是抽水蓄能电站重要的辅助设备，其基本任务是完成水泵水轮机组的开机、发电、抽水、增减负荷、一次调频、停机和紧急停机等任务。它由有压过水系统、水泵水轮机、发电机/电动机及负载和水泵水轮机调速器等部分组成，其组成结构见图2.1。

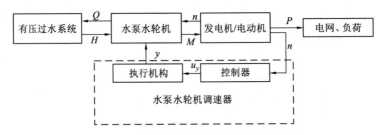

图 2.1　可逆式抽水蓄能机组系统结构框图

$Q$ 为流量；$H$ 为机组工作水头；$n$ 为机组转速；$M$ 为水轮机转矩；$P$ 为发电机输出；$y$ 为相对导叶开度；$u_y$ 为控制信号

目前抽水蓄能调节系统的仿真模型多采用线性模型、分布参数非线性模型和集总参数非线性模型。线性非精细化模型采用刚性或二阶弹性水击模型描述过水系统，未考虑调压室、阀门和分叉管的影响，采用稳态工况点线性化得到的六参数模型描述水泵水轮机。线性模型易于计算、结构简单，它仅适合于过水系统简单的小波动过程计算。分布参数非线性模型采用特征线法数值求解水力系统特征偏微分方程并使用模型试验全特性曲线作为水泵水轮机边界条件，主要用于抽水蓄能电站过渡过程仿真和调保计算，虽然求解结果精度高，但计算时间较长，不适用于对实时性要求较高的调速系统仿真测试计算。

## 2.1.1　过水系统建模

压力过水系统模型关注的是过水管道压力与水轮机作用水头的动态过程，通常用水击模型来刻画[181-182]。压力过水系统数学模型可以划分为：一维有压过水系统非恒定流模型、非线性双曲正切函数模型、弹性水击模型和刚性水击模型。

抽水蓄能机组调速系统中的过水系统存在水击作用。水击压力不仅直接影响着机组出力，更重要的是水击作用效果恰好与导叶调节作用相反，将严重恶化调速系统动态性能。建立过水系统弹性水击模型，满足调速系统小波动、实时仿真及系统参数辨识要求。建立基于特征线的过水系统非线性模型，满足调速系统大波动及过渡过程计算要求。

### 1. 弹性水击模型

考虑过水管的水击效应的弹性水击模型如下

$$\frac{q(s)}{h(s)} = \frac{\sum_{i=0}^{n} \frac{(0.5T_{\mathrm{r}}s)^{2i}}{(2i)!}}{2h_{\mathrm{w}} \sum_{i=0}^{n} \frac{(0.5T_{\mathrm{r}}s)^{2i+1}}{(2i+1)!}} = -\frac{\frac{1}{8}T_{\mathrm{r}}^2 s^2 + 1}{h_{\mathrm{w}}\left(\frac{1}{24}T_{\mathrm{r}}^3 s^3 + T_{\mathrm{r}}s\right)} \tag{2-1}$$

式中：$q$ 为流量相对值；$h$ 为工作水头相对值；$T_{\mathrm{r}}$ 为水击相长；$h_{\mathrm{w}}$ 为管路特性系数；$n$ 为傅里叶级数展开最大阶数；$s$ 为复频域变量。

上述弹性水击模型可视为一个三阶环节，其转换为离散型计算机实现为

$$\begin{cases}
z_1[k+1] = \cos\left(\frac{\sqrt{6}}{T_{\mathrm{r}}}T\right) \cdot z_1[k] + \frac{T_{\mathrm{r}}}{\sqrt{6}}\sin\left(\frac{\sqrt{6}}{T_{\mathrm{r}}}T\right) \cdot z_2[k] + \left\{\frac{T_{\mathrm{r}}^2}{24}\left[1-\cos\left(1-\frac{\sqrt{6}}{T_{\mathrm{r}}}T\right)\right]\right\}h[k] \\
\qquad + \left[\frac{T_{\mathrm{r}}^2 T}{24} - \frac{T_{\mathrm{r}}^3}{96\sqrt{6}}\sin\left(\frac{\sqrt{6}}{T_{\mathrm{r}}}T\right)\right]\frac{h[k+1]-h[k]}{T} \\
z_2[k+1] = -\frac{\sqrt{6}T_{\mathrm{r}}}{24}\sin\left(\frac{\sqrt{6}}{T_{\mathrm{r}}}T\right) \cdot z_1[k] + \cos\left(\frac{\sqrt{6}}{T_{\mathrm{r}}}T\right) \cdot z_2[k] + \frac{\sqrt{6}T_{\mathrm{r}}}{24}\sin\left(\frac{\sqrt{6}}{T_{\mathrm{r}}}T\right) \cdot h[k] \\
\qquad + \left\{\frac{T_{\mathrm{r}}^2}{24}\left[1-\cos\left(1-\frac{\sqrt{6}}{T_{\mathrm{r}}}T\right)\right]\right\}\frac{h[k+1]-h[k]}{T} \\
z_3[k+1] = z_3[k] + T \cdot h[k] + \frac{T^2}{2}\frac{h[k+1]-h[k]}{T} \\
q[k+1] = \frac{-2}{T_{\mathrm{r}} \cdot h_{\mathrm{w}}}z_1[k+1] - \frac{1}{T_{\mathrm{r}} \cdot h_{\mathrm{w}}}z_3[k+1]
\end{cases}$$

式中：$k$ 为离散后的时间序列；$T$ 为离散时间步长；$z_1$，$z_2$，$z_3$ 为中间状态量，其初值为 $z_1[1]=0$，$z_2[1]=0$，$z_3[1]=-T_r \cdot h_w \cdot q[1]$。

可采用的二阶弹性水击过水系统模型为

$$G_h(s) = \frac{h(s)}{q(s)} = -h_w \frac{T_r s}{1 + \frac{1}{2} f T_r s + \frac{1}{8} T_r^2 s^2} \qquad (2\text{-}2)$$

式中：$f$ 为水头损失系数。

### 2. 刚性水击模型

弹性水击模型的精确计算方法时空代价较大，求解复杂，在某些情况下，工程应用中也采用刚性水击模型。当式（2-1）中 $i=1$ 时，水击模型称为刚性水击模型，表达式如下

$$G_h(s) = -2h_w \cdot 0.5T_r s = -T_w s \qquad (2\text{-}3)$$

式中：$T_w = \dfrac{\dfrac{L}{A} Q_r}{g H_r}$ 为水流惯性时间常数。其中：$L$ 为过水管道长度；$A$ 为过水管道横截面积；$Q_r$ 为过水管道额定流量；$H_r$ 为过水管道额定水头压力。$T_w$ 是水电站设计与运行中的关键参数，也是水轮机调速系统参数建模的关键参数之一。多数电站 $T_w$ 取值在 0.5～2.0 s，少数达到 3.0～4.0 s，个别电站甚至达到 5.0～6.0 s。

当水电站过水管道较短（<800 m），且为单机单管布置时，采用简化的刚性水击模型计算的结果与弹性水击模型计算结果比较接近。沈祖怡[172]、魏守平[181]、叶鲁卿[183]对弹性水击模型计算结果与刚性水击模型计算结果进行了对比分析，发现刚性水击模型的计算结果与弹性水击模型计算结果的吻合程度与导叶关闭时间 $T_s$ 与水击相长 $T_r$ 的比值 $\theta$ 有关，当 $\theta \geq 6.67$ 时，刚性水击模型结果与弹性水击模型结果比较接近；当 $3.33 \leq \theta < 6.67$ 时，刚性水击模型计算结果除开始瞬变阶段有差异外，整体比较吻合。

### 3. 特征线法建模

在大波动（如甩负荷）过程中抽水蓄能机组调节系统各部分参数变化幅度大，已超出其线性范围。因此，上述的线性系统数学模型不能适用。基于水锤特征线方程，通过差分方程进行大波动过程仿真，描述调速系统的动态过程，该模型对小波动过渡过程同样适用[184-185]。

由图 2.2 所示，对于压力过水管路有如下两个基本方程式。

运动方程

$$\frac{\partial Q}{\partial t} + gF \frac{\partial H}{\partial L} + \frac{f}{2DF} Q|Q| = 0 \qquad (2\text{-}4)$$

式中：$F$ 为管道截面面积；$D$ 为管道直径。

连续方程

$$c^2 \frac{\partial Q}{\partial L} + gF \frac{\partial H}{\partial t} = 0 \qquad (2\text{-}5)$$

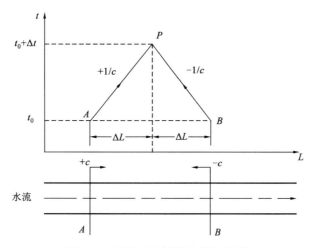

图 2.2　有压过水管道特征线示意图

式中：$c$ 为水锤波速。

联立式（2-4）、式（2-5），通过推导得到特征线方程。

沿正特征线$+c$（即水锤波传播方向与水流方向相同），$P$ 点的流量为

$$Q_P = C_P - C_a H_P \tag{2-6}$$

沿负特征线$-c$（即水锤波传播方向与水流方向相反），$P$ 点的流量为

$$Q_P = C_n + C_a H_P \tag{2-7}$$

式中

$$C_P = Q_A + C_a H_A - C_f Q_A |Q_A|$$
$$C_n = Q_B - C_a H_B - C_f Q_B |Q_B|$$
$$C_a = gF/c$$
$$C_f = \frac{f \Delta t}{2DF}$$

在过水系统数学模型中应用特征线法求解管道数据时，常遇到各种边界条件，如调压室、分叉管等。

上游边界：水电站过水管道上游端一般与大型水库所连接，将这点设为 $B$。在水电站日常运行中，水库水位在短时间内是不会变化的，水库端端水头为 $H_B$。对于水库边界 $B$，求其当前时刻参数时，只需利用相邻节点的负特征线方程，写为

$$H_B = H_u \tag{2-8}$$

$$Q_B = C_n + C_a H_B \tag{2-9}$$

阻抗式调压室边界：阻抗式调压室如图 2.3 所示，水电站过渡过程中，过水管道中常伴随着水击

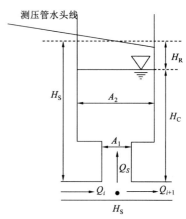

图 2.3　阻抗式调压室示意图

现象的发生。为了减小水击对管道和机组的影响，在过水管道中设置调压室。调压室的功用可归纳为以下三点：

（1）反射水锤波，基本上避免（或减小）压力管道传来的水锤波进入压力过水道；

（2）减小了水锤波压力，因此可以缩短过水管道的长度；

（3）改善水电站在发生过渡过程中的运行条件。

阻抗式调压室采用下述的迭代方法求解

$$H_{P_1} = C_{P_1} - B_{P_1} Q_{P_1}$$

$$H_{P_2} = C_{M_2} + B_{M_2} Q_{P_2}$$

$$H_{P_1} = H_{M_2} = H_S$$

$$Q_{P_1} = Q_{P_2} + Q_S$$

$$H_S = H_{Sw} + R_S |Q_S| Q_S$$

$$H_{Sw} = H_{Sw_0} + \frac{(Q_S + Q_{S0})}{2A_S} \Delta t$$

式中：$H_S$ 为管道中心线与测压水头线高差；$Q_S$ 为调压室流量；$H_R$ 为调压室水位与测压水头线高差；$H_C$ 为管道中心线与调压室水位高差；$H_{P_1}$、$Q_{P_1}$ 分别为截面 1 处的水头与流量；$H_{P_2}$、$Q_{P_2}$ 分别为截面 2 处的水头与流量；$H_{Sw}$ 为调压室水位；$H_{Sw_0}$ 为调压室上一时刻水位；$A_1$、$A_2$ 分别为阻抗孔和调压室横截面面积；$R_S$ 为调压室阻抗损失系数；$A_S$ 为调压室横截面面积；$C_{P_1}$、$C_{M_2}$、$B_{P_1}$、$B_{M_2}$ 为特征线法中间参数。

联立可得

$$Q_S = \frac{\dfrac{C_{P_1}}{B_{P_1}} + \dfrac{C_{M_2}}{B_{M_2}} - \left( \dfrac{1}{B_{P_1}} + \dfrac{1}{B_{M_2}} \right) H_{Sw_0} - Q_{S_0} \left( \dfrac{1}{B_{P_1}} + \dfrac{1}{B_{M_2}} \right) \dfrac{\Delta t}{2 A_S}}{\left( \dfrac{1}{B_{P_1}} + \dfrac{1}{B_{M_2}} \right) \dfrac{\Delta t}{2 A_S} + \left( \dfrac{1}{B_{P_1}} + \dfrac{1}{B_{M_2}} \right) R_S |Q_S| + 1} \tag{2-10}$$

式中：设 $Q_S$ 的近似值为 $Q_S'$，令 $Q_S' = Q_{S_0}$，$Q_{S_0}$ 可取上一时刻流入调压室的流量。并令 $|Q_S| = |Q_{S_0}'|$，从而其他参数可以依次算出。

分叉管边界：在一些复杂的过水管道中，分叉管是经常存在的，对分叉管进行边界处理相对比较容易。下面推导分叉管节点的边界方程，其主要依据是分叉管节点两端水头相等和节点流量守恒，随后列出各管道的特征线方程，通过联立方程进行推导。

根据图 2.4 所示，对各管应用特征线方程，得

$$Q_3 = C_{P_3} - C_{a_3} H_D \tag{2-11}$$

$$Q_2 = C_{n_2} + C_{a_2} H_D \tag{2-12}$$

$$Q_1 = C_{n_1} + C_{a_1} H_D \tag{2-13}$$

式中：$Q_1$、$Q_2$、$Q_3$ 分别为截面 1、截面 2、截面 3 处的流量；$H_D$ 为分叉点处的水头；$C_{P_3}$、$C_{a_1}$、$C_{a_2}$、$C_{a_3}$、$C_{n_1}$、$C_{n_2}$ 为特征线法中间参数。

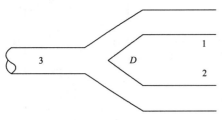

图 2.4　分叉管示意图

对 $D$ 点建立流量连续性方程

$$Q_3 = Q_2 + Q_1 \tag{2-14}$$

将式（2-11）～式（2-13）代入式（2-14）后，得

$$H_D = \frac{C_{P_3} - (C_{n_1} + C_{n_2})}{C_{a_1} + C_{a_2} + C_{a_3}} \tag{2-15}$$

$H_D$ 即为求出的分叉点节点边界的水头，将 $H_D$ 代入每段管道的特征线方程中，可以计算得到三条管道中的流量。

### 4. 电路等效法建模

针对可逆式抽水蓄能机组复杂过水系统电路等效法的建模思路如图 2.5 所示：①首先研究其物理系统建立数学模型，即有压过水管道的双曲偏微分方程；②利用电路等效法建立有压管道、调压室、水泵水轮机组、阀门、上下游水库等模块的等效电路网络；③应用多维基尔霍夫电压定律和电流定律建立整个过水系统的电路拓扑结构的隐式微分方程集；④利用状态矩阵的数值解法（例如龙格–库塔法）求解等效电路网络的常微分矩阵方程。

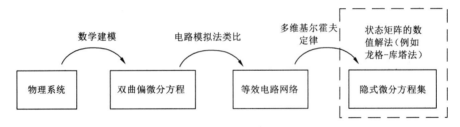

图 2.5　过水系统电路等效法建模思路

1）有压管道电路等效模型

有压管道有压微管段见图 2.6，图中 $\rho$ 为液体密度；$Z_i$、$Z_{i+1}$ 分别为截面 $i$ 和 $i+1$ 中心点高程。在考虑水流及水管壁弹性的情况下，运用非恒定流的一维连续方程和运动方程，得到有压过水管道非恒定流数学模型的双曲型偏微分方程如式（2-16）所示。

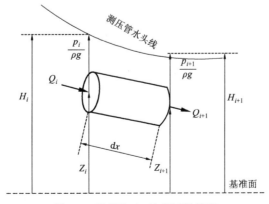

图 2.6　长度为 $\mathrm{d}x$ 的有压微管段

$$\begin{cases} \dfrac{\partial H(x,t)}{\partial x} + \dfrac{1}{gA}\dfrac{\partial Q(x,t)}{\partial t} + \dfrac{\lambda\,|\,Q(x,t)\,|}{2gDA^2}Q(x,t) = 0 \\[3mm] \dfrac{a^2}{gA}\dfrac{\partial Q(x,t)}{\partial x} + \dfrac{\partial H(x,t)}{\partial t} = 0 \end{cases} \tag{2-16}$$

式中：$Q$ 为流过微管段的流量；$H$ 为微管道段的水头；$x$ 为管道起点到研究微管道的长度；$D$ 为管道直径；$A$ 为管道截面面积；$a$ 为水击波速；$\lambda$ 为摩阻系数。

针对长度为 $dx$ 的均匀传输线微分元，用如图 2.7 所示的集中参数电路来等效，列出回路 KVL 方程和节点 KCL 方程，略去二次项，则均匀传输线的偏微分方程为

$$\begin{cases} \dfrac{\partial u(x,t)}{\partial x} + L_0\dfrac{\partial i(x,t)}{\partial t} + R_0 i(x,t) = 0 \\[3mm] \dfrac{\partial i(x,t)}{\partial x} + C_0\dfrac{\partial u(x,t)}{\partial t} + G_0 u(x,t) = 0 \end{cases} \tag{2-17}$$

式中：$i$ 为位置 $x$ 处的电流；$u$ 为位置 $x$ 处电压；$R_0$ 为单位长度的导线电阻；$L_0$ 为单位长度上的电感；$C_0$ 为单位长度上的电容；$G_0$ 为单位长度上的漏电导。

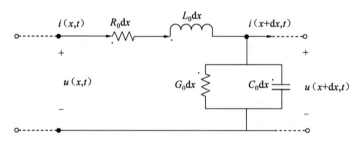

图 2.7　均匀传输线微分元等效电路

比较式（2-16）和式（2-17）可以看出，有压过水管道和均匀传输线具有相似的数学模型，其基本方程皆为双曲型偏微分方程，故可将过水管道模型类比等效成等效电路模型求解，比较有压过水系统的双曲型偏微分方程和均匀传输线的双曲型偏微分方程，即可计算出过水系统单位长度上的等效电阻 $R'$、等效电感 $L'$、等效电容 $C'$ 和等效电导 $G'$。因此，方程（2-16）类比等效为

$$\begin{cases} \dfrac{\partial H}{\partial x} + L'\dfrac{\partial Q}{\partial t} + R'(Q)Q = 0 \\[3mm] \dfrac{\partial H}{\partial t} + \dfrac{1}{C'}\dfrac{\partial Q}{\partial x} = 0 \end{cases} \tag{2-18}$$

式中：等效电容 $C'$ 为单位长度下水体和管壁弹性的参数；等效电感 $L'$ 为单位长度下水流惯性的参数；等效电阻 $R'$ 为单位长度下水流受到的摩擦阻力的参数；等效漏电导 $G'$ 为零。则单位长度上的等效参数计算方法如下：

$$\begin{cases} C' = \dfrac{gA}{a^2} \\[2mm] L' = \dfrac{1}{gA} \\[2mm] R' = \dfrac{\lambda|\overline{Q}|}{2gDA^2} \end{cases} \tag{2-19}$$

式中：$\overline{Q}$ 为平均流量。

根据传输线集中参数电路微分元 T 型和 Γ 型等值电路的等价关系，可以类似地得到长度为 $\mathrm{d}x$ 的有压微管段的 T 型和 Γ 型等效电路如图 2.8 和图 2.9 所示。

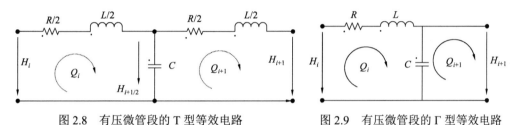

图 2.8　有压微管段的 T 型等效电路　　　图 2.9　有压微管段的 Γ 型等效电路

T 型等效电路对应的等效方程和二端口传递矩阵分别如式（2-20）和式（2-21）所示。

$$\begin{cases} \dfrac{L}{2}\dfrac{\mathrm{d}Q_i}{\mathrm{d}t} + \dfrac{R}{2}Q_i + H_{i+1/2} - H_i = 0 \\[2mm] C\dfrac{\mathrm{d}H_{i+1/2}}{\mathrm{d}t} + Q_{i+1} - Q_i = 0 \\[2mm] \dfrac{L}{2}\dfrac{\mathrm{d}Q_{i+1}}{\mathrm{d}t} + \dfrac{R}{2}Q_{i+1} + H_{i+1} - H_{i+1/2} = 0 \end{cases} \tag{2-20}$$

式中：$C = C'\mathrm{d}x$，$L = L'\mathrm{d}x$，$R = R'\mathrm{d}x$；$H_{i+1/2}$ 为有压微管段 T 型等效电路的中间电势。

$$\begin{bmatrix} H_i \\ Q_i \end{bmatrix} = \begin{bmatrix} \left(\dfrac{\gamma^2}{2}+1\right) & \left\{\dfrac{\gamma^2}{2Cs}\left[1+\left(\dfrac{\gamma^2}{2}+1\right)\right]\right\} \\[2mm] Cs & \left(\dfrac{\gamma^2}{2}+1\right) \end{bmatrix} \begin{bmatrix} H_{i+1} \\ Q_{i+1} \end{bmatrix} \tag{2-21}$$

式中：$\gamma^2 = Cs(Ls + R)$，$\gamma$ 为表征管道水锤波传播特性的参数；$s$ 为复频域变量。

Γ 型等效电路对应的等效方程和二端口传递矩阵分别如式（2-22）和式（2-23）所示。

$$\begin{cases} L\dfrac{\mathrm{d}Q_i}{\mathrm{d}t} + RQ_i + H_{i+1/2} - H_i = 0 \\[2mm] C\dfrac{\mathrm{d}H_{i+1/2}}{\mathrm{d}t} + Q_{i+1} - Q_i = 0 \\[2mm] H_{i+1} - H_{i+1/2} = 0 \end{cases} \tag{2-22}$$

$$\begin{bmatrix} H_i \\ Q_i \end{bmatrix} = \begin{bmatrix} (\gamma^2+1) & \dfrac{\gamma^2}{Cs} \\[2mm] Cs & 1 \end{bmatrix} \begin{bmatrix} H_{i+1} \\ Q_{i+1} \end{bmatrix} \tag{2-23}$$

如果将整段管道分成 $n$ 个这样的微管段,每一小段都能等效成 T 型电路,则可得到整段管道的电路等效模型如图 2.10 所示。

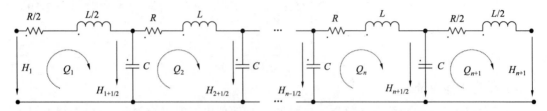

图 2.10 整段管道的 T 型电路等效级联模型

### 2)调压室电路等效模型

调压室是设置在抽水蓄能电站过水系统中一项重要的水工建筑物,其具有下列功能:由调压室自由水面反射水击波,限制水击波进入压力过水道,以满足调节保证的技术要求;改善机组在负荷变化时的运行条件及系统供电质量;改善引调水工程压力输水道的压力状态。

调压室的种类非常多,以下运用电路等效方法针对常用的几种调压室进行数学建模。

阻抗式调压室通过一个小阻抗孔与过水管道系统相连,具有容积小、结构简单等优点。阻抗式调压室的平面示意图如图 2.11 所示,相应的基本方程见式(2-24)。

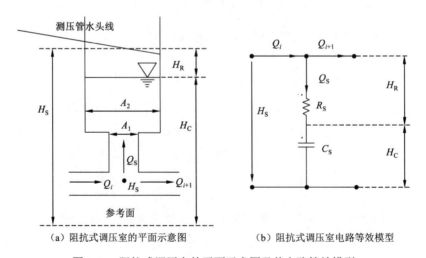

（a）阻抗式调压室的平面示意图　　　（b）阻抗式调压室电路等效模型

图 2.11 阻抗式调压室的平面示意图及其电路等效模型

$$\begin{cases} H_S = H_C + H_R \\ H_R = K_S |Q_S| Q_S \\ Q_S = A_2 \dfrac{dH_C}{dt} \\ K_S = \dfrac{K_R(Q_S)}{2gA_1^2} \end{cases} \tag{2-24}$$

式中：$H_S$、$Q_S$ 分别为调压室底部压强、流量；$A_1$ 为阻抗孔口面积；$A_2$ 为调压室的面积；$H_C$ 为调压室水面高程；$K_S$ 为流量进入调压室底部孔口阻抗系数；$K_R$ 为底部孔口流量损失系数，与孔口流量的流向有关。

由式（2-24）可得，阻抗式调压室的等效电路模型如图 2.8 所示，相应的等效电路参数为：$C_S = A_2$，$R_S = K_S|Q_S|$。

差动式调压室由两个直径不同的同心圆筒组成，中间的圆筒称为升管，上有溢流口，其底部通过阻力孔口与外室圆筒相通，外室圆筒直径较大，起存水及保持断面稳定的作用。差动式调压室所需容积小，反射水击条件好，水位波动衰减快，同时具有溢流和阻抗调压室的优点。其平面示意图和电路等效模型见图 2.12。

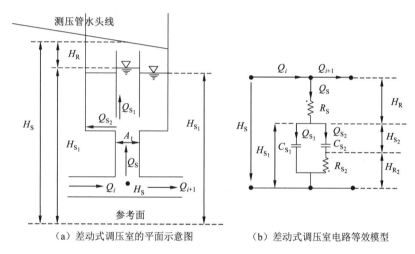

（a）差动式调压室的平面示意图　　　　（b）差动式调压室电路等效模型

图 2.12　差动式调压室的平面示意图及其电路等效模型

差动式调压室的基本方程如下

$$\begin{cases} H_S = H_R + H_{S_1} = H_R + H_{S_2} + H_{R_2} \\ H_R = K_S|Q_S|Q_S \\ H_{R_2} = K_2|Q_{S_2}|Q_{S_2} \\ Q_{S_1} = A_1\dfrac{dH_{S_1}}{dt} \\ Q_{S_2} = A_2\dfrac{dH_{S_2}}{dt} \\ Q_S = Q_{S_1} + Q_{S_2} \end{cases} \qquad（2-25）$$

式中：$Q_{S_1}$、$Q_{S_2}$ 分别为流入升管和外室的流量；$A_1$ 为阻力孔口的面积；$A_2$ 为外室的面积；$H_{S_1}$ 为升管水面高程；$H_{S_2}$ 为外室水面高程；$K_2$ 为流量进入外室阻抗系数。则等效电路参数为

$$C_{S_1} = A_1, \quad C_{S_2} = A_2, \quad R_S = K_S|Q_S|, \quad R_{S_2} = K_2|Q_{S_2}|$$

气垫式调压室在其水面上存储着一定体积的高压空气，通过气体的弹性来减小过水

管道中的水锤波动。其平面示意图和电路等效模型见图2.13，基本方程如式（2-26）所示。

$$\begin{cases} H_S = H_C + H_R + H_g \\ H_R = K_S |Q_S| Q_S \\ Q_S = A_2 \dfrac{\mathrm{d}H_C}{\mathrm{d}t} \\ H_g \cdot V_g^\mu = 常量 \\ Q_S = -\dfrac{\mathrm{d}V_g}{\mathrm{d}t} \\ K_S = \dfrac{K_R Q_S}{2g A_1^2} \end{cases} \qquad (2\text{-}26)$$

式中：$H_g$ 为空气压强；$V_g$ 为气室空气体积；$\mu$ 为指数，当气体为恒温过程时 $\mu=1.0$，当气体为绝热过程时 $\mu=1.4$；$K_R$ 为底部孔口流量损失系数，与孔口流量的流向有关。

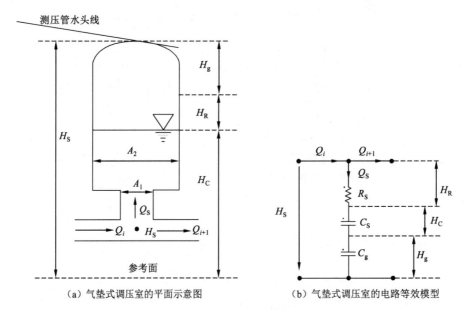

（a）气垫式调压室的平面示意图　　　　（b）气垫式调压室的电路等效模型

图 2.13　气垫式调压室的平面示意图及其电路等效模型

对气体状态方程求导得

$$\begin{cases} \mathrm{d}H_g V_g^\mu + H_g n V_g^{\mu-1} \mathrm{d}V_g = 0 \\ Q_S = -\dfrac{\mathrm{d}V_g}{\mathrm{d}t} = \dfrac{V_g}{H_g n} \dfrac{\mathrm{d}H_g}{\mathrm{d}t} \end{cases} \qquad (2\text{-}27)$$

则等效电路参数为

$$C_S = A_2, \quad C_g = V_g / (H_g \mu), \quad R_S = K_S |Q_S|$$

　　上述调压室模型在动态仿真计算时，调压室水位及流量变化会影响等效电容和电阻参数的计算，因此每次迭代计算前都要根据上一时刻的状态更新等效电路参数。

3）阀门电路等效模型

阀门是水工建筑物中用来控制过水的孔口，用来安全地调节上、下游水位或流量。水流过阀门的水力损失与其机构型式和尺寸、阀门的开度以及通过阀门的流量等有关，阀门的水头损失公式描述如下：

$$\Delta H = \frac{K}{2gA_{ref}^2}|Q_i|Q_i \qquad (2\text{-}28)$$

式中：$K$ 为阀门的流量系数，与阀门的开度有关；$A_{ref}$ 为阀门面积。

因此阀门可以等效成阻抗元件，阀门的等效电阻计算公式为：$R_v = \frac{K}{2gA_{ref}^2}|Q_i|$。阀门等效电路如图 2.14 所示。

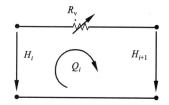

图 2.14　阀门的电路等效模型

## 2.1.2　水泵水轮机建模

水泵水轮机是抽水蓄能电站的核心设备，是实现水电能高效转换的关键，保证其安全、稳定、经济运行及输出能量品质是抽水蓄能电站运行管理及控制的首要任务。为研究水泵水轮机的特性，揭示水泵水轮机在各种工况下过流量及输出力矩的演化规律，实现水泵水轮机动态过程的优化控制，研究并建立适当的水泵水轮机数学模型具有重要的科学及工程意义。由于水泵水轮机内水流流场复杂，虽然原则上可用三维有限元等数值方法来解析水轮机流场特性，或定性地描述水泵水轮机流量与力矩的变化过程，但目前还无法得到水泵水轮机流量与力矩的精确解析数学模型[186-187]。鉴于至今仍无法通过试验等方法得到水泵水轮机动态特性，通过模型试验的方法，可以先得到水泵水轮机模型综合特性曲线和水泵水轮机飞逸特性曲线等水泵水轮机稳态特性，并以此来描述水泵水轮机调节过程的动特性，在工况变化率不太高时，得到的理论与实测结果的拟合度令人满意。

水泵水轮机建模，同样采用两种方式。一种是基于 IEEE 的六参数模型[183]，提高调速系统的仿真效率，用于小波动工况求解；一种是基于改进 Suter 变换的插值模型[188]，具有较高的仿真精度，可用于大波动和小波动过渡过程求解。

### 1. 基于 IEEE 的六参数模型

水泵水轮机各运行变量间的动态关系非常复杂，通常采用水泵水轮机稳态工况下的力矩特性和流量特性表示其动态特性，如下：

$$\begin{cases} M_t = M_t(y,n,H) \\ Q = Q(y,n,H) \end{cases} \qquad (2\text{-}29)$$

式中：$M_t$ 为水泵水轮机力矩；$Q$ 为水泵水轮机流量；$y$ 为相对导叶开度；$n$ 为水泵水轮机转速；$H$ 为水泵水轮机工作水头。

将式（2-30）展开为泰勒级数，略去含有二阶导数各项，采用相对值可以简写为式（2-31）。

$$
\begin{cases}
m_t = e_y y + e_x x + e_h h \\
q = e_{qy} y + e_{qx} x + e_{qh} h
\end{cases}
\tag{2-30}
$$

$$
\begin{cases}
e_h = \dfrac{\partial m_t}{\partial h}, \quad e_x = \dfrac{\partial m_t}{\partial f}, \quad e_y = \dfrac{\partial m_t}{\partial y} \\[2mm]
e_{qh} = \dfrac{\partial q}{\partial h}, \quad e_{qx} = \dfrac{\partial q}{\partial f}, \quad e_{qy} = \dfrac{\partial q}{\partial y}
\end{cases}
\tag{2-31}
$$

式中：$m_t$ 为力矩偏差相对值；$q$ 为流量偏差相对值；$x$ 为转速偏差相对值；$h$ 为水头偏差相对值；$e_y$ 为水泵水轮机力矩对导叶开度相对系数；$e_x$ 为水泵水轮机力矩对转速传递系数；$e_h$ 为水泵水轮机力矩对工作水头传递系数；$e_{qy}$ 为水泵水轮机流量对导叶开度相对系数；$e_{qx}$ 为水泵水轮机流量对转速相对系数；$e_{qh}$ 为水泵水轮机流量对工作水头相对系数。

### 2. 基于改进 Suter 变换的插值模型

抽水蓄能电站因工况变换频繁，水泵水轮机仿真计算时要频繁利用可逆式水泵水轮机的全特性曲线求解当前机组的瞬变参数。水泵水轮机全特性曲线是以导叶开度真实值 $\alpha$ 为参变量，建立水泵水轮机的流量特性曲线 $Q_{11} \sim N_{11}$ 和转矩特性曲线 $M_{11} \sim N_{11}$。

$$
\begin{cases}
Q_{11} = Q_{11}(\alpha, N_{11}) \\
M_{11} = M_{11}(\alpha, N_{11})
\end{cases}
\tag{2-32}
$$

式中：$Q_{11}$ 为单位流量；$M_{11}$ 为单位转矩；$N_{11}$ 为单位转速。

根据水泵水轮机组运行工况的不同，全特性曲线可以分为五个区域，分别是水泵工况区、水泵制动工况区、水轮机工况区、水轮机工况制动区和反水泵工况区。其流量特性曲线和力矩特性曲线，如图 2.15 和图 2.16 所示。

图 2.15 与图 2.16 中，水泵水轮机组全特性曲线在水轮机制动工况区、反水泵工况区和水轮机制动工况区均出现了开度线交叉、聚集的现象。若对全特性曲线直接利用 $N_{11}$

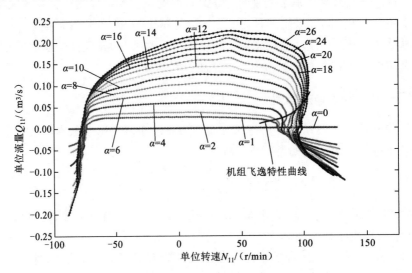

图 2.15　水泵水轮机组流量特性曲线图

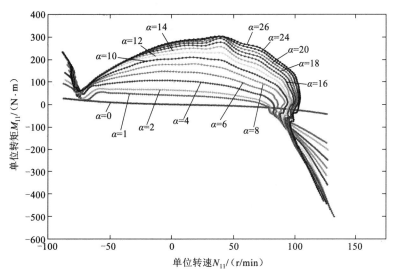

图 2.16　水泵水轮机组力矩特性曲线图

和 $Q_{11}$ 值进行插值计算，将会带来较大的插值误差，并且多值性的存在甚至可能导致插值和迭代计算无法进行。因此，采用改进的 Suter 变换对水泵水轮机全特性曲线进行处理[89]（图 2.17）。

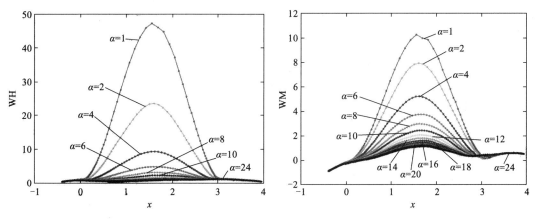

图 2.17　水泵水轮机组全特性曲线 Suter 变换图

Suter 变换将可逆式机组在四象限内的全特性曲线转换成两条周期性变化的曲线，物理概念清晰、计算工作量小并且对全特性曲线的多值性处理较好。Suter 变换公式为

$$\begin{cases} \mathrm{WH}(x,y) = \dfrac{h}{a^2+q^2} \\ \mathrm{WM}(x,y) = \dfrac{m}{a^2+q^2} \end{cases} \quad \begin{cases} x = \arctan(q/a), & a \geqslant 0 \\ x = \pi + \arctan(q/a), & a < 0 \end{cases} \quad (2\text{-}33)$$

式中：$a$、$q$、$h$、$m$ 分别为相对转速、流量、水头和转矩的相对值；$x$ 为相对流量角。

Suter 变换虽然将全特性曲线两侧拉平，消除了"S"特性给插值计算带来的困难，但仍存在以下缺陷：①不同的等开度线分布极不均匀，在大开度时曲线聚集，小开度时曲线则非常稀疏并且陡峭；②变换后的全特性曲线在水泵工况区和反水泵工况区（曲线的两头）仍然存在交叉、聚集的现象，插值计算时较小的舍入误差会引发较大的工况变化，从而影响计算结果的精度；③零开度线的 Suter 变换无法描述和 $N_{11}=0$ 且 $Q_{11}=0$ 情况无法处理的问题。

针对 Suter 变换的上述缺点，以下以式（2-33）为基础，采用改进的 Suter 变换对水泵水轮机全特性曲线进行处理，公式为

$$\begin{cases} \text{WH}(x,y) = \dfrac{h(y+C_y)^2}{a^2+q^2+C_h h} = \dfrac{(y+C_y)^2}{(N_{11}/N_{11r})^2+(Q_{11}/Q_{11r})^2+C_h} \\ \text{WM}(x,y) = \dfrac{(m+k_1 h)(y+C_y)^2}{a^2+q^2+C_h h} = \dfrac{(M_{11}/M_{11r}+k_1)\cdot(y+C_y)^2}{(N_{11}/N_{11r})^2+(Q_{11}/Q_{11r})^2+C_h} \end{cases} \quad (2\text{-}34a)$$

$$\begin{cases} x = \arctan\left[(q+k_2\sqrt{h})/a\right] = \arctan\left(\dfrac{Q_{11}/Q_{11r}+k_2}{N_{11}/N_{11r}}\right), & a>0 \\ x = \pi+\arctan\left[(q+k_2\sqrt{h})/a\right] = \pi+\arctan\left(\dfrac{Q_{11}/Q_{11r}+k_2}{N_{11}/N_{11r}}\right), & a<0 \end{cases} \quad (2\text{-}34b)$$

式中：参数 $k_1>|M_{11max}|/M_{11r}$，$k_2=0.5\sim1.2$，$C_y=0.1\sim0.3$，$C_h=0.4\sim0.6$；$Q_{11r}$ 为额定单位流量；$N_{11r}$ 为额定单位转速；$M_{11r}$ 为额定单位转矩。根据改进 Suter 变换法得到的 $\text{WH}(x,y)$ 和 $\text{WM}(x,y)$，曲线如图 2.18 所示，其中参数 $k_1=10$，$k_2=0.9$，$C_y=0.2$，$C_h=0.5$。

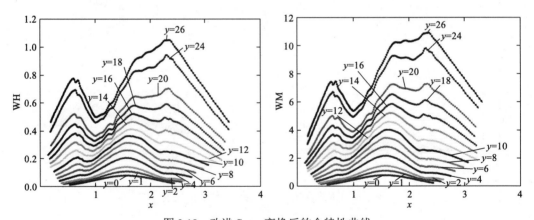

图 2.18　改进 Suter 变换后的全特性曲线

经改进 Suter 变换后的水泵水轮机全特性曲线消除了全曲线中反"S"特性和驼峰特性，曲线分布均匀，且无插值多值性问题，为仿真计算中的水泵水轮机机械转矩和流量的获取提供便利，增加了计算的精度。

### 3. 水泵水轮机电路等效模型

水泵水轮机的水力特性类似一个具有可变水头损失的等效管道，其水头损失与水泵水轮机运行的工作点有关。用一个等效电压源替代其电路等效模型中的等效电阻，可变

电压源电压可由水泵水轮机的全特性曲线插值计算得到。

　　流入水泵水轮机的水流所具有的惯性用一个等效
电感反映，考虑通过水泵水轮机的过流面积是连续变化
的，则水泵水轮机的等效电感的计算如下

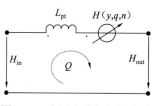

$$L_{pt} = \int_{in}^{out} \frac{dx}{gA(x)} \qquad (2\text{-}35)$$

因此，水泵水轮机组的电路等效模型如图 2.19 所示。

图 2.19　水泵水轮机组的电路
等效模型

## 2.1.3　发电/电动机及负载建模

　　发电机及电网负载的物理模型非常复杂，通过电网各种机组并列运行，并承担类型不一的负载，从理论上讲，这些复杂因素对水泵水轮机调速系统的动态特性均有影响。但对水泵水轮机调速系统而言，最不利的工况是单机运行工况，所以本节主要讨论发电机单机带负载时的数学模型。

　　抽水蓄能机组的发电/电动机在水泵工况时作电动机运行，在水轮机工况时又作发电机运行。抽水蓄能机组属于低速机械，转子具有较大的飞轮转矩 $GD^2$，电气过程变化远比机械过程快，因此电气调节对机械调节过程的影响可以忽略不计。

### 1. 发电/电动机建模

　　发电/电动机的数学模型通常使用的有一阶、二阶、三阶、五阶和七阶模型。其中，一阶模型是考虑发电机转动惯量的机械选择运动方程，二阶模型增加了发电机功角与转速关系方程，三阶模型进一步增加了励磁系统运动方程，七阶模型还考虑了发电机绕组运动方程。

　　发电机七阶模型考虑了定子绕组、转子励磁绕组和阻尼绕组的动态特性，三相对称负荷运行下，忽略零轴的动态特性，dq0 坐标系下标幺化的发电/电动机七阶模型表示为

　　电压方程

$$\begin{bmatrix} u_d \\ u_q \\ u_f \\ u_D \\ u_Q \end{bmatrix} = \frac{d}{dt} \begin{bmatrix} \psi_d \\ \psi_q \\ \psi_f \\ \psi_D \\ \psi_Q \end{bmatrix} + \begin{bmatrix} -\omega\psi_q \\ -\omega\psi_d \\ 0 \\ 0 \\ 0 \end{bmatrix} + \begin{bmatrix} -r_a i_d \\ -r_a i_q \\ r_f i_f \\ r_D i_D \\ r_Q i_Q \end{bmatrix} \qquad (2\text{-}36a)$$

　　磁链方程

$$\begin{bmatrix} \psi_d \\ \psi_q \\ \psi_f \\ \psi_D \\ \psi_Q \end{bmatrix} = \begin{bmatrix} x_d & 0 & x_{ad} & x_{ad} & 0 \\ 0 & x_q & 0 & 0 & x_{ad} \\ x_{ad} & 0 & x_f & x_{ad} & 0 \\ x_{ad} & 0 & x_{ad} & x_D & 0 \\ 0 & x_{ad} & 0 & 0 & x_Q \end{bmatrix} \begin{bmatrix} -i_d \\ -i_q \\ i_f \\ i_D \\ i_Q \end{bmatrix} \qquad (2\text{-}36b)$$

转子运动方程

$$\begin{cases} \dfrac{\mathrm{d}\delta}{\mathrm{d}t} = \omega - 1 \\ J\dfrac{\mathrm{d}\omega}{\mathrm{d}t} = M_{\mathrm{m}} - M_{\mathrm{e}} - D(\omega - 1) \end{cases} \tag{2-36c}$$

式中：各物理量均为标幺值，其中 $u_d$、$u_f$、$u_D$ 分别为定子绕组 $d$ 轴电压、励磁绕组电压、$D$ 轴阻尼绕组电压；$u_q$、$u_Q$ 分别为定子绕组 $q$ 轴电压、$Q$ 轴阻尼绕组电压；$i_d$、$i_f$、$i_D$ 分别为定子绕组 $d$ 轴电流、励磁绕组电流、$D$ 轴阻尼绕组电流；$i_q$、$i_Q$ 分别为定子绕组 $q$ 轴电流、$Q$ 轴阻尼绕组电流；$r_a$、$r_f$、$r_D$、$r_Q$ 分别为定子绕组相电阻、励磁绕组相电阻、$D$ 轴阻尼绕组电阻、$Q$ 轴阻尼绕组电阻；$x_d$、$x_q$、$x_f$、$x_D$、$x_Q$ 分别为定子绕组 $d$ 轴电感、定子绕组 $q$ 轴电感、励磁绕组机电感、$D$ 轴阻尼绕组电感和 $Q$ 轴阻尼绕组电感；$\psi_d$、$\psi_f$、$\psi_D$ 分别为定子绕组 $d$ 轴磁链、励磁绕组磁链、$D$ 轴阻尼绕组磁链；$\psi_q$、$\psi_Q$ 分别为定子绕组 $q$ 轴磁链、$Q$ 轴阻尼绕组磁链；$\delta$ 为发电/电动机功角；$\omega$ 为转子角速度；$M_{\mathrm{m}}$ 为原动力矩；$M_{\mathrm{e}}$ 为电磁力矩。

尽管发电/电动机七阶模型全面考虑了定转子绕组的动态特性，但是对于具有上千台同步发电机的现代电力系统而言，如果再考虑调速系统及励磁调节系统动态方程，分析过程中将出现"维数灾"。考虑低频振荡分析、电力系统稳定器和电压调节器等控制器设计对模型精度要求不高，但需要考虑励磁绕组动态特性，此时发电/电动机三阶非线性模型通常已经足够准确。发电/电动机三阶模型忽略了定子绕组的暂态，且不考虑阻尼绕组的作用，三阶模型方程描述如下

$$\begin{cases} \dot{\delta} = \omega - 1 \\ \dot{\omega} = \dfrac{1}{J}\left[M_{\mathrm{m}} - M_{\mathrm{e}} - D(\omega - 1)\right] \\ \dot{e}'_q = \dfrac{1}{T'_{do}}\left[E_{\mathrm{FD}} - e'_q - (x_d - x'_d) \times i_d\right] \end{cases} \tag{2-37}$$

式中：$\delta$ 为发电/电动机功角；$\omega$ 为发电/电动机电角速度；$e'_q$ 为发电/电动机空载电动势；$E_{\mathrm{FD}}$ 为发电/电动机的励磁电动势；$M_{\mathrm{m}}$ 为原动力矩；$M_{\mathrm{e}}$ 为电磁力矩；$J$ 为机组转轴惯量；$D$ 为机组阻尼常数；$x_d$ 为发电/电动机 $d$ 轴同步电抗；$x'_d$ 为 $d$ 暂态电抗；$T'_{do}$ 为 $d$ 轴开路时间常数。

对三阶模型进一步简化，忽略励磁绕组的动态特性，仅考虑发电/电动机转子的功角、转速特性，发电/电动机可以使用二阶模型来表示。

$$\begin{cases} \dot{\delta} = \omega - 1 \\ \dot{\omega} = \dfrac{1}{J}\left[M_{\mathrm{m}} - M_{\mathrm{e}} - D(\omega - 1)\right] \end{cases} \tag{2-38}$$

如果抽水蓄能机组调速系统仅考虑机械调节的影响，只需要采用能够反映其转子运动特性的一阶实用模型即可，一阶模型描述的是发电机的机械运动方程

$$J\frac{\mathrm{d}\omega}{\mathrm{d}t} = M_{\mathrm{t}} - M_{\mathrm{g}} \tag{2-39}$$

式中：$J$ 为机组转动惯量；$\dfrac{\mathrm{d}\omega}{\mathrm{d}t}$ 为角加速度；$M_t$ 为水轮机主动力矩；$M_g$ 为阻力矩。

对主动力矩与阻力矩进行分解

$$M_t = M_{t0} + \Delta M_t + \frac{\partial M_t}{\partial w} \Delta w \tag{2-40}$$

$$M_g = M_{g0} + \Delta M_g + \frac{\partial M_g}{\partial w} \Delta w \tag{2-41}$$

式中：$w$ 为机组转速；$M_{t0}$、$M_{g0}$ 为稳定工况力矩；$\Delta M_t$ 为因导叶与水头变换引起的力矩变化；$\Delta M_g$ 为因负荷引起的阻力矩变化；$\dfrac{\partial M_t}{\partial w}\Delta w$、$\dfrac{\partial M_g}{\partial w}\Delta w$ 为转速变换引起的力矩变化。

考虑 $M_{t0} = M_{g0}$，将式（2-40）、式（2-41）代入式（2-19），取偏差相对值得

$$T_a \frac{\mathrm{d}x}{\mathrm{d}t} + (e_g - e_x) x = m_t - m_g \tag{2-42}$$

式中：$m_t$、$m_g$ 和 $x$ 分别为主力矩、阻力矩及转速的偏差相对值；$e_x = \partial \dfrac{M_t}{M_r} \Big/ \partial \dfrac{w}{w_r}$ 为水轮机自调节系数；$e_g = \partial \dfrac{M_g}{M_r} \Big/ \partial \dfrac{w}{w_r}$ 为发电机自调节系数；$T_a = \dfrac{\mathrm{GD}^2 n_r^2}{3\,580 P_r}$ 为机组惯性时间常数，$\mathrm{GD}^2$ 为转动部件飞轮力矩；$M_r$ 为机组额定转矩；$n_r$ 为机组额定转速；$P_r$ 为机组额定出力。

对式（2-42）作如下说明。

（1）机组转动惯量 GD 不仅包括发电机转动部件机械惯性 $\mathrm{GD}_g$，还包括水轮机包含大轴在内的转动部件的机械惯性 $\mathrm{GD}_t$ 以及水轮机转轮区水体的机械惯性 $\mathrm{GD}_w$，即

$$\mathrm{GD}^2 = \mathrm{GD}_g^2 + \mathrm{GD}_t^2 + \mathrm{GD}_w^2 \tag{2-43}$$

（2）式中 $m_g$ 表示负荷大小的变化，讨论抽水蓄能机组调节系统动态特性时，一般考虑其一定规律变化下，分析系统的动态响应，所以通常把 $m_g$ 看为一种扰动，称为负荷扰动。

不计负载影响情况下，水轮机力矩至发电机转速的传递函数可以用一阶惯性环节表示为

$$G_g(s) = \frac{1}{T_a s + e_n} \tag{2-44}$$

式中：$e_n = e_g - e_x$，为水轮发动机综合自调节系数。

**2. 负载动特性**

建立发电机转动部件机械旋转方程时，必须考虑与发电机相连的电网中具有转动部分的负载也具有转动惯量，它们对水泵水轮机调速系统的动态过程起着与发电机转动惯量一样的作用，这种作用可以用负载的机械惯性时间常数 $T_b$ 来表示

$$T_b = \frac{\left(\sum \mathrm{GD}_i^2 n_{ri}\right) n_r}{3\,580 P_r} \tag{2-45}$$

式中：$\mathrm{GD}_i^2$ 表示 $i$ 台电动机及其带动的旋转机械的转动惯量。

依据周建中等[16]有

$$T_b = (0.24 - 0.3) T_a$$

计入负载转动惯量后，发电机及负载的运动方程可以用下式描述

$$(T_a + T_b)\frac{dx}{dt} + e_n x = m_t - m_g \qquad (2\text{-}46)$$

则发电机及负载的数学模型用传递函数表示为

$$G_g(s) = \frac{1}{(T_a + T_b)\,s + e_n} \qquad (2\text{-}47)$$

## 2.1.4 水泵水轮机调速器建模

典型的水泵水轮机调速器由微机调节器、发电/电动机转换装置和机械（电气）液压执行系统组成，基本结构如图 2.20 所示。

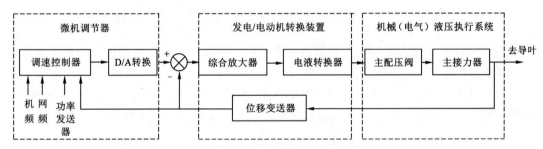

图 2.20 水泵水轮机调速器基本结构

抽水蓄能机组调速器具有在水泵和水轮机两个运转方向的调节控制功能，较常规机组具有更多的运行工况。在水轮机方向上，调速器主要负责抽水蓄能机组的开度控制、频率控制和负荷调节；在水泵方向上，调速器主要负责抽水蓄能机组的开度闭环控制。

### 1. 微机调节器

微机调节器采用并联 PID 结构，其调节模块传递函数为

$$\begin{cases} \Delta f = f_c - f \\ \Delta f' = \begin{cases} 0, & |\Delta f| < E_f \\ \Delta f - E_f, & \Delta f > E_f \\ \Delta f + E_f, & \Delta f < -E_f \end{cases} \\ y_{in} = \Delta f' + b_p(y_c - y) \\ y_{in} = \Delta f' + E_p(P_c - P) \\ \dfrac{y_{PID}}{y_{in}} = \left( K_P + \dfrac{K_I}{s} + \dfrac{K_D s}{1 + T_{1D} s} \right) \end{cases} \qquad (2\text{-}48)$$

式中：$f$ 和 $f_c$ 分别为机组（或电网）频率和频率给定值；$y$ 和 $y_c$ 分别为相对导叶开度和导叶相对开度给定值；$P$ 和 $P_c$ 分别为机组功率和机组功率给定值；$\Delta f'$ 为经过频率死区 $E_f$ 后的频率偏差；$\Delta f$ 为频率偏差信号；$K_P$、$K_I$、$K_D$ 分别为比例增益、积分增益和微分增益；$T_{1D}$ 为微分环节考虑实际微分中的时间常数；$b_p$ 为永态转差系数，用于开度调节模式，如果使用功率调节模式，则 $b_p$ 相应地换为机组的调差率为 $E_p$；$y_{PID}$ 为调速器的控制输出。

调节模块的位置型 PID 差分方程为

$$\begin{cases} y_{PID} = K_P y_{in}(n) + K_I T \sum_{i=0}^{n} y_{in}(i) + y_d(n) \\ y_d(n) = \dfrac{T_{1D}}{T_{1D}+T} y_d(n-1) + \dfrac{K_D}{T_{1D}+T}\left[ y_{in}(n) - y_{in}(n-1) \right] \end{cases} \tag{2-49}$$

调节模块的增量型 PID 差分方程为

$$\begin{cases} \Delta y_{PID} = K_P \left[ y_{in}(n) - y_{in}(n-1) \right] + K_I T y_{in}(n) + \Delta y_d(n) \\ \Delta y_d(n) = \dfrac{T_{1D}\Delta y_d(n-1)}{T_{1D}+T} + \dfrac{K_D \left[ y_{in}(n) - 2y_{in}(n-1) + y_{in}(n-2) \right]}{T_{1D}+T} \end{cases} \tag{2-50}$$

### 2．发电/电动机转换装置

发电/电动机转换装置分为两种，一种是将机械液压信号转换成模拟或数字信号的装置，包括感应式位移转换装置、电位器式位移转换装置和旋转编码式位移转换装置等。另一种是将模拟或数字信号转换成机械液压信号的装置，包括比例伺服阀、伺服/步进电机驱动发电/电动机转换器和数字阀发电/电动机转换器等；它是微机调速器中的一个重要组成部分，在很大程度上影响到调速器的调节性能和控制可靠性。

发电/电动机转换装置的综合放大器、电液转换器和位移变送器特性比较简单，均可以看为比例环节 $G_c(s) = K_c$。

### 3．液压执行机构

液压执行机构非线性模型为主配压阀–主接力器两级结构，并考虑随动装置死区、主接力器饱和与主配压阀饱和非线性环节等。充分考虑各非线性特性的执行机构结构框图如图 2.21 所示。

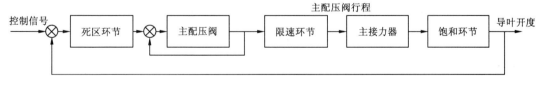

图 2.21　液压执行机构结构框图

1）随动装置死区

死区环节也叫失灵区，随动装置一般具有死区。死区的数学描述如下

$$d_{out} = \begin{cases} d_{in} - b, & d_{in} \geqslant b \\ 0, & -a < d_{in} < b \\ d_{in} + b, & d_{in} \leqslant -b \end{cases} \tag{2-51}$$

式中：$b$ 为死区大小；$d_{in}$ 为死区环节输入；$d_{out}$ 为死区环节输出。

2）饱和非线性环节

饱和非线性也叫限幅非线性，导叶主接和主配输出都是有限幅的。其中，主配的输出限幅还具有限制导叶主接的开启速度的功能，以实现既定的开启和关闭规律。饱和非线性环节的处理办法是在原来的线性元件的输出端串一个饱和非线性环节，饱和非线性环节的描述如下

$$S_{out} = \begin{cases} S_{in}, & s_{min} < S_{in} < s_{max} \\ s_{min}, & S_{in} < s_{min} \\ s_{max}, & S_{in} > s_{max} \end{cases} \tag{2-52}$$

式中：$S_{in}$ 为饱和非线性环节的输入；$S_{out}$ 为饱和非线性环节的输出，$s_{max}$ 和 $s_{min}$ 分别为非线性环节的输出上限和输出下限。

3）主配压阀模型

主配压阀模型由比例系数 $k_0$、时间常数 $T_{y1}$ 和饱和环节组成，其传递函数结构如图 2.22 所示。图中，$y_B$ 为主配压阀输出。

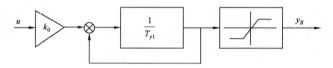

图 2.22　主配压阀传递函数框图

主配压阀为一阶惯性环节

$$G(s) = \frac{k_0}{1 + T_{y1}s} \tag{2-53}$$

4）主接力器模型

主接力器根据主配压阀的输出，调整导叶开度大小，工程上通常用一个积分环节 $\frac{1}{T_y s}$ 描述，$T_y$ 为主接力器开环时间常数，并在其后连接一个饱和非线性环节作为导叶开度限制。

整个液压执行机构非线性模型框图如图 2.23 所示。

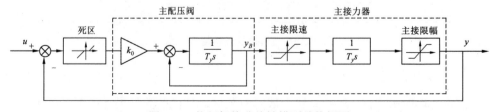

图 2.23　执行机构非线性模型结构框图

综上所述，考虑机械液压部分非线性环节后的调速器整体模型如图 2.24 所示。

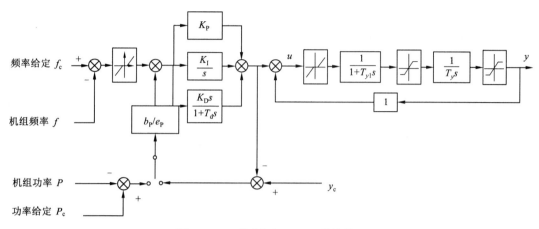

图 2.24　可逆式机组调速器整体模型

## 2.1.5　不同调节模式下发电/电动机调速系统模型

现代电力系统中大量抽水蓄能机组承担系统的调峰、调频、抽水、调相任务，现代抽水蓄能机组调速器由原来的频率调节模式逐渐扩展至频率调节模式、开度调节模式、功率调节模式。尽管水泵水轮机调速系统的基本环节模型相同，但各种调节模式的结构不同，因此，有必要探讨不同调节模式下的水泵水轮机调速系统结构。

### 1. 频率调节模式

频率调节模式是调速器最为传统的调节方式，适用于机组空载运行、并入小电网或孤网运行、机组并入大电网以调频方式运行的情况。以图 2.25 所示的频率调节模式水泵水轮机调速系统框图为例，频率调节模式下水泵水轮机调速系统为两输入单输出控制系统，输入为机组转速给定或系统频率（$x_r$）、相对导叶开度给定值（$y_c$），输出为机组转速；人工频率死区和人工开度死区均切除；调速器通常采用 PID 控制策略。

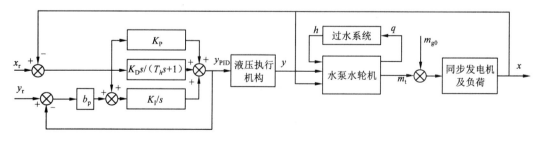

图 2.25　水泵水轮机调速系统频率工作模式结构图

开环条件下，不考虑调速器电气控制信号反馈作用，水泵水轮机调速系统为误差调节系统。闭环条件下，调速器电气控制信号（$y_{PID}$）作为反馈，构成调速器的静特性。机组

转速稳态值与接力器行程稳态值之间关系为

$$(x_r - x) + b_p(y_c - y_{PID}) = 0 \tag{2-54}$$

并网运行条件下，电网频率与机组频率一致，当系统频率减小后，水泵水轮机调速系统按照式（2-54）所示规律增大调速器电气控制信号（$y_{PID}$），通过控制液压执行机构控制相对导叶开度（$y$），从而增大流量、增大机组出力，调整机组频率；但由于闭环条件下转速与接力器开度之间为有差调节，机组转速最终难以稳定到给定值。

### 2．开度调节模式

并网运行后，根据系统调度需要频繁改变出力的机组，对于当电站水头变化不大而通过调节流量能明显改变出力的机组，调速器通常采用开度调节模式。图 2.26 所示为开度调节模式下水泵水轮机调速系统的结构框图。从图 2.26 中可以看出，开度调节模式下，水泵水轮机调速系统为双输入单输出控制系统，输入为频率给定、开度给定，输出为机组转速；人工频率死区和人工开度死区均被包含；调速器通常采用 PI 控制策略。

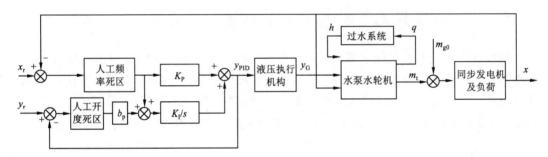

图 2.26　水泵水轮机调速系统开度调节模式

机组并网运行后，电力系统频率即为系统频率给定值，根据式（2.54）可知，当改变机组开度给定后，稳态情况下调速器电气控制信号 $y_{PID}$ 发生改变，从而实现增/减机组所带负荷的目的。

### 3．功率调节模式

对于水头变化频繁或变化幅度较大、开度与负荷之间没有近似的线性关系的电站，机组并网运行后调速器通常采用功率调节模式。根据反馈信号形式，功率调节模式可以分为：直接式功率调节模式和间接式功率调节模式。直接式功率调节模式如图 2.27 所示，间接式功率调节模式如图 2.28 所示。从图 2.27、图 2.28 中可以看出，功率调节模式下水泵水轮机调速系统为两输入单输出的控制系统，输入信号均为转速给定（$x_r$）和功率给定（$P_r$），输出为机组转速（$x$）；从图 2.27 中可以看出，直接式功率调节模式反馈信号为水轮机水力矩（$m_t$），人工功率死区前参与综合运算的是功率给定和功率变送器实测的机组功率；而图 2.28 中的间接式功率调节模式中，功率给定（$P_r$）需要经过非线性运算求解出水头 $H$ 下对应的相对导叶开度给定值（$y_c$），人工开度死区前参与综合运算的是开度给定和实测的调速器 PID 电气输出（$y_{PID}$）。

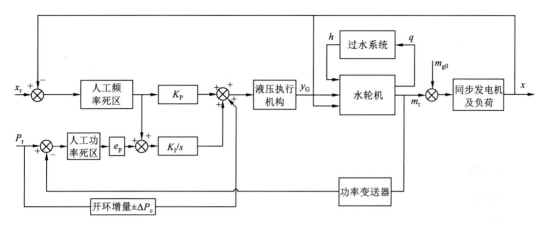

图 2.27　水泵水轮机调速系统直接式功率调节模式

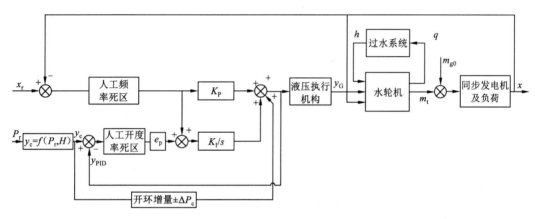

图 2.28　水泵水轮机调速系统间接式功率调节模式

闭环条件下，忽略人工频率死区、人工功率死区，功率调节模式调速器静特性为

$$(x_{\mathrm{r}} - x) + e_{\mathrm{p}}(P_{\mathrm{r}} - P) = 0 \tag{2-55}$$

机组并网运行后，电网频率与机组频率一致，当系统频率减小后（大于人工频率死区），水泵水轮机调速系统按照式（2-55）所示规律增大输出功率，调整机组频率；但由于闭环条件下转速与功率之间为有差调节，机组转速最终难以稳定到给定值，要达到转速给定值还需进行二次调频。

# 2.2　抽水蓄能机组调速系统仿真

## 2.2.1　线性系统仿真

当前电力系统广泛开展的参数建模工作实际上是对象模型结构已知情况下的参数辨识，参数建模则给出了水电机组对象的经典工程模型，这些模型大部分都是做过近似化处理的线性模型，并且广泛应用于工程实践，对水电机组对象规律研究有积极作用，特别是经典模型中包含许多有物理含义的关键参数，辨识这些参数对深刻认识机组特性具有重要意义。在小波动工况下，水轮机调节系统线性模型能较好地反映系统动态及静态特性，此时系统辨识的研究平台依据水轮机调节系统线性仿真模型。

## 2.2.2　非线性系统仿真

### 1. 模型参数设置

根据抽水蓄能机组调速系统的实际参数，对模型仿真中需要使用到的相关模型参数进行赋值，主要包括过水系统相关参数、水泵水轮机相关参数、发电/电动机相关参数和调速器相关参数等，具体如下。

（1）过水系统相关参数包括：过水系统计算简图、管道参数（管道长度、当量直径、波速、糙率和局部水头损失系数）、调压室高程–面积对应关系、阀门相关参数。

（2）水泵水轮机相关参数包括：单位流量特性曲线，单位转矩特性曲线，水泵水轮机进口直径，水轮机工况额定水头、额定流量、额定转矩和额定转速。

（3）发电/电动机相关参数包括：机组转动惯量，机组自调节系数，机组额定功率。

（4）调速器相关参数包括：调节器比例增益、积分增益和微分增益，永态转差系数，主配压阀反应时间常数、主配死区、主配限幅，主接力器反应时间常数、主接限幅。

### 2. 初始状态设置

在仿真计算开始前需要设置抽水蓄能机组初始时刻的状态，主要包括初始时刻的管道稳定流量、管道各处水压、调压室水位、导叶开度、机组转速、水压和过机流量等，根据不同工况的仿真需求，初始状态可以分为停机状态、空载稳态、水轮机负载稳态、水泵调相稳态和水泵抽水稳态。

停机状态初始值设置为：①初始导叶开度为 0；②机组初始转速、流量、转矩都为 0；③机组初始水头为上下库水位差。

空载稳态初始值设置为：①初始导叶开度为水泵水轮机在当前水位下的空载开度；②初始转速等于机组额定转速；③机组初始水头等于上下库水位差减去空载流量下管道各部分的水头损失和。

水轮机负载稳态初始值设置为：①初始导叶开度为当前水头下抽水蓄能机组带目标负载时所对应的开度；②初始转速等于机组额定转速；③机组初始水头等于上下库水位差减去负载流量下管道各部分的水头损失和。

水泵调相稳态初始值设置为：①初始导叶开度 0；②初始转速等于负额定转速；③机组初始水头等于上下库水位差。

水泵抽水稳态初始值设置为：①初始导叶开度为当前水头下抽蓄机组从电网输入目标功率时对应的开度；②初始转速等于负额定转速；③机组初始水头=上下库水位差+负载

流量下管道各部分的水头损失和。

在开始仿真计算时，还需要指定初始流量和初始转矩，它们的值一般没法直接给出，实际仿真过程中是根据假定的初始流量和初始转矩值，在开度不变的条件下进行模型迭代仿真计算，迭代计算出来的稳定值即为初始相关参数。

### 3. 算法参数设置

对仿真计算中用到的相关变量进行设置，包括仿真时间步长、迭代次数、迭代跳出精度，这些变量的取值与仿真计算的精度、实时性、收敛性及稳定性关系密切。

（1）仿真时间步长 $\Delta t$ 取值范围。计算时间步长允许的最大值主要由系统瞬变过程的速率和计算精度要求决定，同时考虑计算机技术的高速发展，一般取 $\Delta t_{max}$ 为 $T_{wh}/50$（$T_{wh}$ 为水锤波从过水系统的一端到另一端的往返传播时间），$\Delta t_{min}$ 合理取值为 0.001 s。

对于双曲型偏微分方程的差分格式，其收敛的一个必要条件是差分格式的依赖区域必须包含微分方程的依赖区域，该条件称为库朗条件 $0 \leqslant a\dfrac{\Delta t}{\Delta x} \leqslant 1$，也即 $\Delta t \leqslant \dfrac{\Delta x}{a} = dT$，其中 $dT$ 为管道分段时间步长。

因此，仿真时间步长 $\Delta t$ 的取值范围为：$0.001s < \Delta t < \min(T/50, dT)$。

（2）迭代控制精度。迭代跳出控制精度越小，迭代次数就越多，同时引入的截断误差就会增大，有时候控制精度太小，解的精度反而不高。在确定迭代控制精度时，应与仿真步长相适应，仿真步长增大，迭代控制精度也应该相应的增大。

### 4. 整体模型仿真计算流程

基于电路等效法的有压过水系统状态方程为

$$\frac{dX(Q,H)}{dt} = [A(t,X)] \cdot X(Q,H) + [\boldsymbol{B}] \tag{2-56}$$

式中：$X$ 为管道状态变量，取各个分段点处的流量和水压；$\boldsymbol{A}$、$\boldsymbol{B}$ 为系数矩阵，与管道参数、边界条件和过水系统各部分的连接关系有关。

水泵水轮机全特性曲线改进 Suter 变换求解模型为

$$\begin{cases} h_{n+1} = \dfrac{WH(y, x_{n+1})(a_{n+1}{}^2 + q_{n+1}{}^2 + C_h h_{n+1})}{(y + C_y)^2} \\ m_{n+1} = \dfrac{WM(y, x_{n+1})(a_{n+1}^2 + q_{n+1}^2 + C_h h_{n+1})}{(y + C_y)^2} - k_1 h_{n+1} \end{cases} \tag{2-57}$$

式中：$q_n$ 为 $n$ 时刻的过机流量，$q_{n+1}$、$h_{n+1}$ 分别为 $n+1$ 时刻的过机流量和净水头。

发电/电动机及负载的数值求解模型为

$$a_{n+1} = \frac{\left[ m_{n+1} - m_{g,n+1} + m_n - m_{g,n} - a_n\left(e_n - \dfrac{2T_a}{dT}\right) \right]}{\left(e_n + \dfrac{2T_a}{dT}\right)} \tag{2-58}$$

式中：$T_a$ 为机组惯性时间常数；$e_n$ 为机组自调节系数。

综上所述，抽水蓄能机组调速系统仿真计算耦合框图如图 2.29 所示。

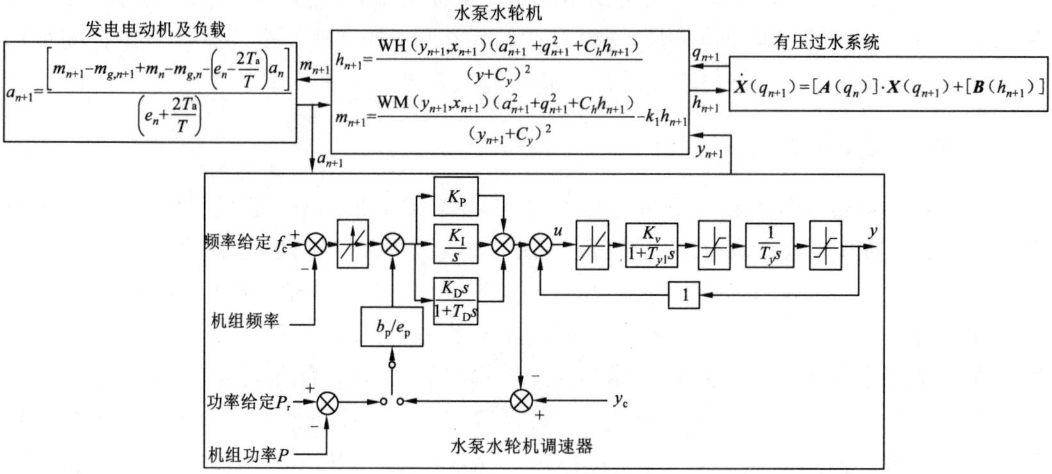

图 2.29　抽水蓄能调速系统仿真计算耦合框图

与常规水电机组相比，抽水蓄能机组具有运行工况多，工况转换频繁、复杂等特点，常规水电机组仅有静止、发电（空载）和调相三种运行工况，工况转换关系简单，而抽水蓄能包括静止、发电、发电调相、抽水和抽水调相五种稳定运行工况，其工况转换包括静止转发电、发电转静止、发电转发电调相、发电调相转发电、发电调相转静止、静止转抽水调相、抽水调相转抽水、抽水转抽水调相、抽水转静止、抽水调相转静止、抽水转发电和发电转抽水 12 种工况转换，此外还有背靠背启动等特殊工况。因此调速器作为抽水蓄能机组关键的控制设备，分析清楚其在各工况转换过程中的控制功能尤为重要，它将直接影响机组运行性能的好坏。

下面分别用 P1、P2、P3、P4、P5、P6、P7、P8、P9 来描述静止、开机、空载、发电、发电调相、抽水调相、BTB（back to back，背靠背）拖动、抽水、停机工况状态，抽水蓄能机组生产过程的工况转换流程描述见表 2.1。

表 2.1　抽水蓄能机组生产过程的工况转换流程

| 输入命令 | 静止 (P1) | 开机 (P2) | 空载 (P3) | 发电 (P4) | 发电调相 (P5) | 抽水调相 (P6) | BTB 拖动 (P7) | 抽水 (P8) | 停机 (P9) |
|---|---|---|---|---|---|---|---|---|---|
| 开机令 | P2 | | | | | | | | |
| 启动完成 | | P3 | | | | | | | |
| 开机令撤销 | | P2 | | | | | | | |
| 断路器合上 | | | P4 | | | | | | |

续表

| 输入命令 | 静止（P1） | 开机（P2） | 空载（P3） | 发电（P4） | 发电调相（P5） | 抽水调相（P6） | BTB 拖动（P7） | 抽水（P8） | 停机（P9） |
|---|---|---|---|---|---|---|---|---|---|
| 断路器跳开 | | | | P3 | P3 | | | | |
| 功率给定增（减） | | | | P4 | | | | | |
| 发电调相令 | | | | P5 | | | | | |
| 发电调相令撤销 | | | | | P4 | | | | |
| SFC 变频启动令或 BTB 启动令 | P6 | | | | | | | | |
| 背靠背拖动令 | P7 | | | | | | | | |
| 转轮造压成功信号 | | | | | | P8 | | | |
| 抽水调相令 | | | | | | | | P6 | |
| 抽水调相令撤销 | | | | | | P8 | | | |
| 抽水转发电令（紧急） | | | | | | | | P2 P3 P4 | |
| 发电转抽水令（紧急） | | | | P9 P6 P8 | | | | | |
| 停机令 | | | P9 | P9 | P9 | P9 | P9 | P9 | |
| 停机完成 | | | | | | | | | P1 |

　　针对抽水蓄能机组调速系统整体模型进行的仿真求解，已知 $n$ 时刻机组的工况参数、过水系统各部分的流量和水压以及 $n+1$ 时刻调速器执行机构控制输出的导叶开度 $y_{n+1}$，考虑过水系统和水泵水轮机及发电机/电动机和水泵水轮机之间均存在非线性耦合关系，需对过机相对流量 $q$ 和机组相对转速 $a$ 分别进行迭代计算，才能计算出 $n+1$ 时刻调速系统各模块的响应结果，计算流程如图 2.30 所示。

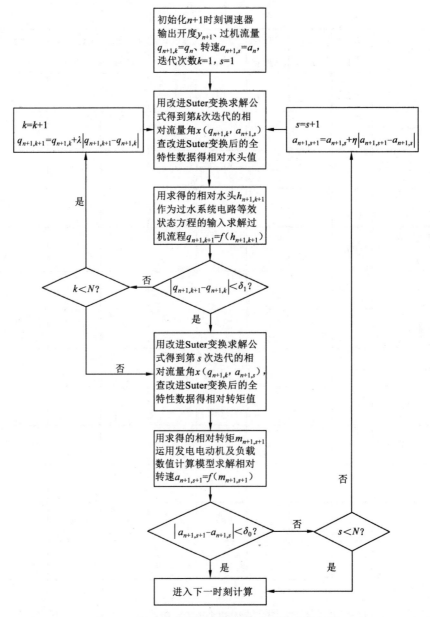

图 2.30　抽水蓄能机组调速系统仿真迭代流程图

# 2.3　励磁系统建模

励磁系统供给发电/电动机用于控制电压所需的励磁功率,能够稳定地供给发电/电动机从空载到负载所需的励磁电流,在保持发电机机端电压和调节发电机组间无功功率分配方面发挥着重要的作用[16]。它对发电机的动态特性和电力系统稳定性影响巨大,是电力系统中不可或缺的重要环节。精确建立励磁系统在不同工作状态下的数学模型是研究励磁调节系统运行特性的基础。因此有必要对励磁系统及其关键部分建模,研究分析励磁调节器的控制规律,进而对励磁调节系统的静、动态特性进行有效仿真研究。

## 2.3.1　励磁系统数学模型

励磁系统供给发电/电动机用于控制电压所需的励磁功率,能够稳定地供给发电/电动机从空载到负载所需的励磁电流,在保持发电机机端电压和调节发电机组间无功功率分配方面发挥着重要的作用。它对发电机的动态特性和电力系统稳定性影响巨大,是电力系统中不可或缺的重要环节。精确建立励磁系统在不同工作状态下的数学模型是研究励磁控制系统运行特性的基础。因此有必要对励磁系统及其关键部分建模,研究分析励磁调节器的控制规律,进而对励磁控制系统的静、动态特性进行有效仿真研究。

励磁系统按照励磁功率供给方式和物理结构的不同,通常被分为以下三类。

（1）直流励磁系统。直流励磁系统是由直流励磁机供给励磁电源的励磁系统,又称为感应励磁机系统,由于受到直流励磁机的整流子限制,功率不能太大,且制造工艺要求高,造价较高,也不易维护,一般适用于 50 MW 以下的中小型发电机励磁,目前已逐渐退出水力发电系统。

（2）交流励磁系统。交流励磁系统采用交流励磁机提供功率,不含整流子,换向可靠性高,而且励磁机时间常数比直流机小,响应速度快,适用于 100 MW 以上的大容量发电机组,被广泛应用于大、中型火电机组。

（3）静止励磁系统。静止励磁系统是指从机端或电网等多个电源经变压器取得静止功率,使用可控整流器提供给发电机直流励磁电源,其形式通常为自并励或复励式。静止励磁系统主要由励磁变压器、自动电压调整器（automatic voltage regulator,AVR）、可控整流装置和起励装置组成。由于静止励磁系统组件之间均为电磁能量转换,其响应速度快（可达几十毫秒）,且具有无旋转部件、制造简单、造价低廉、易维护、可靠性高等优点,适用于大容量发电机组,并有利于缓解水轮机甩负荷时的超速引起的过电压问题。因此,静止励磁系统目前在大、中型水电站中得到了广泛应用。

发电/电动机的励磁系统一般由两部分构成:第一部分是励磁功率单元,它向发电/电动机的励磁绕组提供直流励磁电流,以建立直流磁场;第二部分是励磁控制部分,这一部分包括励磁调节器、强行励磁、强行减磁和灭磁等,它根据发电机的运行状态,自动调节功率单元输出的励磁电流,以满足发电机运行的要求。整个自动控制励磁系统是由励磁调节器、励磁功率单元和发电机构成的一个反馈控制系统。

在励磁调节系统遭遇大扰动（如机端故障短路）时,系统过渡过程表现出较强非线性。为促使电网安全运行,防止机端电压下降导致失磁,致使发电机转子过速,励磁系统需要进行强励保证机组安全,其饱和非线性必然被激励,系统处于非线性工况运行,因此仿真模型需考虑励磁系统各非线性环节,需采用非线性励磁调节系统仿真模型。励磁调节器由放大单元、励磁机、发电/电动机、测量单元和 PID 控制单元组成,其非线性励磁调节系统仿真框图如图 2.31 所示。

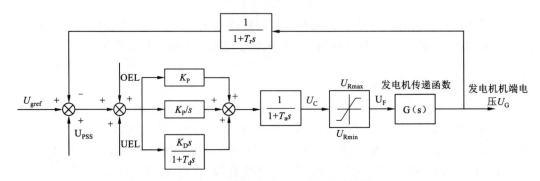

图 2.31　非线性励磁调节系统仿真框图

$U_{\text{gref}}$ 为机端电压参考值，$U_{\text{PSS}}$ 为电力系统稳定器输出，$U_g$ 为发电机机端电压，$T_R$ 为极端电压测量时延，
$T_a$ 为放大时间常数，$T_d$ 为微分时间常数，OEL 为最大励磁限制，UEL 为低励磁限制

制造厂家提供的参数通常是在离线试验的条件下，分别对每个元件进行测试得到该元件的参数，然后将它们综合在一起得到集成的系统模型参数，该参数没有反映元件间的相互作用，如果把这些参数直接用于电力系统的稳定计算仿真，所得的结果与实际情况会有差别。因此，对现场运行的励磁系统进行辨识试验，根据现场采集的数据进行励磁系统参数辨识是一项非常重要的工作。

## 2.3.2　励磁系统的基本控制规律

励磁系统的工作通过励磁控制器完成，励磁控制器的基本控制规律有比例（P）、积分（I）、微分（D）三种基本控制及其组合。三种基本控制的作用如下。

（1）比例控制部分为负反馈调节的基础，增大比例放大系数 P 可以减小励磁调节系统稳态误差，并加快响应速度，但过大会导致超调量过大、动态特性不稳定。

（2）积分控制部分为提高励磁调节系统的静态放大倍数，减小稳态误差，并降低动态放大倍数，有利于控制系统的稳定性，但过大会导致响应速度变慢。

（3）微分控制部分为抑制系统振荡，提高励磁调节系统的响应速度，减小超调量以及补偿系统中较大惯性环节，有助于提高控制系统动态稳定性。但过大的微分作用不利于系统稳定。

励磁系统中通常用 PI 或者 PID 控制器进行励磁电压电流的调节，PI 控制器的实用性很强，在多数场合下均适用，只是在遇到被控对象具有很大时滞的情况下，单纯 PI 控制规律的调节时间过长，或者负载变化特别剧烈时，PI 调节作用的响应较慢。这时考虑加入微分环节的 PID 调节器作为励磁控制规律。PID 励磁调节规律可表示为

$$u = K_P e + K_I \int e \mathrm{d}t + K_D \frac{\mathrm{d}e}{\mathrm{d}t} \tag{2-59}$$

式中：$u$ 为励磁控制器输出信号；$e$ 为给定值与测量值之差；$K_P$、$K_I$、$K_D$ 分别为励磁控制器比例、积分、微分系数。

合理选择 PID 控制器参数是提高控制器性能的关键，而控制器需要用一个标准的性能指标来评判。控制系统常用的动态性能指标包括三个方面。

（1）过渡过程的品质指标，如超调量、调节时间、上升时间等，它是通过在零初始条件下输入给定单位阶跃信号后，衡量一个控制系统输出过渡过程质量优劣的一种标准。

（2）正定二次型积分泛函，这是 20 世纪 60 年代后发展起来的一种最佳性能指标，是李雅普诺夫第二方法在最优控制论中的应用。

（3）误差泛函积分评价指标，是以控制系统瞬时误差函数 $e(t)$ 为泛函的积分评价，包括误差积分指标（integrate error，IE）、平方误差积分指标（integrate square error，ISE）、时间误差积分指标（integrate square time error，ISTE）、绝对误差积分指标（integrate absolute error，IAE）、时间绝对误差积分指标（integrate time absolute error，ITAE）等。

ITAE 的性能指标对系统参数变化的敏感性高，是一种具有很好工程实用性和选择性的控制系统性能评价指标，被广泛应用于分析评价单输入单输出（single input single output，SISO）控制系统的性能。励磁 PID 控制器作为一种以误差为输入变量的控制器适用于误差积分的评价指标。一些学者为了评价控制器过渡过程品质，在误差积分评价标准的基础上还加入了带权重的动态性能指标，如超调量、调节时间、上升时间等。

三种常用励磁 PID 控制器性能评价指标公式表示如下

IAE

$$f_{IAE} = \int_0^{t_s} |e(t)| \, dt \qquad (2\text{-}60)$$

ISE

$$f_{ISE} = \int_0^{t_s} e^2(t) \, dt \qquad (2\text{-}61)$$

ITAE

$$f_{ITAE} = \int_0^{t_s} t |e(t)| \, dt \qquad (2\text{-}62)$$

# 2.4　电力系统稳定器建模

随着以大机组、超高压、长距离、重负荷、大区域互联电网、交直流联合输电和新型负荷等为特点的现代电力系统的迅速发展，互联电网运行接近极限临界点，振荡失稳问题日渐浮现，电网的稳定性问题越发凸显。而随着快速励磁系统和快速励磁调节器的大规模采用，不少电力系统都出现了联络线低频功率振荡的现象，电力系统内运行机组之间有时也会出现功率振荡的问题。在振荡过程中，参与振荡的机组转子会进行相对摆动，表现为输电线路功率来回传输，从而影响了系统的正常运行，严重时甚至会致使系统失步。总的来说，低频振荡已经成为我国电力系统安全中日益突出的问题。

## 2.4.1　电力系统低频振荡的概念及特点

电力系统在受到扰动后，会导致发电机转子之间的相对摇摆，这种影响表现在输电线路上就是会出现功率的波动。对于暂时性的扰动，在其消失后可能会出现两种状况：一是发电机转子间的摇摆在短时间内消失；另一种则是发电机转子间的摇摆衰减得很慢甚至可能会加剧，若振荡的幅值持续增加，则会破坏互联系统之间的静态稳定，甚至会导致互联系统的解列，产生该种情况的原因是系统弱阻尼或系统阻尼为负。由于系统缺乏阻尼或系统阻尼为负引起的功率波动的振荡频率一般在 0.1～2.5 Hz,这种现象称为低频振荡。总的来说,低频振荡是指发生在弱联系的互联网之间,或者发电机组和发电机组之间的由于系统弱阻尼或系统阻尼为负引起的一种功率振荡,其频率一般比较低,位于 0.1～2.5 Hz,所以称之为低频振荡。低频振荡的主要特点就是自发性,它的频域表现是系统存在正实部的特征根,其时域表现是自然响应随时间的增大而增大,此情形下若系统受到很小的扰动,造成了非零的初始状态,即使扰动随后消失,振荡也会逐渐加强,这种振荡是由系统本身的参数所决定的。低频振荡按照其振荡性质可以划分为减幅振荡、等幅振荡和增幅振荡。减幅振荡发生在阻尼大于零的系统,不会发生自发振荡,在干扰发生后会逐渐衰减,在外界振荡源的振荡频率与系统某振荡频率相同时,会发生强制性低频振荡。等幅振荡和增幅振荡发生在阻尼等于或小于零的系统,系统阻尼小于零时会发生自发振荡,振荡幅值增加到一定程度后变为等幅振荡。按振荡所涉及的范围及振荡频率的大小,低频振荡可以分为两种形式。

（1）局部振荡模式,该模式包括同一发电厂内的发电机（或电气距离很近的几个发电厂的发电机）与系统内的其他发电机之间的振荡,其振荡的频率约为 0.7～2.0 Hz。

（2）区域间振荡模式,该模式包括系统的一部分机组群相对于另一部分机组群的振荡,由于各个区域的等值发电机惯性常数很大,这种模式的振荡频率较局部振荡模式低,其频率范围约为 0.1～0.7 Hz。

## 2.4.2 低频振荡的抑制方法与措施

由于各区域电网联网后系统包括低频振荡在内的安全稳定问题越来越复杂,故对于系统稳定性的控制措施也是多种多样的,应加以深入研究分析,在诸多措施中,电力系统稳定器（power system stablilizer, PSS)[190]在抑制低频振荡,提高系统小干扰稳定功率极限等方面作用明显,对提高系统的暂态稳定性也具有重要的作用。因为励磁系统是发电机的一个组成部分,作为电厂快速调压及电网安全的需要,所有大发电机组普遍采用各种模式的快速励磁进行调压,并且发电机励磁系统大部分都附带 PSS 装置,利用配置合适参数的 PSS 装置来减少励磁调节产生的负阻尼,是十分重要的。从原理上讲,PSS 不仅可以抑制低频振荡,提高系统的暂态稳定性,同时还可以增强系统的安全稳定裕度,提高系统线路的输电能力。如果参数配置合适的 PSS 以合理的方式投入运行,则联络线的输送能力可以显著提高；另外,现在 PSS 已经成为大型发电机组固有的组件,作为措施之一,可在仅需要不多的参数测试费用和现场试验费用不增加其他设备投资的情况下提高系统的稳定性,经济性好。所以 PSS 在抑制电力系统低频振荡方面的研究是非常有意义的。针对联网后电网弱阻尼的特性 PSS 对低频振荡的抑制作用的研究是本章的研究目的,由此,对 PSS 的应用进行了深入的研究分析计算。

## 2.4.3　电力系统稳定器模型

电力系统稳定器的作用主要是抑制电力系统 0.1～2.5 Hz 的低频振荡。电力系统稳定器的任务是接收这些振荡信号，并按要求传递给励磁电压调节器，通过电压调节器的自动控制作用，对发电机转子之间的相对振荡提供正阻尼，以此实现对振荡的抑制。PSS 一般采用转速偏差 $\Delta\omega$，频率偏差 $\Delta f$，加速功率偏差（$P_\mathrm{m}-P_\mathrm{c}$），电磁功率偏差 $\Delta P$ 中的一个或几个信号作为 AVR 的附加信号输入，以达到抑制低频振荡的作用。励磁系统 PSS 模型如图 2.32 所示。

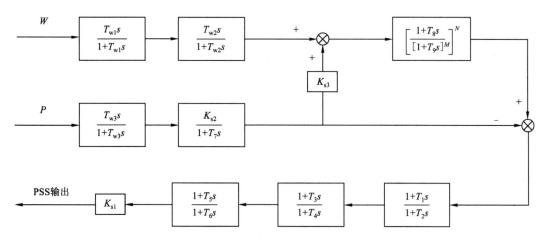

图 2.32　励磁系统 PSS 模型

$T_\mathrm{w1}$、$T_\mathrm{w2}$、$T_\mathrm{w3}$ 为隔直环节常数；$T_1 \sim T_6$ 为超前滞后环节时间常数；$T_7$ 为惯性环节时间常数；$T_8$、$T_9$ 为斜坡环节时间常数；$M$、$N$ 为斜坡函数阶数；$K_\mathrm{s1}$、$K_\mathrm{s2}$、$K_\mathrm{s3}$ 为比例放大系数

# 第 *3* 章　引力搜索算法及其改进

基于群体行为的智能优化方法充分利用了群体间的信息共享、信息交换、群体学习等社会行为以及优胜劣汰等自然法则，实现对目标的搜索。群体智能优化算法的本质大多来源于对自然生物种群间交互的模仿，用简单的行为规则来组成难以估量的群体能力[191-197]。作为群集智能的典型代表，遗传算法和粒子群算法、差分进化算法非常流行并逐步发展成熟，在各种领域广泛应用。然而作为较早提出的群集智能优化方法，这些方法都存在一些固有缺陷，比如早熟、陷入局部极小等。为此，学者们尝试各种改进措施，以期提高该类群集搜索算法的性能，另一种有效方式是寻找研究遵循其他物理法则并具有优异属性的智能算法。但迄今为止还有没有一种启发式算法能够通用地解决所有的优化问题，也没有任何一种算法优于其他所有的优化算法，每种算法都有其自身的优点和缺陷，其可能在解决某类问题上优于其他算法，但是在其他优化问题上却比其他算法差[198-207]。而引力搜索算法同样作为一种群体智能算法，一方面拥有群体智能算法的优点，如很强的全局搜索能力与较快的收敛速度，但另一方面，其本身也存在一定的缺陷，如容易发生算法早熟、求解精度不高、算法运行效率偏低等问题。

引力搜索算法是由伊朗克曼大学的 Esmat Rashedi 等所提出的一种新的启发式优化算法[142]，其源于对物理学中的万有引力进行模拟产生的群体智能优化算法。GSA 的原理是通过将搜索粒子看成一组在空间运行的物体，物体间通过万有引力相互作用吸引，物体的运行遵循动力学的规律。适度值较大的粒子其惯性质量越大，因此万有引力会促使物体们朝着质量最大的物体移动，从而逐渐逼近求出优化问题的最优解。GSA 具有较强的全局搜索能力与收敛速度。随着 GSA 理论研究的进展，其应用也越来越广泛，逐渐引起国内外学者的关注[208-214]。但是 GSA 与其他全局算法一样，存在易陷入局部解，解精度不高等问题，有很多待改进之处[215-220]。

本章将比较并分析传统优化方法的优缺点，引入引力搜索算法。进一步，对引力搜索算法进行了改进，提出了混合策略改进引力搜索算法及基于柯西变异和质量加权的引力搜索算法，为抽水蓄能机组调速系统非线性参数辨识提供优化理论和方法基础。

## 3.1　引力搜索算法

引力搜索算法是最近提出的一种基于万有引力定理及质量相互作用原理（mass interactions）的随机搜索算法。搜索主体是具有不同质量物体的集合，通过牛顿引力定理及动量定理相互作用，实现对目标的寻优，其搜索原理与粒子群、遗传算法、蚁群算法等传统基于群体行为的群集优化方法完全不同。在引入引力搜索算法之前,先回顾引力法则。

具有质量的物体之间均存在引力,这是自然界的四大相互作用力之一。宇宙中的每一个物体与其他的所有物体相互作用,引力无所不在。牛顿引力定理指出,任何两个物体之间的引力与他们的质量之积成正比,与距离的平方成反比。定义为

$$F = G\frac{M_1 M_2}{R^2} \tag{3-1}$$

式中:$G$ 为万有引力常数;$M_1$、$M_2$ 为相互作用的物体质量;$R$ 为物体间距离。

牛顿第二定理指出,物体的加速度与所受作用力成正比,与自身质量成反比

$$a = \frac{F}{M} \tag{3-2}$$

为阐述多个物体之间的相互作用,给出如下定义。

主动引力质量 $M_a$:决定物体引力场强度的质量,物体引力场与其主动引力质量成正比。

被动引力质量 $M_p$:决定物体在引力场中所受作用力的大小,在同一引力场中,被动引力质量越大,其所受引力越大。

惯性质量 $M_i$:在受作用力时,阻滞物体改变状态的质量,惯性质量越大,在受同一作用力的情况下,运动状态越难改变。

在上述定义的基础上,重新定义牛顿运动定理,第 $i$ 个物体在第 $j$ 个物体的作用下所受的作用力及因此产生的加速度为

$$F_{ij} = G\frac{M_{aj} \times M_{pi}}{R^2} \tag{3-3}$$

$$a_{ij} = \frac{F_{ij}}{M_{ij}} \tag{3-4}$$

引力搜索算法是一种利用物体(粒子)间万有引力相互作用进行智能搜索的全局寻优算法。在 GSA 中,每个物体定义有四个属性:位置、主动引力质量、被动引力质量及惯性质量。物体位置对应问题的一个解,引力质量及惯性质量与目标函数值相关。

假设一个引力系统中有 $N$ 个粒子,定义第 $i$ 个粒子位置为

$$X_i = (x_i^1, \cdots x_i^d, \cdots, x_i^n), \quad i = 1, 2, \cdots, N$$

依据牛顿引力定理,第 $i$ 个粒子受到第 $j$ 个粒子的作用力为

$$F_{ij}^d(t) = G(t)\frac{M_{pi}(t) \times M_{aj}(t)}{\| X_i(t), X_j(t) \|_2}(x_j^d(t) - x_i^d(t)) \tag{3-5}$$

式中:$M_{aj}$ 为第 $j$ 个粒子主动引力质量,$M_{pi}$ 为第 $i$ 个粒子的被动引力质量,$G(t)$ 为引力时间常数,此时认为其为时变量。

对第 $i$ 个粒子,受到来自其他粒子引力合力用引力的随机加权和表示为

$$F_i^d = \sum_{j \neq i} r_j F_{ij}^d(t) \tag{3-6}$$

基于牛顿第二定理,粒子 $i$ 产生的加速度为

$$a_i^d(t) = \frac{F_i^d(t)}{M_{ii}(t)} \tag{3-7}$$

式中：$M_{ii}$ 为粒子 $i$ 的惯性质量。

粒子运动速度及位置可以计算如下

$$v_i^d(t+1) = r_i \times v_i^d(t) + a_i^d(t) \tag{3-8}$$

$$x_i^d(t+1) = x_i^d(t) + v_i^d(t+1) \tag{3-9}$$

式中：$x_i^d$ 为第 $i$ 个粒子位置向量的第 $d$ 维；$v_i^d$ 为第 $i$ 个粒子速度；$a_i^d$ 为第 $i$ 个粒子的加速度；$r_i$ 为[0, 1]区间内的随机数。

需要指出的是，引力常数 $G(t)$ 是时变的，其变化规律对算法性能有很大影响，定义为

$$G(t) = G_0 \cdot \exp\left(-\alpha \cdot \frac{t}{\max\_it}\right) \tag{3-10}$$

式中：$G_0$ 为引力常数初始值；$\alpha$ 为常数；$t$ 为当前迭代次数；$\max\_it$ 为最大迭代次数。

引力及惯性质量则依据适应度函数值计算。质量重的个体较质量轻的个体更为优秀，可以这样理解，优秀的个体对其他粒子有更大吸引力，且位置改变更缓慢。假设引力质量与惯性质量相等，根据适应度函数给出粒子质量其定义为

$$M_{ai} = M_{pi} = M_{ii} = M_i \tag{3-11}$$

$$m_i = \frac{\mathrm{fit}_i - \mathrm{worst}}{\mathrm{best} - \mathrm{worst}} \tag{3-12}$$

$$M_i = \frac{m_i}{\sum_{j=1}^{N} m_j} \tag{3-13}$$

式中：$\mathrm{fit}_i$ 为粒子 $i$ 的适应度函数值。对于极小化问题 $\mathrm{best} = \min \mathrm{fit}_j$，$\mathrm{worst} = \max \mathrm{fit}_j$，同理反推可知极大值问题求解时 best 及 worst 定义。

引力搜索算法依据适应度函数值调整粒子质量，适应度与质量成正比。可以理解为，通过万有引力及其他物理过程作用，质量大、适应度高的物体进一步增加质量，质量小、适应度低的物体质量逐步减小，最后"最优"粒子越来越重，移动越来越缓慢，位置趋近于全局最优。

通过对粒子搜索算法的分析及粒子运动方程可以发现，引力搜索算法中粒子仅通过当前粒子状态调整粒子位置，缺乏对历史位置的记忆及群体的信息共享。而这些缺陷可能导致其在寻优过程中陷入局部极小值。

## 3.2　改进引力搜索方法

引力搜索算法是一种群体算法，只是算法的基础是万有引力定理，与绝大多数模拟种群社会习性的群体算法相异。粒子群算法也是一种成功的群体算法，通过历史位置记忆

及群体信息交换进行寻优，使其具备全局寻优的能力。比较引力搜索算法和粒子群算法可以发现，两种算法都是通过粒子在解空间内的运动搜索最优解，但是粒子运动机理不同。引力搜索算法中粒子的运动方向由其他粒子施加的引力之和决定，是一种无记忆搜索算法，粒子运动由当前状态决定；粒子群算法通过个体记忆（个体最优位置）和群体信息交换（群体中最优位置）控制粒子运动。

粒子群算法的粒子运动方程为

$$v_i^d(t+1) = w(t)v_i^d(t) + c_1r_{i1}\left[\mathrm{pbest}_i^d - x_i^d(t)\right] + c_2r_{i2}\left[\mathrm{gbest}^d - x_i^d(t)\right] \tag{3-14}$$

$$x_i^d(t+1) = x_i^d(t) + v_i^d(t+1) \tag{3-15}$$

式中：$r_{i1}$ 和 $r_{i2}$ 为区间[0，1]内的随机数；$c_1$ 和 $c_2$ 为正的常数；$w$ 为惯性权重；$\mathrm{pbest}_i$ 为粒子 $i$ 所经历的最好位置；$\mathrm{gbest}$ 为所有粒子曾经经历过的最好位置。

结合粒子群算法的特点，本节在引力搜索算法中为粒子增加记忆及社会信息交换能力，提出改进引力搜索算法（improved gravity search algorithm，IGSA），IGSA 的粒子运动方程定义为

$$\begin{aligned} v_i^d(t+1) = & \, r_{i1}v_i^d(t) + a_i^d(t) + c_1r_{i2}\left[\mathrm{pbest}_i^d - x_i^d(t)\right] \\ & + c_2r_{i3}\left[\mathrm{gbest}^d - x_i^d(t)\right] \end{aligned}$$

$$\tag{3-16}$$

式中：gbest 在迭代过程中不断更新；$r_{i1}$、$r_{i2}$、$r_{i3}$ 均为区间[0，1]内的随机数。

通过调节 $c_1$、$c_2$ 值，可以调整粒子运动过程中受"引力法则""记忆"及"社会信息交换"的影响程度。从式（3-16）可以看出，IGSA 实际是 GSA 和 PSO 的结合体，通过调整权值，可以实现不同的粒子运动策略。当 $c_1$、$c_2$ 为零时，IGSA 退化为 GSA。IGSA 算法流程如图 3.1 所示。

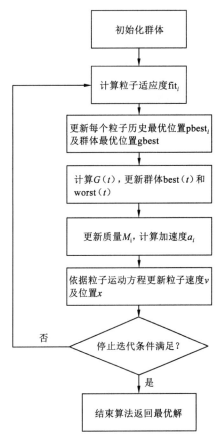

图 3.1 IGSA 算法流程图

# 3.3　混合策略改进引力搜索方法

## 3.3.1　算法基本原理

为了提高传统引力搜索算法的搜索能力，本节引入三种改进策略，即精英引导策略，自适应引力常数及变异策略，尝试从不同的角度提高引力搜索算法的性能。

1）精英引导策略

粒子群算法是模仿鸟类捕食行为而提出的一种经典群智能优化算法，其运动更新方式不同于传统引力搜索算法。结合粒子群算法的特点，本节在引力搜索算法中为粒子增加记忆及社会信息交换能力，提出精英引导策略

$$\begin{cases} v_i^d(t+1) = r_1 v_i^d(t) + c_1 \cdot a_i^d(t) + c_2 \left[ \text{gbest}^d(t) - x_i^d(t) \right] \\ x_i^d(t+1) = x_i^d(t) + v_i^d(t+1) \end{cases} \tag{3-17}$$

式中：$r_1$ 为区间[0,1]内的随机数；$c_1$、$c_2$ 为学习因子。全体粒子的最优位置被引入速度更新公式不仅可以加速个体粒子向全局最优移动，并且将有效提高算法避免陷入局部极值的能力。

2）自适应引力常数

引力常数函数 $G(t)$ 是计算粒子所受引力时的重要参数，将直接影响粒子的运动。研究表明引力常数能够调节引力搜索算法的勘探与开发能力。较大的引力常数使得算法具有更好的勘探能力，较小的引力常数使得算法能够更加趋近于全局最优值。引力常数衰减因子是计算引力常数的关键参数，传统的引力搜索算法常常在整个迭代过程中保持衰减因子不变，为提高算法的搜索性能，尝试提出自适应引力常数衰减因子

$$\alpha(t) = \alpha_0 + \bar{\omega} \cdot \sin h \left[ \delta \cdot (t / \max\_it - \theta) \right] \tag{3-18}$$

式中：$\alpha_0$ 为引力常数衰减因子的初始值；$t$ 为当前迭代次数；$\max\_it$ 为最大迭代次数；$\bar{\omega}$ 和 $\delta$ 为缩放因子，$\bar{\omega} \in [0,1]$，$\delta > 1$；$\theta$ 为移位因子。通过调节以上三个参数可以获得最优的引力常数衰减因子变化过程。

为了展示引力常数衰减因子随着迭代次数的变化过程，传统的引力常数衰减因子及提出的自适应引力常数衰减因子变化过程如图 3.2 所示。图 3.2（a）显示了引力常数衰减因子 $\alpha(t)$ 的变化，图 3.2（b）显示了相应的引力常数 $G(t)$ 的变化。具体参数设置如下：$G_0 = 100$，$\alpha_0 = 20$，$\bar{\omega} = 1$，$\delta = 10$，$\theta = 0.35$。从图 3.2 可以看出，在算法迭代早期自适应引力常数函数有较大的引力常数，可以加强算法的探索能力，在算法后期自适应引力常数函数有较小的引力常数，将有效提高算法的收敛性。

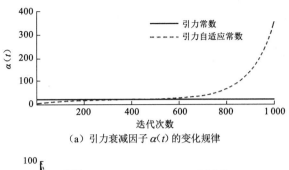

（a）引力衰减因子 $\alpha(t)$ 的变化规律

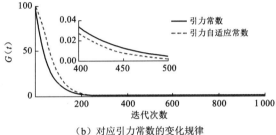

（b）对应引力常数的变化规律

图 3.2　引力常数变化规律

3）变异策略

传统的引力搜索算法将不可避免地遇到早熟现象和局部收敛问题。变异操作常常被用来解决此类问题。常用的变异操作有很多，例如：均匀变异，非均匀变异，混沌变异，高斯变异和柯西变异。本节采用自适应的柯西高斯变异增加种群的多样性避免算法陷入局部最小值。柯西变异和高斯变异的概率密度分布函数为

$$f(z)=\frac{1}{\sqrt{2\pi}\sigma}\exp\left[-(z-u)^2/(2\sigma^2)\right] \tag{3-19}$$

$$f(z)=\frac{1}{\pi}\frac{\gamma}{\gamma^2+(z-z_0)^2} \tag{3-20}$$

式中：$u$ 为平均值，$\sigma^2$ 为标准差，$N(u,\sigma^2)$ 为正态分布（高斯分布）；$\gamma>0$ 为比例参数；$z_0$ 为峰值位置，$C(z_0,\gamma^2)$ 为柯西分布。高斯分布和柯西分布的概率密度函数如图 3.3 所示。

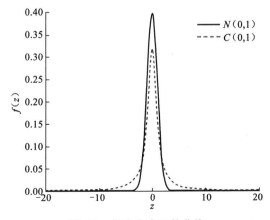

图 3.3　概率密度函数曲线

从图 3.3 可以看出,柯西分布概率密度函数具有更宽的分布范围,因此可以被用在算法早期提高算法的探索能力,增加种群的多样性,避免算法陷入局部极值。标准正态分布范围较小,更适合应用于算法后期提高算法的局部搜索能力,加快算法收敛于最优值。粒子位置变异方程如下

$$X_{\text{new}} = X \cdot \left\{ 1 + \beta \cdot \left[ \eta \cdot N(0,1) + (1-\eta) \cdot C(0,1) \right] \right\} \tag{3-21}$$

式中:$N(0,1)$ 为服从标准高斯分布的随机数;$C(0,1)$ 为服从标准柯西分布的随机数;$\eta$ 为一个自适应权重,它与当前的迭代次数有关;$\beta$ 为调节系数。

为确保变异策略的有效性,将原来的粒子与新产生的粒子混合优选出前 $N$ 个较好的粒子作为当前的种群。

随着算法迭代的进行一些粒子不可避免地将违反粒子位置约束,传统的处理方法是强迫越界的粒子位于边界上,然而这种处理方式将使得种群丧失一定的多样性。为此引入弹性球边界处理策略处理越界粒子。

综合以上策略,一种混合策略引力搜索算法(mixed strategy-genetic search algorithm,MS-GSA)被提出,算法的具体步骤如下。

步骤 1:种群初始化;

步骤 2:计算粒子的适应度,记录当前种群全局最优值 gbest;

步骤 3:依据式(3-11)~式(3-13)计算粒子质量 $M_i(t)$,依据式(3-5)、式(3-6)计算粒子引力 $F_i^d(t)$,依据式(3-7)计算加速度 $a_i^d(t)$($i=1,2,\cdots,N$、$d=1,2,\cdots,D$);

步骤 4:依据式(3-8)和式(3-21)更新粒子速度和位置;

步骤 5:判断粒子位置是否越界,如果越界,弹性球边界策略被采用:

```
if   xᵢᵈ(d)＞up(d)
     outside=xᵢᵈ(d)-up(d)
     xᵢᵈ(d)=up(d)-outside
end if
if   xᵢᵈ(d)＜low(d)
     outside=low(d)-xᵢᵈ(d)
     xᵢᵈ(d)=low(d)+outside
end if
```

如果仍然有部分粒子违反约束:

```
if   xᵢᵈ(t)＞up(d)‖xᵢᵈ(t)＜low(d)
     xᵢᵈ(t)=rand(up(d)-low(d))+low(d)
end if
```

步骤 6:判断当前是否需要种群变异,如果需要进行步骤 7,否则进行步骤 8。

步骤 7:依据式(3-21)产生编译粒子,将原来的粒子与新产生的粒子混合优选出前 $N$ 个较好的粒子作为当前的种群。

步骤 8:重复步骤 2~步骤 8 直到迭代停止。

## 3.3.2  算法测试及结果分析

本小节采用 23 个测试函数评估所提 MS-GSA 算法的性能,同时与其他智能优化算法进行对比分析。

### 1. 测试函数

23 个基本测试函数如表 3.1～表 3.3 所示。其中 $n$ 为粒子维度, range 为算法搜索范围。测试函数的全局最优值、全局最优位置及特殊参数的设置描述如下: 表 3.2 中除函数 $F_8$ 外其他测试函数最优值均为 0, $F_8$ 的最优值为 $-418.9829 \times n$。$F_5$、$F_{12}$ 和 $F_{13}$ 的最优位置

**表 3.1  单峰测试函数**

| 测试函数 | 算法搜索范围 |
| --- | --- |
| $F_1(X) = \sum\limits_{i=1}^{n} x_i^2$ | $[-100, 100]^n$ |
| $F_2(X) = \sum\limits_{i=1}^{n} |x_i| + \prod\limits_{i=1}^{n} |x_i|$ | $[-10, 10]$ |
| $F_3(X) = \sum\limits_{i=1}^{n}\left(\sum\limits_{j=1}^{i} x_j\right)$ | $[-100, 100]$ |
| $F_4(X) = \max\left\{|x_i|, 1 \leqslant i \leqslant n\right\}$ | $[-100, 100]$ |
| $F_5(X) = \sum\limits_{i=1}^{n-1}\left[100(x_{i+1}-x_i^2)^2 + (x_i-1)^2\right]$ | $[-30, 30]$ |
| $F_6(X) = \sum\limits_{i=1}^{n}(x_i+0.5)^2$ | $[-100, 100]$ |
| $F_7(X) = \sum\limits_{i=1}^{n}\left(ix_i^4 + \text{random}[0,1]\right)$ | $[-1.28, 1.28]$ |

**表 3.2  高维多峰测试函数**

| 测试函数 | 算法搜索范围 |
| --- | --- |
| $F_8(X) = \sum\limits_{i=1}^{n} -x_i \sin\left(\sqrt{|x_i|}\right)$ | $[-500, 500]^n$ |
| $F_9(X) = \sum\limits_{i=1}^{n}\left[x_i^2 - 10\cos(2\pi x_i) + 10\right]$ | $[-5.12, 5.12]^n$ |
| $F_{10}(X) = -20\exp\left(-0.2\sqrt{\dfrac{1}{n}\sum\limits_{i=1}^{n} x_i^2}\right) - \exp\left(\dfrac{1}{n}\sum\limits_{i=1}^{n}\cos(2\pi x_i)\right) + 20 + e$ | $[-32, 32]^n$ |
| $F_{11}(X) = \dfrac{1}{4000}\sum\limits_{i=1}^{n} x_i^2 - \prod\limits_{i-1}^{n}\cos\left(\dfrac{x_i}{\sqrt{i}}\right) + 1$ | $[-600, 600]^n$ |
| $F_{12}(X) = \dfrac{\pi}{n}\left\{10\sin(\pi y_1) + \sum\limits_{i=1}^{n-1}(y_1-1)^2\left[1+\sin^2(\pi y_{i+1})\right] + (y_n-1)^2\right\} + \sum\limits_{i=1}^{n} u(x_i,10,100,4)$ $y_i = 1 + \dfrac{x_i+1}{4}$ $u(x_i,a,k,m) = \begin{cases} k(x_i-a)^m, & x_i > a \\ 0, & -a < x_i < a \\ k(-x_i-a), & x_i < -a \end{cases}$ | $[-50, 50]^n$ |

| 测试函数 | 算法搜索范围 |
|---|---|
| $F_{13}(X) = 0.1\{\sin^2(3\pi x_1) + \sum_{i=1}^{n}(x_i-1)^2[1+\sin^2(3\pi x_i+1)]$ <br> $+ (x_n-1)^2[1+\sin^2(2\pi x_n)]\} + \sum_{i=1}^{n}u(x_i,5,100,4)$ | $[-50,50]^n$ |

**表 3.3　低维多峰测试函数**

| 测试函数 | 算法搜索范围 |
|---|---|
| $F_{14}(X) = \left(\dfrac{1}{500} + \sum_{j=1}^{25}\dfrac{1}{j+\sum_{i=1}^{2}(x_i-a_{ij})^6}\right)^{-1}$ | $[-65.53,65.53]^2$ |
| $F_{15}(X) = \sum_{i=1}^{11}\left[a_i - \dfrac{x_1(b_i^2+b_ix_2)}{b_i^2+b_ix_3+x_4}\right]^2$ | $[-5,5]^4$ |
| $F_{16}(X) = 4x_1^2 - 2.1x_1^4 + \dfrac{1}{3}x_1^6 + x_1x_2 - 4x_2^2 + 4x_2^4$ | $[-5,5]^2$ |
| $F_{17}(X) = \left(x_2 - \dfrac{5.1}{4\pi^2}x_1^2 + \dfrac{5}{\pi}x_1 - 6\right)^2 + 10\left(1-\dfrac{1}{8\pi}\right)\cos x_1 + 10$ | $[-5,10]\times[0,15]$ |
| $F_{18}(X) = [1+(x_1+x_2+1)^2(19-14x_1+3x_1^2-14x_2+6x_1x_2+3x_2^2)]$ <br> $\times[32+(2x_1-3x_2)^2\times(18-32x_1+12x_1^2+48x_2-36x_1x_2+27x_2^2)]$ | $[-5,5]^2$ |
| $F_{19}(X) = \sum_{i=1}^{4}c_i\exp\left[-\sum_{j=1}^{3}a_{ij}(x_j-p_{ij})^2\right]$ | $[0,1]^3$ |
| $F_{20}(X) = \sum_{i=1}^{4}c_i\exp\left[-\sum_{j=1}^{6}a_{ij}(x_j-p_{ij})^2\right]$ | $[0,1]^6$ |
| $F_{21}(X) = -\sum_{i=1}^{5}[(x-a_i)(x-a_i)^{\mathrm{T}}+c_i]^{-1}$ | $[0,10]^4$ |
| $F_{22}(X) = -\sum_{i=1}^{7}[(x-a_i)(x-a_i)^{\mathrm{T}}+c_i]^{-1}$ | $[0,10]^4$ |
| $F_{23}(X) = -\sum_{i=1}^{10}[(x-a_i)(x-a_i)^{\mathrm{T}}+c_i]^{-1}$ | $[0,10]^4$ |

为$[1]^n$，$F_8$位置为$[420.96]^n$。表 3.3 中函数 $F_{14}\sim F_{23}$ 最优值为 1，0.000 30，−1.031 6，0.398，3，−3.86，−3.32，−10.153 2，−10.402 8，10.536 3。

### 2. 参数设置

为验证所提出的 MS-GSA 算法的有效性，选取进化算法（evolutionary strategy，ES），粒子群算法，引力搜索算法，精英引导引力搜索算法（guide gravitational search algorithm，GGSA），改进引力搜索算法和灰狼算法（grey wolf optimization，GWO）作为对照组进行对比分析。

为实现各算法之间的比较，所有算法的相同参数应设置为同一值，因此最大算法迭代次数为 10 000，种群规模为 30，算法其他参数设置如下。

ES：本节选取$(\mu+\lambda)$−ES 型进化算法，$\lambda=\mu=15$，变异因子定义为

$$\tau = \frac{1}{\sqrt{2\sqrt{n}}}, \qquad \tau' = \frac{1}{\sqrt{2n}}, \qquad \beta = \frac{5\pi}{180}$$

PSO：惯性权重 $w$ 从 1 到 0.2 线性减小，$c_1 = c_2 = 0.6$；

GSA：初始引力常数 $G_0 = 100$，衰减因子 $\alpha = 20$；

GGSA：初始引力常数 $G_0 = 100$，衰减因子 $\alpha = 20$，$c_1 = 1 - t^3 / \max\_it^3$，$c_2 = t^3 / \max\_it^3$；

IGSA：初始引力常数 $G_0 = 100$，衰减因子 $\alpha = 20$，$c_1 = c_2 = 0.6$；

GWO：衰减因子 $\alpha$ 从 2 到 0 线性减小；

MS-GSA：初始引力常数 $G_0 = 100$，$c_1 = 1 - t^3 / \max\_it^3$，$c_2 = t^3 / \max\_it^3$，衰减因子 $\alpha = 20$，缩放因子 $\varpi = 1$，$\delta = 10$，移位因子 $\theta = 0.35$。

**3．试验结果分析**

为了获得统计结果避免启发式优化算法的随机性，所有实验独立重复 30 次，30 次重复实验的目标函数值统计结果如表 3.4～表 3.6 所示，包括平均值和标准差。算法平均收敛过程如图 3.4～图 3.6 所示。事实上并没有一种算法能够在所有的优化问题上都获得最优的效果，为此采用多种不同类型的测试函数评估所提算法的性能。

表 3.4 单峰测试函数统计结果

| 测试函数 | | ES | ALO | PSO | GSA | GGSA | IGSA | GWO | MS-GSA |
|---|---|---|---|---|---|---|---|---|---|
| $F_1$ | 平均值 | 2 037.557 | $6.21\times10^{-6}$ | $4.17\times10^{-8}$ | $1.10\times10^{-16}$ | $2.78\times10^{-18}$ | $1.60\times10^{-17}$ | $9.83\times10^{-59}$ | $\mathbf{2.82\times10^{-105}}$ |
| | 标准差 | 1 613.04 | $1.16\times10^{-5}$ | $1.45\times10^{-7}$ | $5.35\times10^{-17}$ | $2.48\times10^{-18}$ | $4.71\times10^{-18}$ | $2.45\times10^{-58}$ | $6.31\times10^{-105}$ |
| $F_2$ | 平均值 | 11.831 48 | 6.317 019 | 12.667 18 | $5.22\times10^{-8}$ | $9.53\times10^{-9}$ | $1.57\times10^{-8}$ | $1.16\times10^{-34}$ | $\mathbf{3.98\times10^{-52}}$ |
| | 标准差 | 3.300 73 | 40.130 55 | 9.443 814 | $1.29\times10^{-8}$ | $7.39\times10^{-9}$ | $3.20\times10^{-9}$ | $1.48\times10^{-34}$ | $5.15\times10^{-52}$ |
| $F_3$ | 平均值 | 13 282.23 | 1 075.127 | 34.172 06 | 489.679 1 | 476.804 3 | 1 346.918 | $8.16\times10^{-15}$ | $\mathbf{3.36\times10^{-98}}$ |
| | 标准差 | 5 206.826 | 658.366 6 | 18.062 1 | 168.848 6 | 166.050 6 | 666.973 7 | $2.53\times10^{-14}$ | $7.01\times10^{-98}$ |
| $F_4$ | 平均值 | 47.945 3 | 13.868 6 | 0.951 683 | 1.3702 83 | 0.700 32 | 7.341 62 | $1.55\times10^{-14}$ | $\mathbf{1.11\times10^{-49}}$ |
| | 标准差 | 8.515 077 | 3.618 598 | 0.279 058 | 1.285 257 | 0.856 333 | 3.488 512 | $2.06\times10^{-14}$ | $3.49\times10^{-49}$ |
| $F_5$ | 平均值 | 205 368.7 | 28.796 41 | 89.375 76 | 35.181 34 | 37.148 91 | 52.232 88 | 26.620 4 | $\mathbf{26.251\ 15}$ |
| | 标准差 | 211 624.3 | 119.971 9 | 108.848 9 | 28.350 39 | 29.148 7 | 44.707 27 | 0.598 357 | 0.145 665 |
| $F_6$ | 平均值 | 2 160.241 | $6.72\times10^{-6}$ | $3.44\times10^{-7}$ | $9.19\times10^{-17}$ | $\mathbf{3.08\times10^{-18}}$ | $3.48\times10^{-17}$ | 0.615 993 | $1.60\times10^{-14}$ |
| | 标准差 | 1 133.326 | $4.66\times10^{-6}$ | $1.23\times10^{-6}$ | $2.78\times10^{-17}$ | $2.90\times10^{-18}$ | $1.16\times10^{-17}$ | 0.325 938 | $5.00\times10^{-14}$ |
| $F_7$ | 平均值 | 54.639 72 | 0.097 874 | 4.447 134 | 0.088 855 | 0.373 47 | 0.001 486 | 0.000 904 | $\mathbf{0.000\ 108}$ |
| | 标准差 | 55.591 74 | 0.0387 21 | 5.755 462 | 0.067 29 | 1.477 495 | 0.000 698 | 0.000 574 | 0.000 137 |

表 3.5 高维多峰测试函数统计结果

| 测试函数 | | ES | ALO | PSO | GSA | GGSA | IGSA | GWO | MS-GSA |
|---|---|---|---|---|---|---|---|---|---|
| $F_8$ | 平均值 | −8 551.43 | −5 457.11 | −6 684.61 | −2 558.37 | −2 903.9 | −6 618.74 | −6 097.3 | **−9 318.342** |
| | 标准差 | 740.531 7 | 1 719.605 | 987.985 9 | 379.380 4 | 501.360 4 | 973.437 6 | 669.295 4 | 852.949 43 |
| $F_9$ | 平均值 | 244.662 3 | 77.109 12 | 141.956 6 | 29.682 92 | 33.065 73 | 35.387 34 | 0.418 428 | **0** |
| | 标准差 | 28.846 11 | 22.648 4 | 34.834 47 | 8.028 332 | 11.881 19 | 9.236 769 | 1.190 711 | 0 |
| $F_{10}$ | 平均值 | 7.251 97 | 2.170 514 | 0.075 902 | $7.38 \times 10^{-9}$ | $1.18 \times 10^{-9}$ | $3.13 \times 10^{-9}$ | $1.71 \times 10^{-14}$ | **$8.88 \times 10^{-16}$** |
| | 标准差 | 1.662 344 | 1.165 956 | 0.293 097 | $1.29 \times 10^{-9}$ | $4.68 \times 10^{-10}$ | $4.24 \times 10^{-10}$ | $3.19 \times 10^{-15}$ | 0 |
| $F_{11}$ | 平均值 | 76.174 44 | 0.002 497 | 0.013 614 | 8.959 327 | 7.277 465 | 0.014 941 | 0.002 378 | **0** |
| | 标准差 | 29.000 57 | 0.007 913 | 0.014 207 | 3.840 409 | 3.446 239 | 0.022 272 | 0.005 196 | 0 |
| $F_{12}$ | 平均值 | 38 899.47 | 8.400 436 | 0.010 366 | 0.193 98 | 0.214 117 | 0.750 033 | 0.043 352 | **$2.60 \times 10^{-17}$** |
| | 标准差 | 131 538.4 | 2.903 632 | 0.041 731 | 0.334 628 | 0.351 564 | 1.288 863 | 0.021 057 | $5.49 \times 10^{-17}$ |
| $F_{13}$ | 平均值 | 581 116.8 | 0.011 007 | 0.006 15 | 0.058 383 | 0.002 197 | $8.87 \times 10^{-32}$ | 0.503 853 | **$1.44 \times 10^{-32}$** |
| | 标准差 | 1 810 298 | 1.285 06 | 0.011 601 | 0.223 411 | 0.004 47 | $1.11 \times 10^{-31}$ | 0.250 238 | $1.75 \times 10^{-32}$ |

表 3.6 低维多峰测试函数统计结果

| 测试函数 | | ES | ALO | PSO | GSA | GGSA | IGSA | GWO | MS-GSA |
|---|---|---|---|---|---|---|---|---|---|
| $F_{14}$ | 平均值 | 8.063 97 | **0.998 004** | 2.839 306 | 3.516 225 | 3.591 99 | 1.428 222 | 4.225 356 | 1.693 032 2 |
| | 标准差 | 5.877 871 | 1.306 659 | 2.370 421 | 2.620 842 | 2.780 351 | 0.722 411 | 4.390 215 | 0.816 968 7 |
| $F_{15}$ | 平均值 | 0.002 999 | 0.000 782 | 0.006 936 | 0.004 408 | 0.002 066 | 0.000 757 | 0.001 676 | **0.000 714 5** |
| | 标准差 | 0.005 902 | 0.005 973 | 0.008 776 | 0.002 633 | 0.000 91 | 0.000 187 | 0.005 083 | $7.04 \times 10^{-5}$ |
| $F_{16}$ | 平均值 | −1.031 63 | −1.031 63 | −1.031 63 | −1.031 63 | −1.031 63 | −1.031 63 | −1.031 63 | **−1.031 63** |
| | 标准差 | $6.71 \times 10^{-16}$ | $5.63 \times 10^{-14}$ | $6.71 \times 10^{-16}$ | $4.97 \times 10^{-16}$ | $5.68 \times 10^{-16}$ | $4.88 \times 10^{-16}$ | $7.22 \times 10^{-9}$ | $7.40 \times 10^{-17}$ |
| $F_{17}$ | 平均值 | 55.602 11 | 0.397 887 | 0.397 887 | 0.397 887 | 0.397 887 | 0.397 887 | 0.397 888 | **0.397 887** |
| | 标准差 | $2.89 \times 10^{-14}$ | $5.92 \times 10^{-14}$ | 0 | 0 | 0 | 0 | $7.84 \times 10^{-7}$ | 0 |
| $F_{18}$ | 平均值 | 3 | 3 | 3 | 3 | 3 | 3 | 3.000 012 | **3** |
| | 标准差 | $8.61 \times 10^{-16}$ | $2.75 \times 10^{-13}$ | $7.82 \times 10^{-16}$ | $2.47 \times 10^{-15}$ | $2.83 \times 10^{-15}$ | $2.64 \times 10^{-15}$ | $1.07 \times 10^{-5}$ | $3.36 \times 10^{-15}$ |
| $F_{19}$ | 平均值 | −3.862 78 | −3.862 78 | −3.862 26 | −3.309 38 | −3.861 47 | −3.862 78 | −3.861 84 | **−3.862 782** |
| | 标准差 | $2.71 \times 10^{-15}$ | $3.29 \times 10^{-14}$ | 0.002 | 0.360 19 | 0.002 987 | $2.39 \times 10^{-15}$ | 0.002 056 | $7.40 \times 10^{-16}$ |
| $F_{20}$ | 平均值 | −3.223 67 | −3.321 9 | −3.229 42 | −1.578 6 | −3.098 62 | −3.230 84 | −3.269 22 | **−3.321 995** |
| | 标准差 | 0.050 751 | 0.058 277 | 0.114 308 | 0.637 218 | 0.498 156 | 0.051 146 | 0.068 858 | $4.68 \times 10^{-16}$ |
| $F_{21}$ | 平均值 | −4.990 59 | −5.100 77 | −7.394 62 | −7.010 65 | −4.728 7 | −7.974 99 | −9.579 18 | **−10.125 05** |
| | 标准差 | 3.465 861 | 2.702 862 | 3.309 053 | 3.668 028 | 1.667 901 | 2.998 983 | 1.775 47 | 0.087 419 4 |
| $F_{22}$ | 平均值 | −7.075 62 | **−10.402 9** | −8.184 61 | −10.236 5 | −7.922 48 | −9.717 53 | −10.402 5 | −10.385 4 |
| | 标准差 | 3.649 07 | 3.424 583 | 3.294 073 | 0.911 567 | 2.697 054 | 2.122 013 | 0.000 181 | 0.055 470 6 |
| $F_{23}$ | 平均值 | −7.029 09 | −10.536 4 | −9.596 7 | −10.305 1 | −10.356 1 | −9.653 03 | −10.536 | **−10.536 41** |
| | 标准差 | 3.838 468 | 2.938 859 | 2.148 542 | 1.267 195 | 0.987 348 | 2.339 09 | 0.000 205 | $1.78 \times 10^{-15}$ |

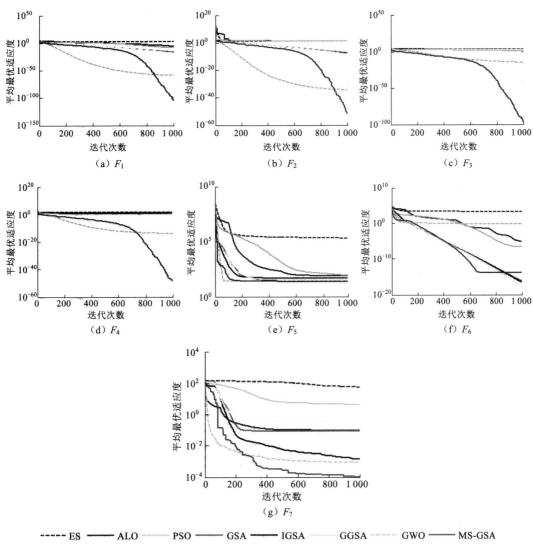

图 3.4  不同优化算法在单峰测试函数上的平均收敛过程曲线

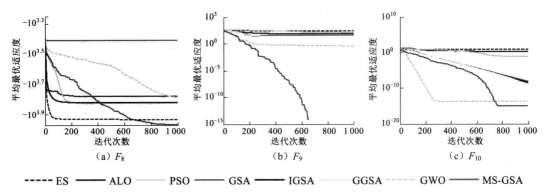

图 3.5  不同优化算法在高维多峰测试函数上的平均收敛过程曲线

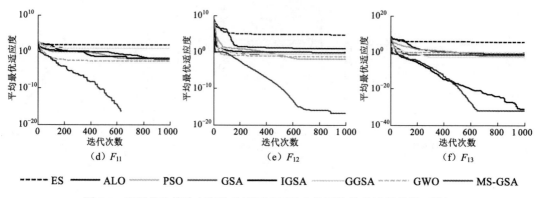

图 3.5　不同优化算法在高维多峰测试函数上的平均收敛过程曲线（续）

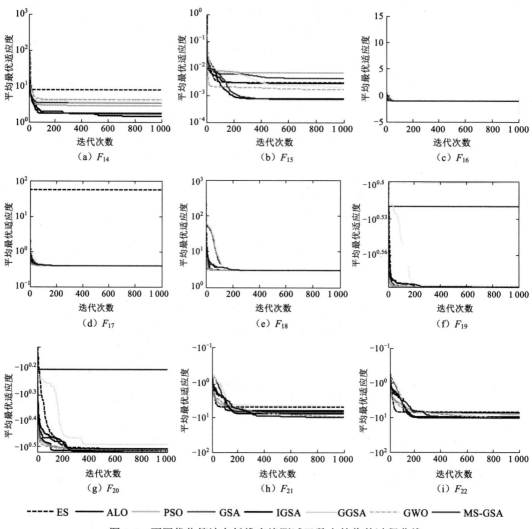

图 3.6　不同优化算法在低维多峰测试函数上的收敛过程曲线

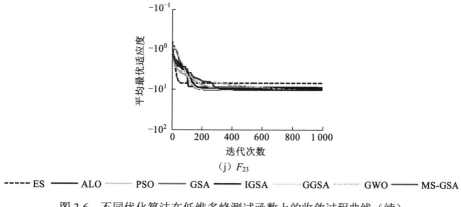

图 3.6 不同优化算法在低维多峰测试函数上的收敛过程曲线（续）

第一组测试函数 $F_1 \sim F_7$ 为单峰测试函数，如表 3.4 所示。单峰测试函数仅有一个全局最优值，较易优化，对于单峰测试函数，算法的收敛性速度比最终的结果更加重要，因此常被用来测试算法的收敛速度。MS-GSA 与其他七种算法优化所得 $F_1 \sim F_7$ 的收敛曲线如图 3.4 所示。MS-GSA 算法的收敛曲线与其他七种算法的收敛曲线对比可知，在整个迭代过程中，除了测试函数 $F_6$，所提出的 MS-GSA 获得了比 ES、ALO、PSO 和 GSAs（GSA、IGSA、GGSA）更快的收敛速度。对于测试函数 $F_6$，在算法早期 GSAs 显示了更快的收敛速度，但 MS-GSA 的收敛速度在迭代中期开始增加并超过 GSAs，但 $F_6$ 是离散阶跃函数，较难优化，MS-GSA 在 670 代左右时陷入局部极值最终未能获得最好的全局最优值。

从图 3.4 可以看出，除了测试函数 $F_6$，GWO 均获得了比 ES、ALO、PSO 和 GSAs（GSA、IGSA、GGSA）更好的优化结果。对于测试函数 $F_1$，$F_2$，$F_4$，$F_6$ 和 $F_7$，GWO 具有更快的算法收敛速度，但在整个算法迭代过程中 GWO 的收敛速度逐渐减小，尽管 MS-GSA 在迭代前期具有较小的收敛速度，在算法迭代后期 600 代左右 MS-GSA 的收敛速度开始大幅增加并超过 GWO。对于测试函数 $F_5$，MS-GSA 与 GWO 在整个迭代过程中有相似的收敛速度。

单峰测试函数的多次独立重复实验的优化结果如表 3.4 所示，最优值用黑体标出。对比可知，MS-GSA 所得的测试结果除函数 $F_6$ 以外，在全局最优值的均值与标准差方面均优于其他的算法，算法收敛性和鲁棒性较强。

高维多峰测试函数与单峰测试函数不同，具有多个局部极值和一个全局最优值，如表 3.2 所示。多峰测试函数的局部极值随着优化问题的维度呈指数增长，因此比单峰测试函数更难优化，常用于测试算法逃离局部极值的能力。对于多峰测试函数，算法优化的全局最优值比收敛速度更加重要。分别独立重复实验 30 次，MS-GSA 与其他七种算法优化所得的多峰测试函数统计结果如表 3.5 所示，对比分析计算所得的全局最优值均值及方差可知，针对所有的多峰测试函数 $F_8 \sim F_{13}$，MS-GSA 所得测试结果在均值与标准差方面均获得了更好的结果，算法具有更好的收敛性和稳定性，能有效避免算法陷入局部极值。与其他优化算法相比所提出的 MS-GSA 在多峰测试函数 $F_9$ 和 $F_{11}$ 表现尤为优异，几乎已经获得了测试函数的理论全局最优值零。各算法在多峰测试函数上的收敛曲线如图 3.5 所示，MS-GSA 的收敛速度明显优于其他的算法，除 MS-GSA 外，其他算法均容易陷入局部极值无法获得更好的优化效果，特别针对 $F_9 \sim F_{13}$。这说明所提的改进策略能有效帮助 MS-GSA 克服早熟问题，避免算法陷入局部最优。变异策略中的柯西变异在算法迭代早期使得空间中的粒子具有较长的移动幅度，充分寻找问题求解空间中的可行解提高种群的多样性，有利于算法跳出局部极值。而在算法迭代后期，高斯变异占据主导地位，使得粒子的运动具有较小的步幅，进行局部精细化搜索，有利于趋近全局最优值，加快算法收敛。

表 3.6 展示了 10 个多峰测试函数，尽管其同样具有多个局部极值，但由于维度较低且维度固定，局部极值较少，相比高维多峰测试函数更容易优化。多次独立重复实验测试结果如表 3.6 所示，对比分析统计结果可知，针对固定低维的多峰测试函数，MS-GSA 和其他七种算法所得测试结果基本相似，基本已经获得理论全局最优值。对于测试函数 $F_{15}$ 和 $F_{21}$，MS-GSA 所获得的统计结果略微优于其他算法。MS-GSA 和其他七种算法在测试函数 $F_{16} \sim F_{20}$ 和 $F_{23}$ 所得测试结果基本相同，MS-GSA 并未显示出更多的优势。其在处理测试函数 $F_{14}$ 和 $F_{12}$ 时表现比 ALO 略差。算法在低维多峰测试函数的收敛曲线如图 3.6 所示，从图 3.6 可获得与上面同样的结论，由于低维多峰的特殊性，所提出的 MS-GSA 与其他算法所得测试结果已基本接近理论全局最优值。

综合以上分析结果可知，针对单峰测试函数、高维多峰测试函数及低维多峰测试函数，所提出的混合策略均有效提高了 GSA 的算法性能，与其他算法相比，MS-GSA 具有更好的收敛性和鲁棒性。

## 3.4　基于柯西变异和质量加权的引力搜索算法

柯西变异和质量加权引力搜索算法（gravitational search algori-thm base on Cauchy mutation and mass weighing，GSA-CW）是一种新型的引力搜索算法。在 GSA-CW 中，通过进行两项改进以提高 GSA 的搜索能力。质量加权策略通过改变惯性质量起作用，而柯西变异主要作用于操作位置。

引力搜索算法中粒子的惯性质量与粒子的适应度密切相关，粒子惯性质量的大小间接地反映了每个粒子位置的优劣，在算法迭代过程中，粒子的惯性质量随着适应值的改变而相应的改变。其中惯性质量大的粒子，越容易吸引其他的粒子，使粒子向最优的位置运动。因此，尝试对每个粒子增加一个权值，使惯性质量大的粒子，惯性质量更大，惯性质量小的粒子，惯性质量更小，加快算法的收敛速度。进一步，为避免算法陷入局部极值和发生早熟现象，尝试引入柯西变异策略提高算法种群多样性，提高算法的收敛精度。在此基础上，本节提出一种基于柯西变异和质量加权的新型引力搜索算法（GSA-CW），并采用标准测试函数验证其有效性。

### 3.4.1　自适应质量加权策略

质量计算对 GSA 非常重要，其中重力和加速度是根据质量计算的。具有较重质量的代理是提供更好的解决方案并且对于其他代理移动更具吸引力的代理。为了加速 GSA 的收敛，提出了一种自适应加权策略。该策略的原则是，更好的解决方案将被赋予更大的权重，而更差的解决方案将被赋予更小的权重。质量加权的影响是，包括那些潜在的最佳解决方案在内的更好的解决方案将变得更重，更具吸引力并且移动缓慢，并且以更大的速度收敛于最佳解决方案。此外，自适应地更新权重范围，这意味着代理权重之间的差异逐渐增加。这种策略使质量加权逐步发挥作用。

每种代理的质量定义为

$$w_i(t) = \frac{C_{\max} - C_{\min}}{M_{\min} - M_{\max}} M_i(t) + \frac{C_{\min} M_{\min} - C_{\max} M_{\max}}{M_{\min} - M_{\max}} \qquad (3\text{-}22)$$

式中：$w_i(t)$ 为第 $i$ 个代理的权重；$M_{\max}$ 和 $M_{\min}$ 并分别代表质量的最大值和最小值；$C_{\max}$ 和 $C_{\min}$ 分别代表权重的最大值和最小值。权重范围 $[C_{\max}, C_{\min}]$ 确定权重的差异，并且与权重效应的强度密切相关。

不正确的质量加权可能会破坏早期迭代过程中的原始搜索机制，进而可能对算法的稳定性产生不利影响。为了避免这些潜在的不利因素，根据当前的迭代次数自适应地调整权重范围是合理的。$C_{\max}$ 和 $C_{\min}$ 由当前迭代次数确定，并且在迭代开始时，$C_{\max}$ 和 $C_{\min}$ 设置为相等，然后间隙逐渐增加。权重范围的定义表示为

$$\begin{cases} C_{\max} = 1 + \dfrac{\tau_1 t}{T}, & -1 < \tau_1 < +\infty \\[2mm] C_{\min} = 1 + \dfrac{\tau_2 t}{T}, & -1 < \tau_2 < +\infty \end{cases} \qquad (3\text{-}23)$$

式中：$\tau_1$ 和 $\tau_2$ 为两个常数，$T$ 为最大迭代数。在计算量每个权重的值之后，质量由下式更新

$$M_{gi}(t) = M_i(t)^{w_i(t)} \qquad (3\text{-}24)$$

式中：$M_{gi}(t)$ 是第 $i$ 个代理在第 $t$ 次迭代中新的质量。

### 3.4.2　基于柯西分布的变异策略

尽管 GSA 在许多优化应用中表现出了显著的性能，但它仍然存在早熟的问题，特别是在应用于高维优化应用时。已经证明，将突变策略引入基于种群的启发式算法是保持种群多样性和防止早熟的有效方法。

本小节设计一种基于柯西和高斯分布的变异策略，将 GSA 中的柯西和高斯变异相结合，提高该算法的搜索能力。

正态分布的概率密度函数（高斯分布）描述为

$$f(z) = \frac{1}{\sqrt{2\pi}\sigma} \exp\left[-(z-\mu)^2 / (2\sigma^2)\right] \qquad (3\text{-}25)$$

式中：$\mu$ 为平均值；$\sigma^2$ 为标准差；$N(\mu, \sigma^2)$ 为正态分布。柯西密度函数可由下式表示

$$f(z) = \frac{1}{\pi} \frac{\gamma}{\gamma^2 + (z - z_0)^2} \tag{3-26}$$

式中：$\gamma > 0$ 为一个比例参数；$z_0$ 为尖峰位置；$C(z_0, \gamma^2)$ 为柯西分布。

通过比较 $C(0,1)$ 和 $N(0,1)$ 的分布，很容易发现 $C(0,1)$ 具有比 $N(0,1)$ 更大的变异尺度。这意味着高斯变异具有更强的局部勘探能力，这使得该算法在迭代后期具有更快的收敛速度。柯西变异具有较强的全局勘探能力，可有效抑制种群多样性的丧失。因此，在早期阶段，柯西突变占主导地位以实现广泛的搜索；在后期阶段，高斯突变主导于局部勘探。当满足变异标准时，所有代理的位置将通过柯西和高斯分布通过式（3-21）突变。

在变异之后，新的 $X_{new}$ 和原始 $X$ 将被组合为 $X_{all} = [X_{new}, X]$。在该组件中，将对代理的业务进行分类，并且将选择具有更好适合度值的前 $N$ 个代理来重建群体。

### 3.4.3　GSA-CW 算法流程

在提出的 GSA-CW 中，质量加权有助于提高搜索效率，而柯西变异对避免陷入局部最优具有影响。GSA-CW 的具体步骤如下。

步骤 1：随机初始化群体，包括代理的位置 $X$ 和速度 $V$；

步骤 2：评估代理的适应度 $fit_i(t)$；

步骤 3：根据式（3-10）和式（3-13）更新 $G(t)$ 和 $M_i(t)$；

步骤 4：根据式（3-22）计算每个代理 $w_i(t)$ 每个质量的权重；

步骤 5：根据式（3-24）更新加权质量 $M_{gi}(t)$；

步骤 6：根据式（3-5）计算每个代理在不同维度 $F_{ij}^d(t)$ 上的重力，其中 $M_i$ 被 $M_{gi}(t)$ 代替，然后通过式（3-6）计算合力；

步骤 7：根据式（3-7）计算代理的加速度 $a_i^d(t)$；

步骤 8：根据式（3-8）和式（3-9）更新代理的速度 $v_i^d$ 和位置 $x_i^d$；

步骤 9：如果 $r_i < J$，则转到步骤 10 开始变异，否则转到步骤 11。$r_i$ 是随机数，$J$ 按经验设置为 0.6；

步骤 10：通过变异策略创建 $N$ 个新代理 $X_{new}$；

（1）根据式（3-21），通过变异创建 $N$ 个新代理 $X_{new}$；

（2）将 $X_{new}$ 和 $X$ 组合为 $X_{all} = [X_{new}, X]$；

（3）评估 $X_{all}$ 的适应度并对其进行排序，并从 $X_{all}$ 中选择具有更好适应度值的 $N$ 个代理来替换当前的群体 $X$。

步骤 11：$t = t + 1$，如果 $t = T$，停止算法，否则转到步骤 2。$T$ 为最大迭代次数。

在最后的迭代中，算法返回优化问题的全局解。提出的 GSA-CW 的原理如图 3.7 所示。

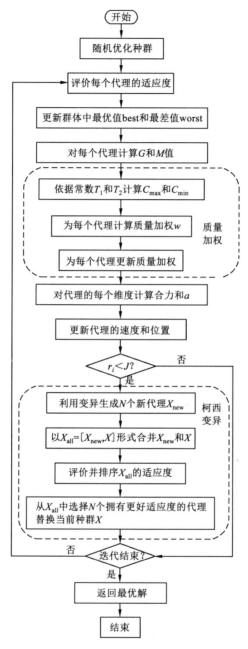

图 3.7 改进的 GSA-CW 算法流程图

## 3.4.4 GSA-CW 验证

### 1. 基准函数

为了证明所提出的 GSA-CW 的性能,将 GSA-CW 应用于表 3.7 中列出的最小化函数,并将结果与实数型遗传算法（real genetic algorithm,RGA）、PSO、ES、GSA 和 IGSA 结果进行比较。基准函数 $F_1$ 至 $F_7$ 是单峰测试函数，$F_8$ 至 $F_{13}$ 是多峰测试函数。在所有情况下，种群规模设定为 50（$N=50$），维数为 30（$n=30$），最大迭代次数为 1 000（$T=1\,000$）。

**表 3.7　测试函数**

| 测试函数 | 算法搜索范围 |
| --- | --- |
| $F_1(X) = \sum_{i=1}^{n} x_i^2$ | $[-100, 100]^n$ |
| $F_2(X) = \sum_{i=1}^{n} \lvert x_i \rvert + \prod_{i=1}^{n} \lvert x_i \rvert$ | $[-10, 10]^n$ |
| $F_3(X) = \sum_{i=1}^{n} \left( \sum_{j=1}^{i} x_j \right)^2$ | $[-100, 100]^n$ |
| $F_4(X) = \max\{ \lvert x_i \rvert, 1 \leqslant i \leqslant n \}$ | $[-100, 100]^n$ |
| $F_5(X) = \sum_{i=1}^{n-1} \left[ 100(x_{i+1} - x_i^2)^2 + (x_i - 1)^2 \right]$ | $[-30, 30]^n$ |
| $F_6(X) = \sum_{i=1}^{n} (x_i + 0.5)^2$ | $[-100, 100]^n$ |
| $F_7(X) = \sum_{i=1}^{n} \left( i x_i^4 + \text{random}[0,1] \right)$ | $[-100, 100]^n$ |
| $F_8(X) = \sum_{i=1}^{n} -x_i \sin \sqrt{\lvert x_i \rvert}$ | $[-500, 500]^n$ |
| $F_9(X) = \sum_{i=1}^{n} \left[ x_i^2 - 10\cos(2\pi x_i) + 10 \right]$ | $[-5.12, 5.12]^n$ |
| $F_{10}(X) = -20\exp\left( -0.2\sqrt{\dfrac{1}{n}\sum_{i=1}^{n} x_i^2} \right) - \exp\left( \dfrac{1}{n}\sum_{i=1}^{n}\cos(2\pi x_i) \right) + 20 + e$ | $[-32, 32]^n$ |
| $F_{11}(X) = \dfrac{1}{4\,000}\sum_{i=1}^{n} x_i^2 - \prod_{i-1}^{n}\cos\dfrac{x_i}{\sqrt{i}} + 1$ | $[-600, 600]^n$ |
| $F_{12}(X) = \dfrac{\pi}{n}\left\{ 10\sin(\pi y_1) + \sum_{i=1}^{n-1}(y_1 - 1)^2\left[1 + \sin^2(\pi y_{i+1})\right] + (y_n - 1)^2 \right\} + \sum_{i=1}^{n} u(x_i, 10, 100, 4)$ $y_i = 1 + \dfrac{x_i + 1}{4}$ $u(x_i, a, k, m) = \begin{cases} k(x_i - a)^m, & x_i > a \\ 0, & -a < x_i < a \\ k(-x_i - a), & x_i < -a \end{cases}$ | $[-50, 50]^n$ |
| $F_{13}(X) = 0.1\left\{ \sin^2(3\pi x_1) + \sum_{i=1}^{n}(x_i - 1)^2\left[1 + \sin^2(3\pi x_i + 1)\right] + (x_n - 1)^2\left[1 + \sin^2(2\pi x_n)\right] \right\}$ $+ \sum_{i=1}^{n} u(x_i, 5, 100, 4)$ | $[-50, 50]^n$ |

## 2. 比较试验及结果分析

在 PSO 中，$c_1 = c_2 = 2$，惯性因子（$w$）从 0.9 线性减小到 0.2。在 RGA 中，交叉和变异概率分别设定为 0.3 和 0.1。在 GSA 中，$G_0$ 设定为 100 并且 $\alpha$ 设定为 20。IGSA 的改进策略是 PSO 和 GSA 策略的混合。在 IGSA 中，参数设置为：$G_0 = 100$，$c_1 = c_2 = 0.6$，$u = 4$。GSA-CW 的参数设定为：$G_0 = 100$，$\alpha = 20$，$\tau_1 = 5.0$，$\tau_2 = 1.0$，$\beta = 0.1$。

为了考虑优化过程的随机性质，结果由超过 30 次运行平均，并且在表格中报告测试函数的平均最佳解决方案，平均适应度函数和最后一次迭代中最佳解决方案的中值呈现在表 3.8 中。

表 3.8　测试函数的统计结果

| 测试函数 | | RGA | PSO | ES | GSA | IGSA | GSA-CW |
|---|---|---|---|---|---|---|---|
| $F_1$ | 最佳平均值 | 23.13 | $1.8 \times 10^{-3}$ | 308.003 | $2.05 \times 10^{-17}$ | $4.66 \times 10^{-18}$ | $2.48 \times 10^{-21}$ |
| | 最佳中值 | 21.87 | $1.2 \times 10^{-3}$ | 276.132 | $1.93 \times 10^{-17}$ | $4.66 \times 10^{-18}$ | $3.95 \times 10^{-22}$ |
| | 平均适应度 | 23.45 | $5.0 \times 10^{-2}$ | 183.176 | $3.28 \times 10^{-17}$ | $1.28 \times 10^{-17}$ | $1.12 \times 10^{-19}$ |
| $F_2$ | 最佳平均值 | 1.07 | 2.0 | 8.614 1 | $2.40 \times 10^{-8}$ | $8.85 \times 10^{-9}$ | $8.95 \times 10^{-11}$ |
| | 最佳中值 | 1.13 | $1.9 \times 10^{-3}$ | 8.619 4 | $2.43 \times 10^{-8}$ | $8.68 \times 10^{-9}$ | $5.21 \times 10^{-11}$ |
| | 平均适应度 | 1.07 | 2.0 | 2.240 6 | $3.08 \times 10^{-8}$ | $1.33 \times 10^{-8}$ | $1.23 \times 10^{-9}$ |
| $F_3$ | 最佳平均值 | $5.6 \times 10^3$ | $4.1 \times 10^3$ | $2.65 \times 10^{-9}$ | $2.78 \times 10^2$ | 623.498 | $1.98 \times 10^{-21}$ |
| | 最佳中值 | $5.6 \times 10^3$ | $2.2 \times 10^3$ | $6.12 \times 10^{-10}$ | $2.61 \times 10^2$ | 559.160 1 | $9.27 \times 10^{-22}$ |
| | 平均适应度 | $5.6 \times 10^3$ | $2.9 \times 10^3$ | $5.61 \times 10^{-9}$ | 277.642 | 811.265 5 | $1.38 \times 10^{-19}$ |
| $F_4$ | 最佳平均值 | 11.78 | 8.1 | 34.147 7 | $3.35 \times 10^{-9}$ | 4.736 471 | $1.35 \times 10^{-11}$ |
| | 最佳中值 | 11.94 | 7.4 | 34.354 7 | $3.38 \times 10^{-9}$ | 4.930 467 | $8.30 \times 10^{-12}$ |
| | 平均适应度 | 11.78 | 23.6 | 6.395 1 | $3.93 \times 10^{-9}$ | 4.892 256 | $2.23 \times 10^{-10}$ |
| $F_5$ | 最佳平均值 | $1.10 \times 10^3$ | $3.6 \times 10^4$ | 0 | 30.325 | 27.064 75 | 24.908 |
| | 最佳中值 | $1.00 \times 10^3$ | $1.7 \times 10^3$ | 0 | 26.143 | 25.039 22 | 24.907 |
| | 平均适应度 | $1.10 \times 10^3$ | $3.7 \times 10^4$ | 0 | 30.298 | 30.594 03 | 24.908 |
| $F_6$ | 最佳平均值 | 24.01 | $1.0 \times 10^{-3}$ | 391.378 | $2.30 \times 10^{-17}$ | $8.55 \times 10^{-18}$ | $1.91 \times 10^{-20}$ |
| | 最佳中值 | 24.55 | $6.6 \times 10^{-3}$ | 260.009 | $2.14 \times 10^{-17}$ | $8.04 \times 10^{-18}$ | $1.98 \times 10^{-20}$ |
| | 平均适应度 | 24.52 | 0.02 | 404.058 | $3.53 \times 10^{-17}$ | $1.87 \times 10^{-17}$ | $3.30 \times 10^{-20}$ |
| $F_7$ | 最佳平均值 | 0.06 | 0.04 | 4.957 0 | 0.065 5 | 0.001 421 | $4.50 \times 10^{-5}$ |
| | 最佳中值 | 0.06 | 0.04 | 7.207 9 | 0.024 9 | 0.001 171 | $2.48 \times 10^{-5}$ |
| | 平均适应度 | 0.56 | 1.04 | 4.235 7 | 0.614 5 | 0.502 253 | 0.512 |
| $F_8$ | 最佳平均值 | $-1.2 \times 10^4$ | $-9.8 \times 10^3$ | 0.021 9 | $-2\,680.82$ | $-7\,002.73$ | $-5\,257.4$ |
| | 最佳中值 | $-1.2 \times 10^4$ | $-9.8 \times 10^3$ | 0.013 5 | $-2\,718.8$ | $-6\,858.81$ | $-5\,202.64$ |
| | 平均适应度 | $-1.2 \times 10^4$ | $-9.8 \times 10^3$ | 0.021 9 | $-1\,008.61$ | $-6\,988.31$ | $-1\,111.6$ |
| $F_9$ | 最佳平均值 | 5.9 | 55.1 | 0.057 4 | 17.815 | 31.075 86 | $6.05 \times 10^{-5}$ |
| | 最佳中值 | 5.71 | 56.6 | 0.030 2 | 16.446 | 31.341 18 | 0 |
| | 平均适应度 | 5.92 | 72.8 | 0.063 6 | 17.776 6 | 35.237 68 | $6.05 \times 10^{-5}$ |
| $F_{10}$ | 最佳平均值 | 2.13 | $9.0 \times 10^{-3}$ | 0.003 9 | $3.51 \times 10^{-9}$ | $1.64 \times 10^{-9}$ | $3.15 \times 10^{-11}$ |
| | 最佳中值 | 2.16 | $6.0 \times 10^{-3}$ | 0.003 0 | $3.45 \times 10^{-9}$ | $1.66 \times 10^{-9}$ | $2.64 \times 10^{-11}$ |
| | 平均适应度 | 2.15 | 0.02 | 0.004 0 | $4.48 \times 10^{-9}$ | $2.58 \times 10^{-9}$ | $2.73 \times 10^{-10}$ |
| $F_{11}$ | 最佳平均值 | 1.16 | 0.01 | 20.950 9 | 3.89 | 0.013 363 | 0 |
| | 最佳中值 | 1.14 | 0.008 1 | 19.537 4 | 3.74 | 0.008 627 | 0 |

| 测试函数 | | RGA | PSO | ES | GSA | IGSA | GSA-CW |
|---|---|---|---|---|---|---|---|
| $F_{11}$ | 平均适应度 | 1.16 | 0.055 | 11.507 2 | 3.89 | 0.024 95 | 0 |
| $F_{12}$ | 最佳平均值 | 0.051 | 0.29 | 21.749 0 | $3.46 \times 10^{-2}$ | 0.121 797 | 0.003 5 |
| | 最佳中值 | 0.039 | 0.11 | 0.000 3 | $1.63 \times 10^{-19}$ | $6.27 \times 10^{-20}$ | $1.29 \times 10^{-22}$ |
| | 平均适应度 | 0.053 | $9.3 \times 10^3$ | 118.084 1 | 0.0346 | 148.878 2 | 0.0035 |
| $F_{13}$ | 最佳平均值 | 0.081 | $3.1 \times 10^{-18}$ | 25 852.98 | $2.39 \times 10^{-32}$ | $9.13 \times 10^{-32}$ | $3.37 \times 10^{-32}$ |
| | 最佳中值 | 0.032 | $2.2 \times 10^{-23}$ | 7.653 9 | $1.87 \times 10^{-32}$ | $5.40 \times 10^{-32}$ | $1.87 \times 10^{-32}$ |
| | 平均适应度 | 0.081 | $4.8 \times 10^5$ | 76 888.57 | $2.39 \times 10^{-32}$ | 9.798 654 | $3.37 \times 10^{-32}$ |

　　根据表 3.8 的结果，与大多数测试功能的 RGA、PSO、ES、GSA 和 IGSA 相比，GSA-CW 提供了更好的解决方案。对于 $F_3$、$F_4$ 和 $F_9$，GSA-CW 比其他方法能得到更好的解决方案。此外，为了显示 GSA-CW 与其他方法的性能比较，图 3.8 中显示了针对少数测试函数的超 30 次运行的平均最佳解决方案进展。GSA-CW 在大多数情况下，可以避免在一定程度上陷入局部最优，GSA-CW 的收敛速度优于 ES、GSA 和 IGSA。

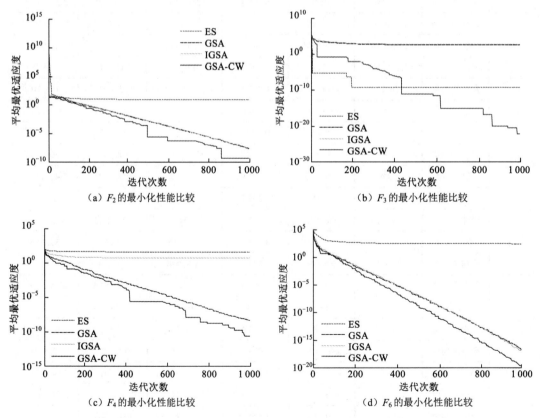

图 3.8　ES、GSA、IGSA 和 GSA-CW 在测试函数上的平均收敛过程比较

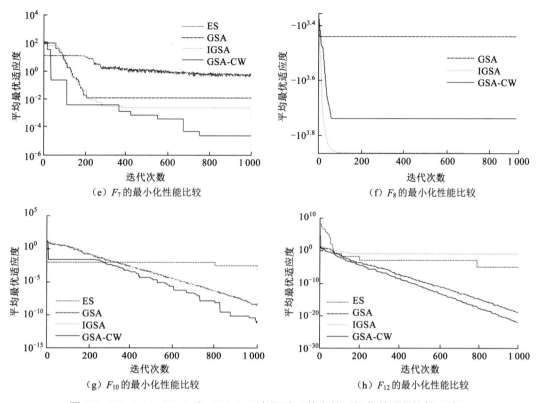

图 3.8　ES、GSA、IGSA 和 GSA-CW 在测试函数上的平均收敛过程比较（续）

### 3. 威尔科克森测试

为了分析最终解决方案，威尔科克森测试被用于算法的比较。威尔科克森测试是非参数统计假设检验之一，能够测试两种算法之间的显著性水平。因此，许多研究人员经常在文献中应用威尔科克森检验。威尔科克森符号秩检验（Wilcoxon's signed ranks test）被应用于单问题统计分析和多问题统计分析中。

1）单问题统计分析

表 3.9 显示了迄今为止最佳解决方案的平均值。在这里使用威尔科克森符号秩检验逐个测试函数的结果来比较两种算法。目标函数值的最佳平均值是测试样本。如果 GSA-CW 获得比另一算法更小的平均值，可以说通过威尔科克森符号秩检验在 $\alpha = 0.05$ 时 GSA-CW 明显优于该算法。GSA-CW 在 13 个测试函数中获胜、平局和失败的函数的数量被呈现并被计为"W/T/L"。

表 3.9　在统计学显著性水平 $\alpha=0.05$ 时的威尔科克森单问题检验

| 函数 | GSA-CW 与 RGA | GSA-CW 与 PSO | GSA-CW 与 ES | GSA-CW 与 GSA | GSA-CW 与 IGSA |
|---|---|---|---|---|---|
| $F_1$ | GSA-CW | GSA-CW | GSA-CW | GSA-CW | GSA-CW |
| $F_2$ | GSA-CW | GSA-CW | GSA-CW | GSA-CW | GSA-CW |
| $F_3$ | GSA-CW | GSA-CW | GSA-CW | GSA-CW | GSA-CW |

续表

| 函数 | GSA-CW 与 RGA | GSA-CW 与 PSO | GSA-CW 与 ES | GSA-CW 与 GSA | GSA-CW 与 IGSA |
|---|---|---|---|---|---|
| $F_4$ | GSA-CW | GSA-CW | GSA-CW | GSA-CW | GSA-CW |
| $F_5$ | GSA-CW | GSA-CW | ES | GSA-CW | GSA-CW |
| $F_6$ | GSA-CW | GSA-CW | GSA-CW | GSA-CW | GSA-CW |
| $F_7$ | GSA-CW | GSA-CW | GSA-CW | GSA-CW | GSA-CW |
| $F_8$ | GSA-CW | GSA-CW | ES | GSA | GSA-CW |
| $F_9$ | GSA-CW | GSA-CW | GSA-CW | GSA-CW | GSA-CW |
| $F_{10}$ | GSA-CW | GSA-CW | GSA-CW | GSA-CW | GSA-CW |
| $F_{11}$ | GSA-CW | GSA-CW | GSA-CW | GSA-CW | GSA-CW |
| $F_{12}$ | GSA-CW | GSA-CW | GSA-CW | GSA-CW | GSA-CW |
| $F_{13}$ | GSA-CW | GSA-CW | GSA-CW | GSA | GSA-CW |
| W/T/L | 13/0/0 | 13/0/0 | 11/0/2 | 11/0/2 | 13/0/0 |

通过威尔科克森符号秩检验获得的单问题统计分析结果如表 3.9 所示。从表 3.9 中可以看出，在多数情况下，所提出的 GSA-CW 达到了更好的最佳解决方案，并且在统计上显著高于其他算法。

2）多问题统计分析

除了单问题统计分析，多问题统计分析也是算法评估的重要测试。通过威尔科克森符号秩检验的多问题统计分析的测试结果在表 3.10 中给出。多问题统计分析的样本数据是表 3.9 中所示的 13 个测试函数的 13 个平均目标函数值。将由 GSA-CW 获得的结果与其他算法获得的结果进行了比较。

表 3.10　在统计学显著性水平 $\alpha=0.05$ 时的威尔科克森多问题检验

| 比较 | $R+$ | $R-$ | $p$-值 | 显著性 |
|---|---|---|---|---|
| GSA-CW 与 RGA | 78 | 13 | 0.021 5 | Yes |
| GSA-CW 与 PSO | 79 | 12 | 0.017 1 | Yes |
| GSA-CW 与 ES | 83 | 8 | 0.006 1 | Yes |
| GSA-CW 与 GSA | 90 | 1 | $4.882\ 8 \times 10^{-4}$ | Yes |
| GSA-CW 与 IGSA | 78 | 13 | 0.021 5 | Yes |

通过威尔科克森符号秩检验，首先计算 $R+$ 和 $R-$。一旦计算出 $R+$ 和 $R-$，就可以计算 $p$ 值。表 3.10 显示两种算法之间的 $R+$，$R-$ 和 $p$ 值。从表 3.10 中可以发现 GSA-CW 在所有对比对中都获得了比 $R-$ 值更高的 $R+$。所有 $p$ 值均小于 0.05，因此在所有比较中，所提出的 GSA-CW 在统计学上显著优于其比较算法。由上述统计分析可得出结论：GSA-CW 比其他具有统计学意义的算法具有更好的性能。

# 第 4 章　人工羊群类算法

人工羊群算法是受羊群觅食行为模式的启发而提出的元启发式优化算法（metaheuristic）。ASA 的核心思想是模拟羊群的觅食行为，特别是头羊对羊群的领导作用和羊群个体的松散觅食行为特征。因此，羊群中每一只羊的觅食轨迹同时受到头羊的领导作用和自身散漫觅食特质的影响，头羊的领导作用对应于优化算法中的全局寻优，自身散漫觅食特质则是局部寻优的体现。当头羊运动时，羊群会不断地向其运动的方向汇聚，从而头羊能有效地带领整个羊群向食物源移动。此外，羊群个体在跟随头羊移动的同时会在自身所在位置周围进行自由觅食。人工羊群算法的这种特性使算法在保持优异的寻优能力的同时具有良好全局搜索能力，有效地防止头羊陷入局部最优。

## 4.1　人工羊群算法

在 ASA 的优化过程中，羊群被分为头羊（bellwether）和普通羊（sheep）两类。其中，头羊作为羊群的领导者（leader），对整个羊群的行动具有指挥、领导作用，羊群中的普通羊在觅食过程中将始终跟随头羊的带领，围绕在头羊"身旁"。此外，普通羊在跟随头羊的同时，其自身也在小范围内进行松散的觅食。因此，普通羊的觅食轨迹由两个因素决定，即头羊领导（leadership of bellwether）和自我觅食（free strolling of sheep），如图 4.1 所示。

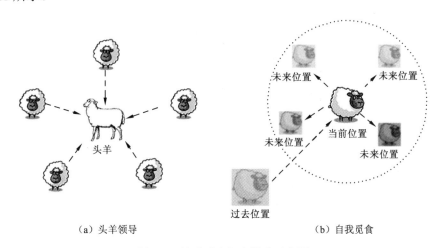

（a）头羊领导　　　　　　　　　　　　（b）自我觅食

图 4.1　羊群觅食行为模式示意图

### 4.1.1　头羊领导

在羊群的觅食过程中，头羊作为领导者，决定了羊群的前进方向和幅度，羊群中的普通羊时刻跟随头羊的行动改变自身的觅食方向。若头羊进行了大幅度的运动，普通羊也将跟随头羊进行大幅度的运动。因此，对羊群而言，头羊的领导即为羊群觅食过程中向丰草区前进的主要驱动力。

针对不同的优化问题，头羊的选取方法各异，本小节以最小化优化问题为例，给出头羊的选取规则。定义最小化问题

$$\begin{cases} \min f(\boldsymbol{X}) \\ \text{s.t. } g(\boldsymbol{X}) \geqslant 0 \\ h(\boldsymbol{X}) = 0 \\ \boldsymbol{X}_{1 \times D} \in S \end{cases} \tag{4-1}$$

式中：$\boldsymbol{X}$ 为 $D$ 维解向量，维数为 $D$；$f(\boldsymbol{X})$ 为目标函数；$g(\boldsymbol{X})$ 和 $h(\boldsymbol{X})$ 分别为不等式约束和等式约束；$S$ 为解空间。

对于上述最小化问题，在数量为 $N$ 的羊群中，第 $i$ 只羊在 $t$ 时刻的位置向量可定义为

$$\boldsymbol{X}_i(t) = [x_i^1(t), \cdots, x_i^d(t), \cdots, x_i^D(t)], \quad i = 1, 2, \cdots, N$$

其中具有最小目标函数值的普通羊将被选为头羊，头羊在草场（解空间）中的位置（解向量）可由 $\boldsymbol{X}^B(t) = [x_d^B(t)]_{1 \times D}$ 表示，其代表羊群至今为止在草场中寻找到的草最丰沃的位置。头羊对羊群中普通羊的领导作用体现在羊群跟随头羊的运动上，头羊对羊群中第 $i$ 只羊的领导力可由领导向量 $\boldsymbol{X}_i^{bw}(t) = [x_{i,d}^{bw}(t)]_{1 \times D}$ 表示。

对于 $N$ 只羊组成的羊群，头羊对第 $i$ 只羊（$i = 1, 2, \cdots, N$）的领导向量可表示为

$$\begin{cases} \boldsymbol{X}_i^{bw}(t) = \boldsymbol{X}^B(t) + \boldsymbol{c}_2 \cdot \delta_i \\ \delta_i = |\boldsymbol{c}_1 \cdot \boldsymbol{X}^B(t) - \boldsymbol{X}_i(t)| \end{cases} \tag{4-2}$$

式中：$\delta_i$ 为头羊与第 $i$ 只羊之间的欧几里德距离向量。随机向量

$$\boldsymbol{c}_1 = 2\boldsymbol{r}_1, \quad \boldsymbol{c}_2 = \alpha(2\boldsymbol{r}_2 - 1) \times (1 - t/T)$$

式中：$\boldsymbol{r}_1, \boldsymbol{r}_2 = [\text{rand}(0,1)]_{1 \times D}$ 为[0,1]的随机向量；$T$ 为算法最大迭代次数。

因此，$\boldsymbol{c}_1$ 为[0,2]的随机向量，并决定了头羊对距离向量的影响程度，若 $\boldsymbol{c}_1$ 向量中的元素均大于 1，头羊的影响将被放大，反之将被缩小。$\boldsymbol{c}_2$ 向量中的元素以 $\alpha$ 为初始范围，随觅食的进行进行线性减小的随机向量，其中 $\alpha$ 取值应为[0,3]。

### 4.1.2　自我觅食

在羊群中，普通羊在跟随头羊的领导的同时，其自身也在进行松散的觅食，称为自我觅食状态，可由自我觅食向量 $\boldsymbol{X}_i^{self}(t) = [x_{i,d}^{self}(t)]_{1 \times D}$ 表示。在自我觅食状态下，所有普通羊均以当前自身位置为基准，在周围草场进行小范围觅食，同时仍以头羊为中心，以维持羊群的紧凑性。随着觅食的进行，羊群会逐渐缩小觅食范围，向草最丰沃的位置靠拢，即向头羊靠拢。因此，自我觅食状态必将随着觅食的进行而逐渐减弱，以保证算法的收敛性。

自我觅食状态的数学模型可表示为

$$\begin{cases} \boldsymbol{X}_i^{\text{self}}(t) = \boldsymbol{X}_i(t) + \boldsymbol{R} \cdot \varepsilon_i \\ \varepsilon_{i,d} = \mathrm{e}^{-\beta \cdot P} \delta_{i,d}, \quad d = 1, 2, \cdots, D \end{cases} \tag{4-3}$$

式中：$\boldsymbol{R}$ 和 $\boldsymbol{P}$ 为 [-1, 1] 的随机向量；$\beta$ 为定义在（0, 5）之间控制自我觅食步长的经验参数；e 为自然常数。

在头羊领导和自我觅食的基础上，可以得到羊群在觅食过程中的运动方程为

$$\begin{cases} \boldsymbol{X}_i(t+1) = \varphi_i \cdot \boldsymbol{X}_i^{\text{self}}(t) + (1 - \varphi_i) \cdot \boldsymbol{X}_i^{\text{bw}}(t) \\ \varphi_{i,d} = b \cdot r_3, \quad d = 1, 2, \cdots, D \end{cases} \tag{4-4}$$

式中：$\varphi_i$ 为线性递减的控制觅食状态强弱的参数向量；$b$ 为范围由 1 至 0 线性递减的随机数；$r_3$ 为 [0, 1] 的随机数。

## 4.1.3　竞争机制

物竞天择作为科学界广泛接受的自然法则，在历经了千百万年的自然检验后，其对自然界生物进化的推动作用毋庸置疑，因此通过在人工羊群算法中引入竞争机制以提升算法的性能是水到渠成的想法，实践证明竞争机制的引入确实对人工羊群算法性能的提升起到了关键作用。

羊群在草场上觅食的过程中，随着羊群所到区域草的丰度提高，寻找具有更高丰度草地的难度会大大增加，若仅依靠头羊领导和自我觅食，势必会造成羊群满足于当前的草地，从而无法寻找到草场中丰度最高的区域的后果。从算法的角度解释，即陷入局部最优解。在人工羊群中引入竞争机制，即在草场中放入羊群的天敌——狼，可以有效地缓解上述不良现象。当狼群与羊群同时存在于草场中时，羊群中相对脆弱的普通羊在觅食过程中将因无法逃脱狼群的捕食而被淘汰，整个羊群的队形也因受到狼群的威胁而不断趋于混乱，这意味着羊群觅食形态多样性得到了保证，从而对羊群多样性的提升起到了积极作用。在淘汰相对脆弱的普通羊的同时，需在草场中的随机位置上放入与被淘汰的羊数量相同的普通羊，以维持算法的稳定性。

竞争机制的主要步骤可描述如下。

（1）对于式（4-1）所示的最小化问题，计算 $t$ 时刻羊群中所有普通羊的平均目标函数值 $F_{\text{ave}}^t$ 和最小目标函数 $F_{\text{min}}^t$。

（2）对羊群中的第 $i$ 只普通羊（$i = 1, 2, \cdots, N$），比较其目标函数值与羊群平均目标函数值的大小，若式（4-5）成立，则初始化第 $i$ 只羊

$$F_i^t > F_{\text{ave}}^t \tag{4-5}$$

## 4.1.4　基本流程

人工羊群算法主要包括头羊领导、自我觅食和竞争机制三大机制。头羊作为羊群的领导者，对羊群的觅食方向具有支配作用，是羊群在觅食过程中向丰草区前进的主要驱

动力。自我觅食是羊群中普通羊在跟随头羊的同时进行的小范围觅食行为，它体现了羊群中普通羊的自我意识，增强了羊群整体的觅食效率。出于羊群群体多样性的考虑，引入了竞争机制，淘汰脆弱的个体，加入相同数量的新个体，在一定程度上避免了早熟情况的发生。

人工羊群算法的基本流程可描述如下。

步骤 1：初始化。

（1）在定义域 $S$ 内初始化数量为 $N$ 的羊群位置向量 $\boldsymbol{X}_i(0)$，$i=1,2,\cdots,N$，并计算相应的目标函数值 $F_i^0 = f(\boldsymbol{X}_i(0))$，$i=1,2,\cdots,N$；

（2）将羊群中的第一只羊设定为头羊，$\boldsymbol{X}_\mathrm{B}=\boldsymbol{X}_1(0)$，$F_\mathrm{B}=F_1^0$；

（3）设定最大迭代次数 $T$、头羊领导参数 $\alpha$、自我觅食参数 $\beta$ 和当前迭代次数 $t=0$。

步骤 2：计算 $t$ 时刻羊群的目标函数值，对第 $i$ 只羊有 $F_i^t = f(\boldsymbol{X}_i(t))$，$i=1,2,\cdots,N$。若 $F_i^t < F_\mathrm{B}$，则有 $\boldsymbol{X}_\mathrm{B}(t)=\boldsymbol{X}_i(t)$，且 $F_\mathrm{B}=F_i^t$。

步骤 3：由式（4-2）计算 $t$ 时刻作用在第 $i$ 只羊上的领导向量 $\boldsymbol{X}_i^{\mathrm{bw}}(t)$，$i=1,2,\cdots,N$，由式（4-3）计算 $t$ 时刻的第 $i$ 只羊自我觅食向量 $\boldsymbol{X}_i^{\mathrm{self}}(t)$，$i=1,2,\cdots,N$，并由式（4-4）更新 $t+1$ 时刻第 $i$ 只羊的位置向量 $\boldsymbol{X}_i(t+1)$。

步骤 5：由式（4-5）判断第 $i$ 只羊是否被淘汰，若是则在定义域 $S$ 内初始化第 $i$ 只羊，$i=1,2,\cdots,N$。

步骤 6：$t=t+1$，若 $t>T$，结束程序并输出头羊的位置向量，否则转到步骤 2。

## 4.1.5　算例研究

为验证 ASA 的有效性，本小节利用 ASA 对标准测试函数进行优化，并与经典智能优化算法进行对比分析。

### 1. 测试函数

本章采用的测试函数分为单极值（表 4.1）、高维多极值（表 4.2）和低维多极值（表 4.3）三类，且均为最小化问题。其中，单极值测试函数仅有一个全局极值，用于测试 ASA 算法的局部寻优能力，低维和高维多极值测试函数均存在多个全局极值，用于测试 ASA 算法的全局寻优能力。上述测试函数数学表达式如表 4.1 所示，表中 $D$ 为测试函数维度，$\boldsymbol{R}^D$ 为寻优空间。表 4.2 中测试函数极小值除 $F_8$ 为 $-418.9829\times D$ 外均为 0，测试函数最优解除 $F_5$、$F_{12}$ 和 $F_{13}$ 为 $[1]^D$ 与 $F_8$ 为 $[420.96]^D$ 外均为 $[0]^D$。

表 4.1　单极值测试函数（$D=50$）

| 测试函数 | 变量范围 |
|---|---|
| $F_1(X)=\sum\limits_{i=1}^{D} x_i^2$ | $[-100,100]^D$ |
| $F_2(X)=\sum\limits_{i=1}^{D}\lvert x_i\rvert+\prod\limits_{i=1}^{D}\lvert x_i\rvert$ | $[-10,10]^D$ |

| 测试函数 | 变量范围 |
|---|---|
| $F_3(X) = \sum_{i=1}^{D} \left( \sum_{j=1}^{i} x_j \right)^2$ | $[-100,100]^D$ |
| $F_4(X) = \max \left\{ \left\| x_i \right\|, 1 \leqslant i \leqslant D \right\}$ | $[-100,100]^D$ |
| $F_5(X) = \sum_{i=1}^{D-1} \left[ 100(x_{i+1} - x_i^2)^2 + (x_i - 1)^2 \right]$ | $[-30,30]^D$ |
| $F_6(X) = \sum_{i=1}^{D} \left[ (x_i + 0.5) \right]^2$ | $[-100,100]^D$ |
| $F_7(X) = \sum_{i=1}^{D} \left( i x_i^4 + \mathrm{random}[0,1] \right)$ | $[-1.28,1.28]^D$ |

**表 4.2　高维多极值测试函数（$D$=50）**

| 测试函数 | 变量范围 |
|---|---|
| $F_8(X) = \sum_{i=1}^{D} -x_i \sin \left( \sqrt{\|x_i\|} \right)$ | $[-500,500]^D$ |
| $F_9(X) = \sum_{i=1}^{D} \left[ x_i^2 - 10\cos(2\pi x_i) + 10 \right]$ | $[-5.12,5.12]^D$ |
| $F_{10}(X) = -20\exp \left[ -0.2\sqrt{\dfrac{1}{D}\sum_{i=1}^{D} x_i^2} \right] - \exp \left[ \dfrac{1}{D}\sum_{i=1}^{D} \cos(2\pi x_i) \right] + 20 + \mathrm{e}$ | $[-32,32]^D$ |
| $F_{11}(X) = \dfrac{1}{4\,000}\sum_{i=1}^{D} x_i^2 - \prod_{i-1}^{D} \cos \left( \dfrac{x_i}{\sqrt{i}} \right) + 1$ | $[-600,600]^D$ |
| $F_{12}(X) = \dfrac{\pi}{D} \left\{ 10\sin(\pi y_1) + \sum_{i=1}^{D-1} (y_i - 1)^2 \left[ 1 + \sin^2(\pi y_{i+1}) \right] + (y_D - 1)^2 \right\} + \sum_{i=1}^{D} u(x_i, 10, 100, 4)$ <br> $y_i = 1 + \dfrac{x_i + 1}{4}$ <br> $u(x_i, a, k, m) = \begin{cases} k(x_i - a)^m, & x_i > a \\ 0, & -a < x_i < a \\ k(-x_i - a), & x_i < -a \end{cases}$ | $[-50,50]^D$ |
| $F_{13}(X) = 0.1 \left\{ \sin^2(3\pi x_1) + \sum_{i=1}^{D} (x_i - 1)^2 [1 + \sin^2(3\pi x_i + 1)] + (x_n - 1)^2 [1 + \sin^2(2\pi x_n)] \right\}$ <br> $+ \sum_{i=1}^{D} u(x_i, 5, 100, 4)$ | $[-50,50]^D$ |

**表 4.3　低维多极值测试函数（$D$=50）**

| 测试函数 | 变量范围 |
|---|---|
| $F_{14}(X) = \left( \dfrac{1}{500} + \sum_{j=1}^{25} \dfrac{1}{j + \sum_{i=1}^{2}(x_i - a_{ij})^6} \right)^{-1}$ | $[-65.53,65.53]^2$ |
| $F_{15}(X) = \sum_{i=1}^{11} \left[ a_i - \dfrac{x_1(b_i^2 + b_i x_2)}{b_i^2 + b_i x_3 + x_4} \right]^2$ | $[-5,5]^4$ |
| $F_{16}(X) = 4x_1^2 - 2.1x_1^4 + \dfrac{1}{3}x_1^6 + x_1 x_2 - 4x_2^2 + 4x_2^4$ | $[-5,5]^2$ |
| $F_{17}(X) = \left( x_2 - \dfrac{5.1}{4\pi^2}x_1^2 + \dfrac{5}{\pi}x_1 - 6 \right)^2 + 10\left( 1 - \dfrac{1}{8\pi} \right)\cos x_1 + 10$ | $[-5,10] \times [0,15]$ |

| 测试函数 | 变量范围 |
|---|---|
| $F_{18}(X) = \left[1+(x_1+x_2+1)^2(19-14x_1+3x_1^2-14x_2+6x_1x_2+3x_2^2)\right]$ $\times\left[30+(2x_1-3x_2)^2\times(18-32x_1+12x_1^2+48x_2-36x_1x_2+27x_2^2)\right]$ | $[-5,5]^2$ |
| $F_{19}(X) = -\sum_{i=1}^{4}c_i\exp\left(-\sum_{j=1}^{3}a_{ij}(x_j-p_{ij})^2\right)$ | $[0,1]^3$ |
| $F_{20}(X) = -\sum_{i=1}^{4}c_i\exp\left(-\sum_{j=1}^{6}a_{ij}(x_j-p_{ij})^2\right)$ | $[0,1]^6$ |
| $F_{21}(X) = -\sum_{i=1}^{5}\left[(X-a_i)(X-a_i)^{\mathrm{T}}+c_i\right]^{-1}$ | $[0,10]^4$ |
| $F_{22}(X) = -\sum_{i=1}^{7}\left[(X-a_i)(X-a_i)^{\mathrm{T}}+c_i\right]^{-1}$ | $[0,10]^4$ |
| $F_{23}(X) = -\sum_{i=1}^{10}\left[(X-a_i)(X-a_i)^{\mathrm{T}}+c_i\right]^{-1}$ | $[0,10]^4$ |

### 2. 算法初始化设置

本算例采用 PSO、差分进化算法[53]、蚁群算法（ant colony optimization，$ACO_R$）[71]、人工蜂群算法（artificial bee colony，ABC）、布谷鸟搜索算法（cuckoo search，CS）、GSA和 GWO 作为 ASA 的对比算法进行结果比较。各算法初始参数设置如下：

ASA：初始学习因子 $\alpha=2$，自由觅食因子 $\beta=0.5$；

PSO：初始惯性质量 $w=1$，并逐渐线性递减至 0.2，学习因子 $c_1=2$，$c_2=2$；

DE：变异因子 $\phi\in[0,1]$，交叉概率 $c\in[0,1]$；

ACOR：蚁群数量 $m=3$，档案集数量 $k=50$，搜索位置因子 $q=0.05$，收敛速率 $E=0.85$；

ABC：食物源数量 $N_f=30$，搜寻蜂数量 $n=30$，雇佣蜂数量 $m=30$；

CS：发现率 $p=0.25$；

GSA：初始引力常数 $G_0=100$，衰减因子 $\alpha=20$；

GWO：衰减因子 $\alpha$ 由 2 线性减小至 0，$r_1$ 和 $r_2$ 为[0, 1]之间的随机数。

对上述算法，最大迭代次数均设置为 1 000，群体规模 $N=30$。

### 3. 优化结果对比

上述对比算法对所有测试函数均进行 30 次独立优化，优化结果最优值、平均值和标准差。其中表 4.4 为单极值测试函数优化结果，表 4.5 为高维多极值测试函数优化结果。

表 4.4　单极值测试函数优化结果

| 测试函数 | | PSO | DE | $ACO_R$ | ABC | CS | GSA | GWO | ASA |
|---|---|---|---|---|---|---|---|---|---|
| $F_1$ | 最优值 | $2.59\times10^{-5}$ | 0.000 125 | $6.78\times10^{-10}$ | $5.40\times10^{-19}$ | 2.545 205 | $2.21\times10^{-15}$ | $2.80\times10^{-45}$ | $4.27\times10^{-52}$ |
| | 平均值 | 0.003 453 | 0.000 283 | $6.37\times10^{-8}$ | $1.57\times10^{-16}$ | 6.777 254 | 0.007 024 | $8.64\times10^{-44}$ | $\mathbf{8.50\times10^{-47}}$ |
| | 标准差 | 0.013 92 | 0.000 118 | $1.37\times10^{-7}$ | $2.99\times10^{-16}$ | 2.588 802 | 0.021 32 | $1.39\times10^{-43}$ | $3.20\times10^{-46}$ |

续表

| 测试函数 | | PSO | DE | $ACO_R$ | ABC | CS | GSA | GWO | ASA |
|---|---|---|---|---|---|---|---|---|---|
| $F_2$ | 最优值 | 0.023 024 | 0.002 001 | $2.71\times10^{-6}$ | $1.76\times10^{-12}$ | 5.076 218 | $3.39\times10^{-7}$ | $6.12\times10^{-27}$ | $2.16\times10^{-32}$ |
| | 平均值 | 0.124 12 | 0.004 183 | 6.000 077 | $2.21\times10^{-10}$ | $3\times10^9$ | 1.052 277 | $5.16\times10^{-26}$ | $\mathbf{7.20\times10^{-30}}$ |
| | 标准差 | 0.160 725 | 0.001 342 | 7.701 34 | $2.80\times10^{-10}$ | $4.66\times10^9$ | 1.819 242 | $4.44\times10^{-26}$ | $6.79\times10^{-30}$ |
| $F_3$ | 最优值 | 230.638 1 | 48 344.53 | 24 835.99 | 7.992 538 | 251.915 3 | 1 035.82 | $4.51\times10^{-11}$ | $2.86\times10^{-20}$ |
| | 平均值 | 556.878 2 | 61 553.98 | 38 502.07 | 316.268 4 | 751.554 2 | 2 121.014 | $1.53\times10^{-5}$ | $\mathbf{2.05\times10^{-10}}$ |
| | 标准差 | 178.079 | 6 337.879 | 7 592.073 | 277.905 0 | 282.743 2 | 566.295 1 | $7.19\times10^{-5}$ | $1.05\times10^{-9}$ |
| $F_4$ | 最优值 | 1.820 148 | 12.324 38 | 87.499 64 | 0.036 120 | 9.132 951 | 4.172 456 | $8.46\times10^{-11}$ | 0.000 424 |
| | 平均值 | 2.249 488 | 15.609 88 | 92.469 3 | 0.411 885 | 14.915 95 | 9.381 604 | $\mathbf{2.67\times10^{-9}}$ | 0.048 882 |
| | 标准差 | 0.283 119 | 2.545 444 | 2.144 256 | 0.270 970 | 2.481 156 | 1.901 231 | $3.13\times10^{-9}$ | 0.050 369 |
| $F_5$ | 最优值 | 50.086 15 | 48.632 19 | 22.109 62 | 24.104 42 | 439.646 9 | 83.366 88 | 45.310 71 | **0.004 409** |
| | 平均值 | 281.476 5 | 61.032 48 | 316.043 3 | 25.023 21 | 1 328.587 | 267.860 5 | 47.110 51 | 1.661 368 |
| | 标准差 | 358.344 8 | 37.3 | 758.553 4 | 0.368 753 | 866.802 1 | 192.442 2 | 0.837 187 | 3.858 889 |
| $F_6$ | 最优值 | $5.76\times10^{-5}$ | 0.000 118 | $2.05\times10^{-9}$ | $3.15\times10^{-7}$ | 29 | $5.76\times10^{-15}$ | 1.505 454 | $5.79\times10^{-5}$ |
| | 平均值 | 0.001 352 | 0.000 306 | $\mathbf{2.01\times10^{-6}}$ | $5.12\times10^{-6}$ | 60.433 33 | 0.003 991 | 2.463 479 | 0.010 312 |
| | 标准差 | 0.002 104 | 0.000 117 | $1.06\times10^{-5}$ | $5.92\times10^{-6}$ | 21.666 25 | 0.020 979 | 0.532 694 | 0.043 19 |
| $F_7$ | 最优值 | 0.223 833 | 0.164 606 | 21.127 14 | 8.325 989 | 0.113 516 | 0.231 023 | 0.000 248 | $7.41\times10^{-5}$ |
| | 平均值 | 0.446 835 | 0.258 014 | 23.264 84 | 9.561 42 | 0.237 656 | 1.383 992 | **0.001 543** | 0.001 874 |
| | 标准差 | 0.153 217 | 0.033 662 | 1.529 113 | 0.496 41 | 0.082 23 | 2.041 238 | 0.000 938 | 0.001 228 |

**表 4.5　高维多极值测试函数优化结果**

| 测试函数 | | PSO | DE | $ACO_R$ | ABC | CS | GSA | GWO | ASA |
|---|---|---|---|---|---|---|---|---|---|
| $F_8$ | 最优值 | −4 712.89 | −10 238.1 | −16 992.1 | −11 535.6 | −13 521.4 | −5 076.05 | −10 857.1 | −20 949.1 |
| | 平均值 | −2 796.73 | −8 966.34 | −14 809.9 | −10 795.1 | −12 888.8 | −3 360.46 | −9 346.87 | **−20 949.1** |
| | 标准差 | 791.275 5 | 472.715 2 | 649.162 | 465.533 5 | 305.931 9 | 646.005 8 | 838.751 6 | 0.031 072 |
| $F_9$ | 最优值 | 93.196 19 | 278.593 3 | 97.386 96 | 0 | 92.360 84 | 44.773 13 | 0 | 0 |
| | 平均值 | 132.298 3 | 322.445 4 | 223.809 3 | 5.146 369 | 132.203 4 | 77.020 13 | 0.240 699 | **0** |
| | 标准差 | 26.680 86 | 15.328 29 | 111.552 8 | 6.148 586 | 19.808 83 | 19.808 64 | 1.143 943 | 0 |
| $F_{10}$ | 最优值 | 0.008 998 | 0.001 541 | 0.011 792 | 0.000 396 | 2.761 509 | $2.65\times10^{-8}$ | $2.58\times10^{-14}$ | $7.99\times10^{-15}$ |
| | 平均值 | 0.962 793 | 0.003 375 | 0.131 553 | 0.005 502 | 4.817 019 | 0.295 493 | $3.19\times10^{-14}$ | $\mathbf{1.33\times10^{-14}}$ |
| | 标准差 | 0.666 548 | 0.000 738 | 0.140 057 | 0.004 212 | 0.962 438 | 0.457 241 | $3.22\times10^{-15}$ | $3.58\times10^{-15}$ |
| $F_{11}$ | 最优值 | $4.04\times10^{-6}$ | 0.000 146 | $7.37\times10^{-10}$ | 0 | 1.008 131 | 17.997 41 | 0 | 0 |
| | 平均值 | 0.005 948 | 0.000 392 | 0.017 358 | 0.000 575 | 1.066 68 | 31.384 6 | 0.002 693 | **0** |

续表

| 测试函数 | | PSO | DE | ACO$_R$ | ABC | CS | GSA | GWO | ASA |
|---|---|---|---|---|---|---|---|---|---|
| $F_{11}$ | 标准差 | 0.008 839 | 0.000 222 | 0.028 997 | 0.002 212 | 0.037 663 | 6.600 331 | 0.005 55 | 0 |
| $F_{12}$ | 最优值 | $5.21 \times 10^{-7}$ | 0.000 422 | 0.525 900 | $1.84 \times 10^{-5}$ | 2.360 578 | 0.678 241 | 0.034 809 | $4.40 \times 10^{-7}$ |
| | 平均值 | 0.024 906 | 0.002 805 | 4.271 751 | 0.004 343 | 4.412 597 | 2.315 895 | 0.087 145 | $\mathbf{7.68 \times 10^{-5}}$ |
| | 标准差 | 0.053 181 | 0.003 206 | 1.400 772 | 0.015 570 | 1.719 829 | 0.805 198 | 0.034 141 | $4.58 \times 10^{-5}$ |
| $F_{13}$ | 最优值 | $1.28 \times 10^{-5}$ | $4.25 \times 10^{-11}$ | 8.636 222 | $1.90 \times 10^{-7}$ | 27.749 8 | $2.21 \times 10^{-31}$ | 1.157 23 | $1.79 \times 10^{-6}$ |
| | 平均值 | 0.041 362 | $\mathbf{1.99 \times 10^{-8}}$ | 19.018 85 | 0.015 484 | 94.521 99 | 0.643 825 | 1.870 492 | 0.001 968 |
| | 标准差 | 0.162 455 | $7.63 \times 10^{-8}$ | 7.795 99 | 0.031 675 | 187.173 7 | 1.593 794 | 0.333 347 | 0.002 47 |

注:2.225 1×10$^{-308}$ 为 MATLAB 所能计算的最小值,故表中所有小于该最小值的数据均以 0 表示

由表 4.4 结果可以看出,ASA 对单极值测试函数的优化结果除 $F_4$、$F_6$ 和 $F_7$ 外相较于其他对比算法均具有数个数量级的优势,显示出优异的局部寻优能力。表 4.5 结果显示,除 $F_{13}$ 外,ASA 的优化结果相较于其他对比算法具有巨大优势,说明 ASA 对高维多极值测试函数表现出极强的全局寻优能力。

各算法对单极值测试函数和高维多极值测试函数的优化过程对比分别如图 4.2 和图 4.3 所示,图中横坐标表示迭代次数,纵坐标表示各测试函数 30 次独立优化过程的平均最优值。图中结果显示,ASA 对大部分测试函数特别是较难优化的多极值问题的优化结果优于其他对比优化算法,同时,由图 4.2 和图 4.3 可以看出 ASA 具有快速的收敛的特点,尤其在优化过程初始阶段,ASA 表现出极强的收敛能力。

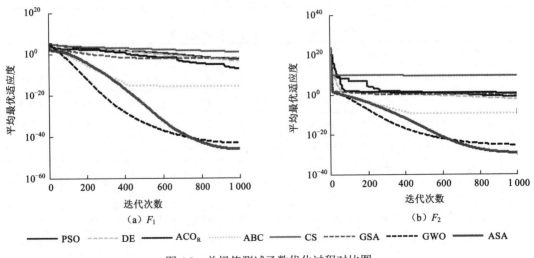

图 4.2  单极值测试函数优化过程对比图

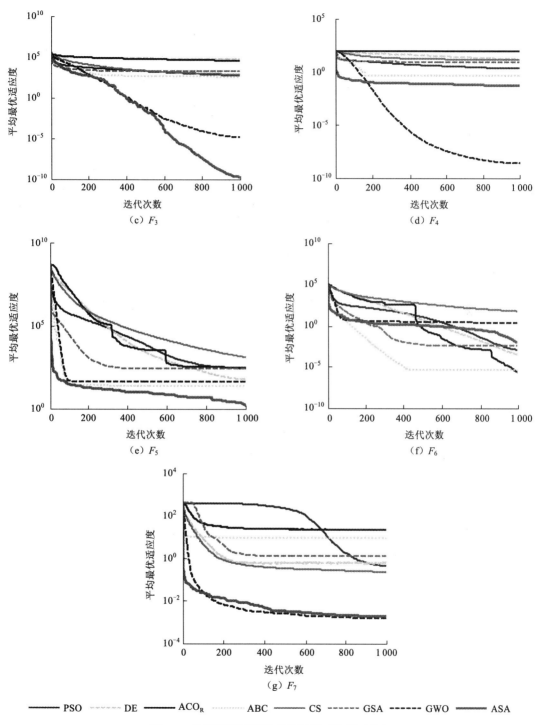

图 4.2   单极值测试函数优化过程对比图（续）

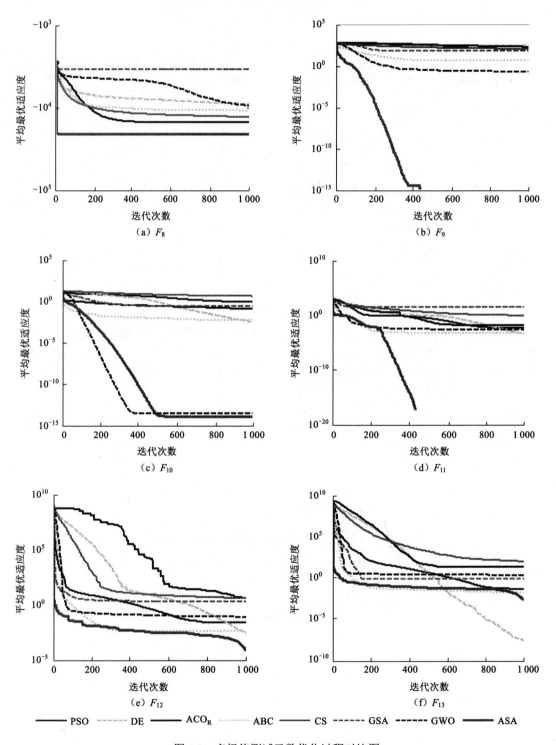

图 4.3　多极值测试函数优化过程对比图

# 4.2　二进制人工羊群算法

二进制人工羊群算法（binary artificial sheep algorithm，BASA）继承于人工羊群算法[221]，算法主要的行为表现为个体的随机搜索以及头羊的吸引效应。在一个羊群中，最强壮的羊被认定为头羊，作为种群的领导者。当逃避捕食者和寻找食物时，个体将尽可能地跟随头羊行动；当群体散步或休闲时，个体是松散的，会随机地在自己的区域内移动。

考虑一个包含 $N$ 头羊个体的羊群，对于第 $i$ 个羊个体在 $t$ 时刻的位置可定义为

$$\boldsymbol{X}_i(t)=(x_{i,1}(t),\cdots,x_{i,d}(t),\cdots,x_{i,D}(t)),\quad i=1,2,\cdots,N$$

对于极小值问题，羊群个体位置向量为二进制编码为

$$\begin{cases}\min f(\boldsymbol{X}_i)\\ \text{s.t. } x_i^d \in 0 \text{ 或 } 1,\quad d=1,2,\cdots,D\end{cases} \tag{4-6}$$

式中：$x_i^d$ 为第 $i$ 个羊个体在第 $d$ 维的位置；$D$ 为位置的总维数。第 $i$ 个羊个体在 $t$ 时刻的目标函数值可表达为 $F_i^t = f(\boldsymbol{X}_i(t))$。

## 4.2.1　头羊领导

头羊在羊群中的影响力是巨大的，当头羊向某一方向大幅运动起来时，会带动羊群每个个体调整自己的运动轨迹，此时整个羊群表现为动的状态，并有着较为清晰的方向性。每一代中将对应函数值最小（对于极小化问题）的可行解视为头羊所在的位置，即 $\boldsymbol{X}^{\mathrm{B}}(t)=\left[x_d^{\mathrm{B}}(t)\right]_{1\times D}$，是整个羊群的中心，每个个体都会向它所在的位置靠拢聚集。头羊对羊群运动轨迹的影响用召唤向量表示，记作 $\boldsymbol{X}_i^{\mathrm{bw}}(t)=\left[x_{i,d}^{\mathrm{bw}}(t)\right]_{1\times D}$，由下式决定

$$x_{i,d}^{\mathrm{bw}}(t+1)=\begin{cases}1,& \left|\dfrac{1}{1+\mathrm{e}^{-1.5(c_2\delta_i)}}\right|\geqslant\mathrm{rand}\\[4mm] 0,& \left|\dfrac{1}{1+\mathrm{e}^{-1.5(c_2\delta_i)}}\right|<\mathrm{rand}\end{cases} \tag{4-7}$$

$$\delta_i=\left|c_1\cdot x_d^B(t)-x_{i,d}(t)\right|$$

式中：$\delta_i$ 为第 $i$ 个羊个体与领头羊之间的距离向量；随机系数 $c_1=2r_1$，$c_2=\alpha(2r_2-1)(1-t/T)$，$r_1$，$r_2$ 为（0，1）之间随机数；$T$ 为总的迭代次数（时间）；rand 为[0，1]的随机数。由此可知 $c_1$ 为（0，2）之间的随机数，表示领头羊的号召力，当 $c_1>1$ 时，表示领头羊的影响力增强，反之减弱；$c_2$ 为动态随机数，所以 $c_2$ 的随机范围由 1 也线性递减到 0。$\alpha$ 表示 $c_2$ 系数的初始范围，它限制了领头羊的的影响范围，一般设定为（0，3）。

## 4.2.2　自我觅食

羊群的个体存在一定的自我意识，当领头羊未有较大动静且羊群保持相对紧凑时，

他们会随机地在一定区域内自由寻找食物,此时羊群处于相对静止的状态,包括领头羊在内的整个群体懒散而自由地游走觅食。将这一过程抽象为数学模型,以表现羊群个体在觅食过程中的自身惯性向量,记为 $\boldsymbol{X}_i^{\mathrm{self}}(t)=\left[x_{i,d}^{\mathrm{self}}(t)\right]_{1\times D}$ 。

$$x_{i,d}^{\mathrm{self}}(t+1)=\begin{cases}1, & \left|\dfrac{1}{1+\mathrm{e}^{-0.6(c_2\varepsilon_i)}}\right|\geqslant\mathrm{rand}\\[3mm]0, & \left|\dfrac{1}{1+\mathrm{e}^{-0.6(c_2\varepsilon_i)}}\right|<\mathrm{rand}\end{cases} \tag{4-8}$$

$$\varepsilon_i=\mathrm{e}^{-\beta\cdot P}\cdot\delta_i$$

式中: $R$ 和 $P$ 为[-1, 1]的随机数; $\beta$ 为随机探索的调制系数,经验上定义的范围为 $(0,5)$ 。向量 $\boldsymbol{X}_i^{\mathrm{self}}(t)$ 代表了一个羊个体的惯性和局部随机搜索能力。 $\beta$ 调节着羊群变化的幅度。

在羊群中,在自身惯性和头羊的影响下,人工羊群的个体位置进行自动更新,个体位置的更新迭代公式为

$$x_{i,d}(t+1)=\begin{cases}x_{i,d}^{\mathrm{B}}(t+1), & \varphi_i\geqslant\mathrm{rand}\\ x_{i,d}^{\mathrm{self}}(t+1), & \varphi_i<\mathrm{rand}\end{cases} \tag{4-9}$$

式中: $\varphi_i=(1-t/T)\,\mathrm{rand}$ 。

### 4.2.3　竞争机制

"适者生存"在自然界中是普遍存在的,有必要将理论引入人工羊群。在人工羊群中,竞争机制是为了保证种群的多样性而设计的。人工羊群算法模拟了羊群在遭到捕食者攻击后的情形,一部分弱小的个体将被捕杀,同时羊群会有一定程度的混乱,用在整个搜索范围中随机生成一部分个体来模拟羊群混乱度的增加,同时保证了种群数目不变,增加了算法种群的丰富度,提高其全局探索能力。

对于求极小值问题,计算 $t$ 代种群所有个体的平均函数值 $F_{\mathrm{ave}}^t$ 和最小的函数值 $F_{\mathrm{min}}^t$ (对于极小化问题,此为最优值),若

$$F_i^t>F_{\mathrm{ave}}^t \tag{4-10}$$

则淘汰第 $i$ 个个体,在初始化范围中重新初始化 $\boldsymbol{X}_i$ 。

### 4.2.4　基本流程

与人工羊群算法类似,二进制人工羊群算法的基本流程可描述如下。

步骤1:初始化。

(1) 在定义域 $S$ 内初始化数量为 $N$ 的羊群位置向量 $\boldsymbol{X}_i(0)$ , $i=1,2,\cdots,N$ ,并计算相应的目标函数值 $F_i^0=f(\boldsymbol{X}_i(0))$ , $i=1,2,\cdots,N$ ;

(2) 将羊群中的第一只羊设定为头羊, $\boldsymbol{X}_{\mathrm{B}}=\boldsymbol{X}_i(0)$ , $F_{\mathrm{B}}=F_1^0$ ;

(3) 设定最大迭代次数 $T$ 、头羊领导参数 $\alpha$ 、自我觅食参数 $\beta$ 和当前迭代次数 $t=0$ 。

步骤2:计算 $t$ 时刻羊群的目标函数值,对第 $i$ 只羊有 $F_i^t=f(\boldsymbol{X}_i(t))$ , $i=1,2,\cdots,N$ 。若

$F_i^t < F_B$，则有 $X_B(t) = X_i(t)$，且 $F_B = F_i^t$。

步骤 3：由式（4-7）计算 $t$ 时刻作用在第 $i$ 只羊上的领导向量 $X_i^{bw}(t)$，$i = 1, 2, \cdots, N$，由式（4-8）计算 $t$ 时刻的第 $i$ 只羊自我觅食向量 $X_i^{self}(t)$，$i = 1, 2, \cdots, N$，并由式（4-9）更新 $t+1$ 时刻第 $i$ 只羊的位置向量 $X_i(t+1)$。

步骤 4：由式（4-10）判断第 $i$ 只羊是否被淘汰，若是则在定义域 $S$ 内初始化第 $i$ 只羊，$i = 1, 2, \cdots, N$。

步骤 5：$t = t+1$，若 $t > T$，结束程序并输出头羊的位置向量，否则转到步骤 2。

## 4.2.5　算例研究

为检验二进制人工羊群算法的性能，本小节将进行经典机组组合优化算例研究。

### 1. 火电机组组合优化问题描述

火力发电厂运行成本主要由机组启动费用和燃煤费用两部分组成，电厂运行过程中的机组启停将会造成电厂运行成本升高。火电厂运行成本的数学表达式为

$$\begin{cases} \min F^s = \sum_{t=1}^{T} \sum_{i=1}^{N} \left[ I_{i,t}^s f(P_{i,t}^s) + I_{i,t}^s (1 - I_{i,t-1}^s) S_{i,t} \right] \\ f(P_{i,t}^s) = a_i + b_i P_{i,t}^s + c_i (P_{i,t}^s)^2 \\ S_{i,t} = \begin{cases} \mathrm{HSU}_{i,t}, & \mathrm{MDT}_i \leqslant T_{i,t}^{\mathrm{off}} \leqslant \mathrm{MDT}_i + T_i^{\mathrm{cold}} \\ \mathrm{CSU}_{i,t}, & T_{i,t}^{\mathrm{off}} > \mathrm{MDT}_i + T_i^{\mathrm{cold}} \end{cases} \end{cases} \quad (4\text{-}11)$$

式中：$T$ 为调度期；$N$ 为机组个数；$I_{i,t}^s$ 为 $s$ 情景下机组 $i$ 在 $t$ 时刻的状态变量；$P_{i,t}^s$ 为 $s$ 情景下机组 $i$ 在 $t$ 时刻的出力；$f(P_{i,t}^s)$ 为机组发电成本；$S_{i,t}$ 为机组 $i$ 在 $t$ 时刻的开机成本；$a_i$，$b_i$，$c_i$ 为机组 $i$ 耗煤系数；$\mathrm{HSU}_{i,t}$ 为机组 $i$ 在 $t$ 时刻热启动时的开机成本；$\mathrm{CSU}_{i,t}$ 为机组 $i$ 在 $t$ 时刻冷启动时的开机成本；$T_{i,t}^{\mathrm{off}}$ 为机组 $i$ 在 $t$ 时刻的持续关机时间；$T_i^{\mathrm{cold}}$ 为机组 $i$ 冷启动时间；$\mathrm{MDT}_i$ 为机组最小下降时间。

### 2. 多重约束条件

（1）功率平衡约束

$$\sum_{i=1}^{N} P_{i,t}^s = L_t \quad (4\text{-}12)$$

式中：$L_t$ 为 $t$ 时刻电网负荷。

（2）热备用约束

$$\sum_{i=1}^{N} \overline{P}_i \cdot I_{i,t}^s \geqslant L_t + R_t \quad (4\text{-}13)$$

$$\sum_{i=1}^{N} \underline{P}_i \cdot I_{i,t}^s < L_t + R_t \quad (4\text{-}14)$$

式中：$\overline{P}_i$ 为机组 $i$ 的最大出力；$\underline{P}_i$ 为机组 $i$ 的最小出力；$R_t$ 为热备用容量。

（3）最小启/停时间约束

$$\begin{cases} (\mathrm{rr}_{i,t-1} - T_{i,\mathrm{on}})(I^s_{i,t-1} - I^s_{i,t}) \geqslant 0 \\ (\mathrm{zz}_{i,t-1} - T_{i,\mathrm{down}})(I^s_{i,t} - I^s_{i,t-1}) \geqslant 0 \end{cases} \tag{4-15}$$

式中：$\mathrm{rr}_{i,t}$ 为机组 $i$ 持续开机时间；$\mathrm{zz}_{i,t}$ 为机组 $i$ 持续关机时间；$T_{i,\mathrm{on}}$ 为机组启动时间；$T_{i,\mathrm{down}}$ 为机组停机时间。

（4）机组出力约束

$$I^s_{i,t} \cdot \underline{P}_i \leqslant P^s_{i,t} \leqslant I^s_{i,t} \cdot \overline{P}_i \tag{4-16}$$

（5）机组爬坡率约束

$$-P_{i,\mathrm{ramp}} \leqslant P^s_{i,t} - P^s_{i,t-1} \leqslant P_{i,\mathrm{ramp}} \tag{4-17}$$

式中：$P_{i,\mathrm{ramp}}$ 为机组最大爬坡率。

### 3．算例参数

算例系统机组参数和电网负荷如表 4.6～表 4.8 所示。

**表 4.6　火力发电机组参数**

| 单元 | $\overline{P}_i/\mathrm{MW}$ | $\underline{P}_i/\mathrm{MW}$ | $P_{i,\mathrm{ramp}}/(\mathrm{MW/h})$ | $T_{i,\mathrm{on}}/\mathrm{h}$ | $T_{i,\mathrm{down}}/\mathrm{h}$ | Orig.state/h |
|---|---|---|---|---|---|---|
| 1 | 455 | 150 | 130 | 8 | 8 | 8 |
| 2 | 455 | 150 | 130 | 8 | 8 | 8 |
| 3 | 130 | 20 | 60 | 5 | 5 | −5 |
| 4 | 130 | 20 | 60 | 5 | 5 | −5 |
| 5 | 162 | 25 | 90 | 6 | 6 | −6 |
| 6 | 80 | 20 | 40 | 3 | 3 | −3 |
| 7 | 85 | 25 | 40 | 3 | 3 | −3 |
| 8 | 55 | 10 | 40 | 1 | 1 | −1 |
| 9 | 55 | 10 | 40 | 1 | 1 | −1 |
| 10 | 55 | 10 | 40 | 1 | 1 | −1 |

注：Orig.state 为机组投入或退出运行的小时数，其中投入运行时间为（+），退出运行时间为（−）

**表 4.7　火力发电成本参数**

| 单元 | $a/(\$/\mathrm{h})$ | $b/[\$/(\mathrm{MW}\cdot\mathrm{h})]$ | $c/[\$/(\mathrm{MW})^2\cdot\mathrm{h}]$ | CSU/\$ | HSU/\$ | $T_{\mathrm{cold}}/\mathrm{h}$ |
|---|---|---|---|---|---|---|
| 1 | 1 000 | 16.19 | 0.000 48 | 9 000 | 4 500 | 5 |
| 2 | 970 | 17.26 | 0.000 31 | 10 000 | 5 000 | 5 |
| 3 | 700 | 16.6 | 0.002 | 1 100 | 550 | 4 |
| 4 | 680 | 16.5 | 0.002 11 | 1 120 | 560 | 4 |

续表

| 单元 | $a/(\$/\mathrm{h})$ | $b/[\$/(\mathrm{MW}\cdot\mathrm{h})]$ | $c/[\$/(\mathrm{MW})^2\cdot\mathrm{h}]$ | CSU/$ | HSU/$ | $T_{\mathrm{cold}}/\mathrm{h}$ |
|---|---|---|---|---|---|---|
| 5 | 450 | 19.7 | 0.003 98 | 1 800 | 900 | 4 |
| 6 | 370 | 22.26 | 0.007 12 | 340 | 170 | 2 |
| 7 | 480 | 27.74 | 0.000 79 | 520 | 260 | 2 |
| 8 | 660 | 25.92 | 0.004 13 | 60 | 30 | 0 |
| 9 | 665 | 27.27 | 0.002 22 | 60 | 30 | 0 |
| 10 | 670 | 27.79 | 0.001 73 | 60 | 30 | 0 |

注：$a$、$b$、$c$ 为火力发电成本系数；CSU 为机组冷启动成本；HSU 为机组热启动成本

**表 4.8　电网负荷需求**

| 时间/h | 负荷/MW | 时间/h | 负荷/MW | 时间/h | 负荷/MW |
|---|---|---|---|---|---|
| 1 | 750 | 9 | 1 300 | 17 | 1 000 |
| 2 | 750 | 10 | 1 400 | 18 | 1 100 |
| 3 | 850 | 11 | 1 450 | 19 | 1 200 |
| 4 | 950 | 12 | 1 500 | 20 | 1 400 |
| 5 | 1 000 | 13 | 1 400 | 21 | 1 300 |
| 6 | 1 100 | 14 | 1 300 | 22 | 1 100 |
| 7 | 1 150 | 15 | 1 200 | 23 | 900 |
| 8 | 1 200 | 16 | 1 050 | 24 | 800 |

### 4. 优化结果

设置 BASA 种群规模 20,迭代次数 200,独立进行 30 次优化,优化过程如图 4.4 所示。

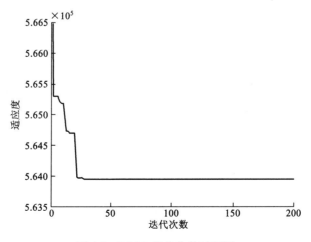

图 4.4　BASA 优化收敛过程图

同时，为验证 BASA 算法的优化性能，本小节引入改进二进制粒子群算法（improved binary partical swarm optimization，IBPSO）、混合粒子群算法（hybrid partical swarm optimization，HPSO）、二进制引力搜索算法等算法进行比较，各算法优化结果如表 4.9 所示。

**表 4.9　算法优化结果对比表**

| 算法 | 最低成本 | 最高成本 | 平均成本 | 规模 | 迭代次数 | 标准差/% |
|------|---------|---------|---------|------|---------|---------|
| IBPSO | 563 977 | 565 312 | 564 155 | 20 | 2 000 | 0.24 |
| HPSO | 563 942 | 565 785 | 564 772 | 20 | 2 000 | 0.32 |
| BGSA | 564 379 | 568 175 | 565 953 | 20 | 200 | 0.67 |
| ESA | 565 828 | 566 260 | 565 988 | — | 50 | 0.08 |
| GA | 563 977 | 565 606 | 564 275 | 100 | 100 | 0.29 |
| BASA | 563 938 | 564 036 | 563 984 | 20 | 200 | 0.017 |

由表 4.9 可以看出，BASA 优化结果相较于其他算法具有更优的目标函数值和更强的鲁棒性，体现了 BASA 优异的优化性能。

# 4.3　多目标人工羊群算法

多目标人工羊群算法（multi-objective artificial sheep algorithm，MOASA）的基本框架与人工羊群算法和二进制人工羊群算法一致，为适应求解多目标优化问题的特殊要求，MOASA 在 ASA 算法框架的基础上进行了相应的多目标改造，总体上可分为头羊筛选、位置更新、优胜劣汰和档案集邻域搜索四大模块。4.3.2 小节将就以上四个模块分别进行详细介绍。此外，MOASA 的详细流程将在 4.3.3 小节中进行介绍，4.3.4 小节中将进行算例分析。

## 4.3.1　多目标优化基本概念

以多目标最小化问题为例，一般可描述为如下数学模型

$$\text{Minimize: } F(X) = (f_1(X), f_2(X), \cdots, f_o(X))$$
$$\text{s.t. } g_i(X) \geqslant 0, \quad i = 1, 2, \cdots, n$$
$$h_j(X) = 0, \quad j = 1, 2, \cdots, m \tag{4-18}$$
$$B_l^k \leqslant x_k \leqslant B_u^k, \quad k = 1, 2, \cdots, s$$

式中：$X = (x_1, x_2, \cdots, x_n) \in S \subset \mathbf{R}^n$ 为 $n$ 维控制向量；$S$ 为多目标优化为题的可行域；$B_l^k$ 和 $B_u^k$ 分别为控制向量的上下界；$f_n(X)(n = 1, 2, \cdots, o)$ 为第 $n$ 个目标函数；$F(X)$ 为 $o$ 个目标函数组成的目标函数向量；$\text{Minimize: } F(X)$ 表示 $o$ 个目标函数都尽可能的极小化；$h_j(X)$ 和 $g_i(X)$ 分别为上述优化问题的等式约束和不等式约束。

多目标优化问题的本质在于各个目标函数之间相互矛盾,此消彼长,一个目标的改善会引起另一个目标的劣化[222]。因此,在多目标优化问题中,无法得到令各个目标函数均达到各自最优值的解,而只能在多个目标之间进行协调和折中,寻求使各个目标都尽可能达到最优的方案,同时,最终的优化结果也不再是单目标优化中的一个解,而是由一系列解组成的“最优前沿”。下面介绍多目标优化中的相关概念。

**定义 1:帕雷托支配**

对多目标最小化问题,任意两个 $o$ 维目标函数向量 $F(X)=(f_1(X),f_2(X),\cdots,f_o(X))$ 和 $F(Y)=(f_1(Y),f_2(Y),\cdots,f_o(Y))$ 之间的优劣由帕雷托支配关系确定,其定义如下。

$$F(X) \text{ 支配 } F(Y) \text{（写为 } F(X) \succ F(Y)\text{），当且仅当}$$
$$\forall i \in (1,2,\cdots,o) \quad f_i(X) \leqslant f_j(Y) \wedge \exists i \in (1,2,\cdots,o) \quad f_i(X) < f_j(Y)$$

式中:$o$ 为目标空间的维数,即目标多目标优化问题中的目标函数个数。

**定义 2:帕雷托最优**

一个 $o$ 维目标函数向量 $F(X)$ 为帕雷托最优,当且仅当 $\nexists Y \in S, F(Y) \succ F(X)$。

**定义 3:帕雷托最优集**

由一系列使其对应的目标函数向量为帕雷托最优的控制向量组成的集合称为帕雷托最优集,其定义如下

$$PS \triangleq \{X \in S | \nexists Y \in S, F(Y) \succ F(X)\}$$

**定义 4:帕雷托前沿**

由帕雷托最优集中元素对应的目标函数向量组成的集合称为帕雷托前沿。

$$PF \triangleq \{f(X) | X \in PS\}$$

由上述定义可知,若一个多目标优化问题存在最优解,则这个最优解对应的目标函数向量必定在帕雷托前沿上,并且帕雷托前沿只可能由这些最优解对应的目标函数向量组成,而这些最优解的集合即为帕雷托最优集。因此,帕雷托最优集是多目标优化问题的合理解集。

## 4.3.2　算法原理

本小节主要介绍多目标人工羊群算法的原理和实现步骤。MOASA 的基本框架继承于 ASA,并在此基础上引入了多目标操作机制,以适应多目标优化的要求,算法主要由头羊选择、觅食机制、个体优选和档案集邻域搜索四大模块组成,下面将就以上四大机制分别进行介绍。

### 1. 头羊选择

在 ASA 中,对于最小化优化问题,羊群个体中具有最小适应度的个体被定义为头羊。然而,在 MOASA 中,羊群个体的适应度具有多个维度(至少为二维),因此,羊群个体之间无法通过简单的大小比较来确定头羊。为此,引入了基于动态网格划分的拥挤度计算

方法，并在此基础上实现头羊的合理选择。

引理 1：若个体 A 的两个目标函数值均小于个体 B 的两个目标函数值，则判定个体 A 支配个体 B；若个体 A 的两个目标函数值均大于另一个体 B 的两个目标函数值，则判定个体 B 支配个体 A；若其他情况，则判定两个体不存在支配关系。

引理 2：群体的目标空间中，依据引理 1 确定两两个体之间的支配关系，群体中所有未被支配的个体即组成外部档案集。

引理 3：若群体中个体的最大目标函数值为 $\max(\text{obj}_{1,i}^k)$ 和 $\max(\text{obj}_{2,i}^k)$，最小目标函数值为 $\min(\text{obj}_{1,i}^k)$ 和 $\min(\text{obj}_{2,i}^k)$，$i=1,2,\cdots,N$，其中 $N$ 为当前群体规模。计算待建立网格的上下边界：

$$c_1^{\max}=\max(\text{obj}_{1,i}^k)+\alpha \text{dc}_1, \quad c_1^{\min}=\min(\text{obj}_{1,i}^k)-\alpha \text{dc}_1$$

和

$$c_2^{\max}=\max(\text{obj}_{2,i}^k)+\alpha \text{dc}_2, \quad c_2^{\min}=\min(\text{obj}_{2,i}^k)-\alpha \text{dc}_2,$$

式中：$\text{dc}_1=\max(\text{obj}_{1,i}^k)-\min(\text{obj}_{1,i}^k)$，$\text{dc}_2=\max(\text{obj}_{2,i}^k)-\min(\text{obj}_{2,i}^k)$。此时，群体目标空间中可划分出以 $c_z^{\max}$，$c_z^{\min}$，$z=1,2$，为上下界，并以 $\text{nGrid}^2$ 为网格数量的目标空间网格。

在由引理 2 确定外部档案集中，划分由引理 3 确定的空间网格，并计算每个空间网格中个体的数量，在个体最稀疏的网格中随机选择一个个体作为头羊。

**2. 觅食机制**

在羊群中，个体的运动方向和距离同时取决于头羊的带领和自身的松散觅食。因此，在 MOASA 中，个体的运动可分为头羊的领导（4.1.1 小节）和自身觅食（4.1.2 小节）两方面独立计算。

竞争机制中，羊群个体中的所有个体都被赋予标签 trial，初始值为 0，代表该个体位置更新失败的次数。每当一个个体更新后的目标函数无法支配更新前位置的目标函数，则该个体位置更新失败，trial 加一。当标签 trial 的值超过设定值 Maxtrial 时，该个体将被视为老弱个体，并初始化。

对外部档案集中的每个个体，根据下式进行邻域搜索

$$\begin{cases} L_1=L_0(B_u^d-B_l^d) \\ x_n^d=x_{\text{rep}}^d+(\text{rand}-0.5)L_1 \end{cases} \tag{4-19}$$

式中：$L_0$ 为初始步长；$L_1$ 为邻域搜索步长；$B_u^d$ 为步长上界；$B_l^d$ 为步长下界；$x_{\text{rep}}^d$ 为外部档案集个体位置向量的第 $d$ 维；$x_n^d$ 为邻域搜索产生的个体位置向量的第 $d$ 维，$d=(d_1,d_2,\cdots,d_r)$ 为外部档案集中随机选择的维度；$d$ 的长度将随着迭代的进行逐渐减小。

当档案集中的个体进行邻域搜索后，新产生的个体将被加入原外部档案集中，并进行非支配排序。在此基础上，剔除所有被支配的个体形成新的外部档案集。

## 4.3.3　算法流程

MOASA 算法流程框图如图 4.5 所示。

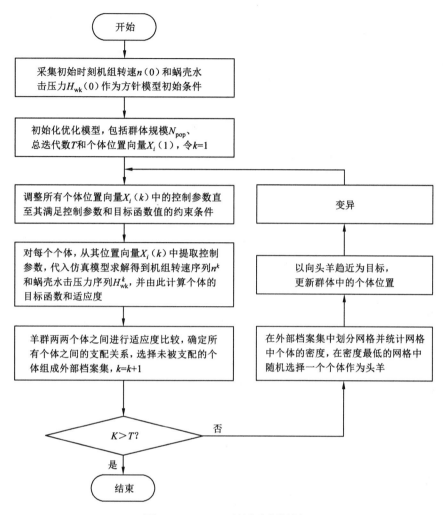

图 4.5　MOASA 算法流程框图

## 4.3.4　算例研究

为验证 MOASA 的有效性，本小节利用 MOASA 对多目标测试函数进行优化，并与经典多目标优化算法进行对比分析。

### 1.　测试函数

本小节采用 2009 年进化计算会议（CEC′09 MOEA Competition）中提出的多目标测试函数作为标准测试函数，数学表达式如表 4.10 所示，其中 $UF_1 \sim UF_7$ 为两目标无约束测试函数，$UF_8 \sim UF_{10}$ 为三目标无约束测试函数，$CF_1 \sim CF_7$ 为两目标有约束测试函数，表中所有测试函数维数均为 30 维。

**表 4.10　多目标测试函数**

| 函数名称 | 数学表达式 |
| --- | --- |
| UF$_1$ | $f_1 = x_1 + \dfrac{2}{\|J_1\|}\sum_{j\in J_1}\left[x_j - \sin\left(6\pi x_1 + \dfrac{j\pi}{n}\right)\right]^2$; $f_2 = 1 - \sqrt{x_1} + \dfrac{2}{\|J_2\|}\sum_{j\in J_2}\left[x_j - \sin\left(6\pi x_1 + \dfrac{j\pi}{n}\right)\right]^2$ <br> $J_1 = \{j\|j\text{为奇数，且}2\leqslant j\leqslant n\}$；$J_2 = \{j\|j\text{为偶数，且}2\leqslant j\leqslant n\}$ |
| UF$_2$ | $f_1 = x_1 + \dfrac{2}{\|J_1\|}\sum_{j\in J_1}y_j^2$; $f_2 = 1 - \sqrt{x_1} + \dfrac{2}{\|J_2\|}\sum_{j\in J_2}y_j^2$ <br> $J_1 = \{j\|j\text{为奇数，且}2\leqslant j\leqslant n\}$；$J_2 = \{j\|j\text{为偶数，且}2\leqslant j\leqslant n\}$ <br> $y_j = \begin{cases} x_j - \left[0.3x_1^2\cos\left(24\pi x_1 + \dfrac{4j\pi}{n}\right) + 0.6x_{10}\right]\cos\left(6\pi x_1 + \dfrac{j\pi}{n}\right), & j\in J_1 \\ x_j - \left[0.3x_1^2\cos\left(24\pi x_1 + \dfrac{4j\pi}{n}\right) + 0.6x_{10}\right]\sin\left(6\pi x_1 + \dfrac{j\pi}{n}\right), & j\in J_2 \end{cases}$ |
| UF$_3$ | $f_1 = x_1 + \dfrac{2}{\|J_1\|}\sum_{j\in J_1}\left[4\sum_{j\in J_1}y_j^2 - 2\prod_{j\in J_1}\cos\left(\dfrac{20y_j\pi}{\sqrt{j}}\right) + 2\right]$ <br> $f_2 = 1 - \sqrt{x_1} + \dfrac{2}{\|J_2\|}\sum_{j\in J_2}\left[4\sum_{j\in J_2}y_j^2 - 2\prod_{j\in J_2}\cos\left(\dfrac{20y_j\pi}{\sqrt{j}}\right) + 2\right]$ <br> $J_1 = \{j\|j\text{为奇数，且}2\leqslant j\leqslant n\}$；$J_2 = \{j\|j\text{为偶数，且}2\leqslant j\leqslant n\}$ <br> $y_j = x_j - x_1^{0.5\left(1.0 + \frac{3(j-2)}{n-2}\right)}, \; j = 2,\cdots,n$ |
| UF$_4$ | $f_1 = x_1 + \dfrac{2}{\|J_1\|}\sum_{j\in J_1}h(y_j)$; $f_2 = 1 - x_1^2 + \dfrac{2}{\|J_2\|}\sum_{j\in J_1}h(y_j)$ <br> $J_1 = \{j\|j\text{为奇数，且}2\leqslant j\leqslant n\}$；$J_2 = \{j\|j\text{为偶数，且}2\leqslant j\leqslant n\}$ <br> $y_j = x_j - \sin\left(6\pi x_1 + \dfrac{j\pi}{n}\right), \; j = 2,\cdots,n$ |
| UF$_5$ | $f_1 = x_1 + \left(\dfrac{1}{2N} + \varepsilon\right)\|\sin(2N\pi x_1)\| + \dfrac{2}{\|J_1\|}\sum_{j\in J_1}h(y_j)$ <br> $f_2 = 1 - x_1 + \left(\dfrac{1}{2N} + \varepsilon\right)\|\sin(2N\pi x_1)\| + \dfrac{2}{\|J_2\|}\sum_{j\in J_2}h(y_j)$ <br> $J_1 = \{j\|j\text{为奇数，且}2\leqslant j\leqslant n\}$；$J_2 = \{j\|j\text{为偶数，且}2\leqslant j\leqslant n\}$；$N\text{为正整数，}\varepsilon > 0$ <br> $y_j = x_j - \sin\left(6\pi x_1 + \dfrac{j\pi}{n}\right), \; j = 2,\cdots,n$；$h(t) = 2t^2 - \cos(4\pi t) + 1$ |
| UF$_6$ | $f_1 = x_1 + \max\left\{0, 2\left(\dfrac{1}{2N} + \varepsilon\right)\sin(2N\pi x_1)\right\} + \dfrac{2}{\|J_1\|}\sum_{j\in J_1}\left[4\sum_{j\in J_1}y_j^2 - 2\prod_{j\in J_1}\cos\left(\dfrac{20y_j\pi}{\sqrt{j}}\right) + 2\right]$ <br> $f_2 = 1 - x_1 + \max\left\{0, 2\left(\dfrac{1}{2N} + \varepsilon\right)\sin(2N\pi x_1)\right\} + \dfrac{2}{\|J_2\|}\sum_{j\in J_2}\left[4\sum_{j\in J_2}y_j^2 - 2\prod_{j\in J_2}\cos\left(\dfrac{20y_j\pi}{\sqrt{j}}\right) + 2\right]$ <br> $J_1 = \{j\|j\text{为奇数，且}2\leqslant j\leqslant n\}$；$J_2 = \{j\|j\text{为偶数，且}2\leqslant j\leqslant n\}$ <br> $y_j = x_j - \sin\left(6\pi x_1 + \dfrac{j\pi}{n}\right), \; j = 2,\cdots,n$；$h(t) = 2t^2 - \cos(4\pi t) + 1$ |
| UF$_7$ | $f_1 = \sqrt[5]{x_1} + \dfrac{2}{\|J_1\|}\sum_{j\in J_1}y_j^2$; $f_2 = 1 - \sqrt[5]{x_1} + \dfrac{2}{\|J_2\|}\sum_{j\in J_1}y_j^2$ <br> $J_1 = \{j\|j\text{为奇数，且}2\leqslant j\leqslant n\}$；$J_2 = \{j\|j\text{为偶数，且}2\leqslant j\leqslant n\}$ <br> $y_j = x_j - \sin\left(6\pi x_1 + \dfrac{j\pi}{n}\right), \; j = 2,\cdots,n$ |

续表

| 函数名称 | 数学表达式 |
|---|---|
| UF$_8$ | $f_1 = \cos(0.5x_1\pi)\cos(0.5x_2\pi) + \dfrac{2}{\|J_1\|}\displaystyle\sum_{j\in J_1}\left[x_j - 2x_2\sin\left(2\pi x_1 + \dfrac{j\pi}{n}\right)\right]^2$<br><br>$f_2 = \cos(0.5x_1\pi)\sin(0.5x_2\pi) + \dfrac{2}{\|J_2\|}\displaystyle\sum_{j\in J_2}\left[x_j - 2x_2\sin\left(2\pi x_1 + \dfrac{j\pi}{n}\right)\right]^2$<br><br>$f_3 = \sin(0.5x_1\pi) + \dfrac{2}{\|J_3\|}\displaystyle\sum_{j\in J_3}\left[x_j - 2x_2\sin\left(2\pi x_1 + \dfrac{j\pi}{n}\right)\right]^2$<br><br>$J_1 = \{j\|3\leqslant j\leqslant n,\ \text{且}j-1\text{为}3\text{的倍数}\}$<br>$J_2 = \{j\|3\leqslant j\leqslant n,\ \text{且}j-2\text{为}3\text{的倍数}\}$<br>$J_3 = \{j\|3\leqslant j\leqslant n,\ \text{且}j\text{为}3\text{的倍数}\}$ |
| UF$_9$ | $f_1 = 0.5\left[\max\{0,(1+\varepsilon)(1-4(2x_1-1)^2)\}+2x_1\right]x_2 + \dfrac{2}{\|J_1\|}\displaystyle\sum_{j\in J_1}\left[x_j - 2x_2\sin\left(2\pi x_1 + \dfrac{j\pi}{n}\right)\right]^2$<br><br>$f_2 = 0.5\left[\max\{0,(1+\varepsilon)(1-4(2x_1-1)^2)\}-2x_1+2\right]x_2 + \dfrac{2}{\|J_2\|}\displaystyle\sum_{j\in J_2}\left[x_j - 2x_2\sin\left(2\pi x_1 + \dfrac{j\pi}{n}\right)\right]^2$<br><br>$f_3 = 1 - x_2 + \dfrac{2}{\|J_3\|}\displaystyle\sum_{j\in J_3}\left[x_j - 2x_2\sin\left(2\pi x_1 + \dfrac{j\pi}{n}\right)\right]^2$<br><br>$J_1 = \{j\|3\leqslant j\leqslant n,\ \text{且}j-1\text{为}3\text{的倍数}\}$<br>$J_2 = \{j\|3\leqslant j\leqslant n,\ \text{且}j-2\text{为}3\text{的倍数}\}$<br>$J_3 = \{j\|3\leqslant j\leqslant n,\ \text{且}j\text{为}3\text{的倍数}\}$ |
| UF$_{10}$ | $f_1 = \cos(0.5x_1\pi)\cos(0.5x_2\pi) + \dfrac{2}{\|J_1\|}\displaystyle\sum_{j\in J_1}\left[4y_j^2 - \cos(8\pi y_j^2 + 1)\right]$<br><br>$f_2 = \cos(0.5x_1\pi)\sin(0.5x_2\pi) + \dfrac{2}{\|J_2\|}\displaystyle\sum_{j\in J_2}\left[4y_j^2 - \cos(8\pi y_j^2 + 1)\right]$<br><br>$f_3 = \sin(0.5x_1\pi) + \dfrac{2}{\|J_3\|}\displaystyle\sum_{j\in J_3}\left[4y_j^2 - \cos(8\pi y_j^2 + 1)\right]$<br><br>$J_1 = \{j\|3\leqslant j\leqslant n,\ \text{且}j-1\text{为}3\text{的倍数}\}$<br>$J_2 = \{j\|3\leqslant j\leqslant n,\ \text{且}j-2\text{为}3\text{的倍数}\}$<br>$J_3 = \{j\|3\leqslant j\leqslant n,\ \text{且}j\text{为}3\text{的倍数}\}$ |
| CF$_1$ | $f_1 = x_1 + \dfrac{2}{\|J_1\|}\displaystyle\sum_{j\in J_1}\left(x_j - x_1^{0.5\left(1.0+\frac{3(j-2)}{n-2}\right)}\right)^2;\quad f_2 = 1 - x_1 + \dfrac{2}{\|J_2\|}\displaystyle\sum_{j\in J_2}\left(x_j - x_1^{0.5\left(1.0+\frac{3(j-2)}{n-2}\right)}\right)^2$<br><br>$J_1 = \{j\|j\text{为奇数},\ \text{且}2\leqslant j\leqslant n\};\quad J_2 = \{j\|j\text{为偶数},\ \text{且}2\leqslant j\leqslant n\}$<br><br>约束条件：$f_1 + f_2 - a\|\sin[N\pi(f_1-f_2+1)]\| - 1\geqslant 0$，$N$为正整数，且$a\geqslant\dfrac{1}{2N}$ |
| CF$_2$ | $f_1 = x_1 + \dfrac{2}{\|J_1\|}\displaystyle\sum_{j\in J_1}\left[x_j - \sin\left(6\pi x_1 + \dfrac{j\pi}{n}\right)\right]^2$<br><br>$f_2 = 1 - \sqrt{x_1} + \dfrac{2}{\|J_2\|}\displaystyle\sum_{j\in J_2}\left[x_j - \cos\left(6\pi x_1 + \dfrac{j\pi}{n}\right)\right]^2$<br><br>$J_1 = \{j\|j\text{为奇数},\ \text{且}2\leqslant j\leqslant n\};\quad J_2 = \{j\|j\text{为偶数},\ \text{且}2\leqslant j\leqslant n\}$<br><br>约束条件：$\dfrac{t}{1+e^{4\|t\|}}\geqslant 0$，其中$t = f_2 + \sqrt{f_1} - a\sin\left[N\pi(\sqrt{f_1}-f_2+1)\right] - 1$ |

| 函数名称 | 数学表达式 |
|---|---|
| CF₃ | $f_1 = x_1 + \dfrac{2}{|J_1|} \sum_{j \in J_1} \left[ 4 \sum_{j \in J_1} y_j^2 - 2 \prod_{j \in J_1} \cos\left( \dfrac{20 y_j \pi}{\sqrt{j}} \right) + 2 \right]$<br><br>$f_2 = 1 - x_1^2 + \dfrac{2}{|J_2|} \sum_{j \in J_2} \left[ 4 \sum_{j \in J_2} y_j^2 - 2 \prod_{j \in J_2} \cos\left( \dfrac{20 y_j \pi}{\sqrt{j}} \right) + 2 \right]$<br><br>$J_1 = \{ j \mid j \text{为奇数, 且} 2 \leq j \leq n \}$；$J_2 = \{ j \mid j \text{为偶数, 且} 2 \leq j \leq n \}$<br><br>约束条件：$f_1^2 + f_2 - a \sin\left[ N\pi (f_1^2 - f_2 + 1) \right] - 1 \geq 0$ |
| CF₄ | $f_1 = x_1 + \sum_{j \in J_1} h_j(y_j)$；$f_2 = 1 - x_1 + \sum_{j \in J_2} h_j(y_j)$<br><br>$J_1 = \{ j \mid j \text{为奇数, 且} 2 \leq j \leq n \}$；$J_2 = \{ j \mid j \text{为偶数, 且} 2 \leq j \leq n \}$<br><br>$y_j = x_j - \sin\left( 6\pi x_1 + \dfrac{j\pi}{n} \right)$，$j = 2, \cdots, n$<br><br>$h_2(t) = \begin{cases} |t|, & t \leq \dfrac{3}{2}\left(1 - \dfrac{\sqrt{2}}{2}\right) \\ 0.125 + (t-1)^2, & t > \dfrac{3}{2}\left(1 - \dfrac{\sqrt{2}}{2}\right) \end{cases}$；$h_j(t) = t^2$<br><br>约束条件：$\dfrac{t}{1 + e^{4|t|}} \geq 0$，其中 $t = x_2 - \sin\left( 6\pi x_1 + \dfrac{2\pi}{n} \right) - 0.5 x_1 + 0.25$ |
| CF₅ | $f_1 = x_1 + \sum_{j \in J_1} h_j(y_j)$；$f_2 = 1 - x_1 + \sum_{j \in J_2} h_j(y_j)$<br><br>$J_1 = \{ j \mid j \text{为奇数, 且} 2 \leq j \leq n \}$；$J_2 = \{ j \mid j \text{为偶数, 且} 2 \leq j \leq n \}$<br><br>$y_j = \begin{cases} x_j - 0.8 x_1 \cos\left( 6\pi x_1 + \dfrac{j\pi}{n} \right), & j \in J_1 \\ x_j - 0.8 x_1 \sin\left( 6\pi x_1 + \dfrac{j\pi}{n} \right), & j \in J_2 \end{cases}$<br><br>$h_2(t) = \begin{cases} |t|, & t < \dfrac{3}{2}\left(1 - \dfrac{\sqrt{2}}{2}\right) \\ 0.125 + (t-1)^2, & t \geq \dfrac{3}{2}\left(1 - \dfrac{\sqrt{2}}{2}\right) \end{cases}$；$h_j(t) = 2t^2 - \cos(4\pi t) + 1$，$j = 3, \cdots, n$<br><br>约束条件：$x_2 - 0.8 x_1 \sin\left( 6\pi x_1 + \dfrac{2\pi}{n} \right) - 0.5 x_1 + 0.25 \geq 0$ |
| CF₆ | $f_1 = x_1 + \sum_{j \in J_1} y_j^2$；$f_2 = (1 - x_1)^2 + \sum_{j \in J_2} y_j^2$<br><br>$J_1 = \{ j \mid j \text{为奇数, 且} 2 \leq j \leq n \}$；$J_2 = \{ j \mid j \text{为偶数, 且} 2 \leq j \leq n \}$<br><br>$y_j = \begin{cases} x_j - 0.8 x_1 \cos\left( 6\pi x_1 + \dfrac{j\pi}{n} \right), & j \in J_1 \\ x_j - 0.8 x_1 \sin\left( 6\pi x_1 + \dfrac{j\pi}{n} \right), & j \in J_2 \end{cases}$<br><br>约束条件：$x_2 - 0.8 x_1 \sin\left( 6\pi x_1 + \dfrac{2\pi}{n} \right) - \text{sign}\left( 0.5(1 - x_1) - (1 - x_1)^2 \right) \sqrt{\left| 0.5(1 - x_1) - (1 - x_1)^2 \right|} \geq 0$<br><br>$x_4 - 0.8 x_1 \sin\left( 6\pi x_1 + \dfrac{4\pi}{n} \right) - \text{sign}\left( 0.25\sqrt{1 - x_1} - 0.5(1 - x_1) \right) \sqrt{\left| 0.25\sqrt{1 - x_1} - 0.5(1 - x_1) \right|} \geq 0$ |

续表

| 函数名称 | 数学表达式 |
|---|---|

$$f_1 = x_1 + \sum_{j \in J_1} h_j(y_j); \quad f_2 = (1-x_1)^2 + \sum_{j \in J_2} h_j(y_j)$$

$$J_1 = \{j | j \text{为奇数,且} 2 \leqslant j \leqslant n\}; \quad J_2 = \{j | j \text{为偶数,且} 2 \leqslant j \leqslant n\}$$

CF$_7$

$$y_j = \begin{cases} x_j - \cos\left(6\pi x_1 + \dfrac{j\pi}{n}\right), & j \in J_1 \\ x_j - \sin\left(6\pi x_1 + \dfrac{j\pi}{n}\right), & j \in J_2 \end{cases}$$

$$h_2(t) = h_4(t) = t^2; \quad h_j(t) = 2t^2 - \cos(4\pi t) + 1, \quad j = 3,5,6,\cdots,n$$

约束条件: $x_2 - \sin\left(6\pi x_1 + \dfrac{2\pi}{n}\right) - \mathrm{sign}(0.5(1-x_1) - (1-x_1)^2)\sqrt{|0.5(1-x_1) - (1-x_1)^2|} \geqslant 0$

$x_4 - \sin\left(6\pi x_1 + \dfrac{4\pi}{n}\right) - \mathrm{sign}(0.25\sqrt{1-x_1} - 0.5(1-x_1))\sqrt{|0.25\sqrt{1-x_1} - 0.5(1-x_1)|} \geqslant 0$

### 2. 约束处理

在优化带约束问题 CF$_1$～CF$_7$ 的过程中,往往会出现违反约束条件的不可行解,如何处理这些不可行解就成了急需解决的问题。为此,本小节引入可行性择优法(superiority of feasible solution method,SF)进行约束处理[223],避免不可行解的出现。

对多目标最小化问题,假设共有 $M$ 个目标,且目标函数直接赋值给适应度函数,SF 方法计算所有不可行解的约束违反度的绝对值,并求和得到全局约束违反度 $v$,然后将全局约束违反度与不可行解的适应度值求和作为不可行解新的适应度值,即人为劣化不可行解的适应度,从而让优化算法的优化重心倾向可行解。SF 方法的数学表达式如下

$$f_m(X_i(t)) = \begin{cases} f_m(X_i(t)), & \text{若} X_i(t) \text{为可行解} \\ f_{\text{worst}}^m + v(X_i(t)), & \text{若} X_i(t) \text{为不可行解} \end{cases} \tag{4-20}$$

式中:$f_m(X_i(t))$ 为解 $X_i(t)$ 的第 $m$ 个适应度函数($m=1,2,\cdots,M$);$f_{\text{worst}}^m$ 为解 $X_i(t)$ 的 $M$ 个适应度函数中的最劣值;$v(X(t))$ 为全局约束违反度。若当前群体中不存在可行解,则令 $f_{\text{worst}}^m X_i(t) = 0$。

### 3. 算法初始化设置

本算例采用带精英策略的非支配排序的遗传算法(a fast and elitist multiobjective genetic algorithm,NSGA-II)[224]、多目标粒子群算法(multi-objective partical swarm optimization,MOPSO)[80]、基于分解的多目标进化算法(multi-objective evolutionary algorithm based on decomposition,MOEA/D)[73]和多目标灰狼算法(multi-objective grey wolf optimization,MOGWO)[72]作为 MOASA 的对比算法进行结果比较。其中,MOPSO 和 MOGWO 作为 UF$_1$～UF$_{10}$ 和 CF$_1$～CF$_{10}$ 的对比算法,NSGA-II 和 MOEA/D 仅作为 UF$_1$～UF$_7$ 的对比算法。

上述算法最大迭代次数均设置为 300 000,且对所有测试函数均独立优化 30 次,算法具体参数设置如表 4.11～表 4.15 所示。

表 4.11　　MOASA 参数设置表

| 参数 | 数值 | 参数 | 数值 |
| --- | --- | --- | --- |
| MaxIter | 300 000 | nGrid | 100 |
| MaxTrial | 100 | $\alpha$ | 0.1 |
| $N$ | 100 | $\beta$ | 2 |
| $N_{rep}$ | 100 | $\gamma$ | 2 |

表 4.12　　MOGWO 参数设置表

| 参数 | 数值 | 参数 | 数值 |
| --- | --- | --- | --- |
| MaxIter | 300 000 | $\alpha$ | 0.1 |
| $N$ | 100 | $\beta$ | 2 |
| $N_{rep}$ | 100 | $\gamma$ | 2 |
| nGrid | 10 | | |

表 4.13　　MOPSO 参数设置表

| 参数 | 数值 | 参数 | 数值 |
| --- | --- | --- | --- |
| MaxIter | 300 000 | $\varphi_1$ | 2.05 |
| $N$ | 100 | $\varphi_2$ | 2.05 |
| $N_{rep}$ | 100 | $\varphi$ | 4.1 |
| nGrid | 10 | $w$ | $-0.196$ |
| $\alpha$ | 0.1 | $c_1$ | 2.05 |
| $\beta$ | 2 | $c_2$ | 2.05 |
| $\gamma$ | 2 | | |

表 4.14　　MOEA/D 参数设置表

| 参数 | 数值 | 参数 | 数值 |
| --- | --- | --- | --- |
| MaxIter | 300 000 | $\delta$ | 0.9 |
| $N$ | 100 | $C_R$ | 0.5 |
| $T$ | 10 | $\eta$ | 30 |
| $n_r$ | 1 | | |

表 4.15　　NSGA-II 参数设置表

| 参数 | 数值 | 参数 | 数值 |
| --- | --- | --- | --- |
| MaxIter | 300 000 | $\lambda$ | 0.9 |
| $N$ | 100 | $\mu_c$ | 0.5 |
| pool | 10 | $\mu_m$ | 30 |
| $\gamma$ | 1 | | |

### 4．优化指标

为了对不同多目标优化算法优化结果的优劣进行量化评价，采用 CEC'09 MOEA Competition 官方使用的反向世代距离（inverted generational distance，IGD）指标作为评价标准[69]。IGD 指标代表多目标优化算法求得的帕雷托前沿相对于理论帕雷托前沿的距离，它能综合量化衡量帕雷托前沿的收敛程度，其数学表达式为

$$\text{IGD}(P^*, A) = \frac{\sum_{\vartheta \in P^*} d(\vartheta, A)}{|P^*|} \tag{4-21}$$

式中：$A$ 为多目标算法求得的帕雷托前沿；$P^*$ 为均匀分布在实际帕雷托前沿上的一系列点的集合；$|P^*|$ 为 $P^*$ 中点的个数；$d(\vartheta, A)$ 为实际帕雷托前沿点与其最近的 $A$ 中的帕雷托前沿点之间的欧氏距离。

### 5．优化结果对比

1）无约束测试函数

优化结果取 30 次独立优化所得 IGD 指标的平均值、中位数、最优值、最差值和标准差进行对比，如表 4.16 所示。各多目标优化算法 30 次独立优化所得的最优帕雷托前沿对比如图 4.6～图 4.15 所示。

**表 4.16　无约束测试函数优化结果**

| IGD | UF$_1$ | | | | | UF$_2$ | | | | |
|---|---|---|---|---|---|---|---|---|---|---|
| | MOASA | MOGWO | MOPSO | MOEAD | NSGA-II | MOASA | MOGWO | MOPSO | MOEAD | NSGA-II |
| 平均值 | **0.035 02** | 0.109 77 | 0.151 89 | 0.170 17 | 0.084 76 | **0.011 54** | 0.072 91 | 0.057 20 | 0.105 38 | 0.041 43 |
| 中位数 | **0.035 46** | 0.113 87 | 0.144 63 | 0.136 75 | 0.078 62 | **0.011 69** | 0.073 16 | 0.058 56 | 0.111 54 | 0.031 08 |
| 最优值 | **0.026 89** | 0.072 15 | 0.064 50 | 0.077 35 | 0.037 56 | **0.009 61** | 0.049 61 | 0.043 77 | 0.025 81 | 0.019 24 |
| 最差值 | **0.046 12** | 0.137 77 | 0.230 29 | 0.315 92 | 0.177 00 | **0.017 25** | 0.094 01 | 0.070 68 | 0.153 55 | 0.114 39 |
| 标准差 | **0.004 28** | 0.013 73 | 0.048 29 | 0.070 36 | 0.034 75 | **0.002 02** | 0.010 71 | 0.007 95 | 0.034 77 | 0.022 23 |
| IGD | UF$_3$ | | | | | UF$_4$ | | | | |
| | MOASA | MOGWO | MOPSO | MOEAD | NSGA-II | MOASA | MOGWO | MOPSO | MOEAD | NSGA-II |
| 平均值 | **0.090 01** | 0.259 12 | 0.319 31 | 0.305 72 | 0.201 96 | **0.043 36** | 0.058 99 | 0.133 80 | 0.063 80 | 0.080 18 |
| 中位数 | **0.089 43** | 0.267 77 | 0.333 69 | 0.311 27 | 0.193 66 | **0.043 01** | 0.058 59 | 0.130 51 | 0.060 54 | 0.073 95 |
| 最优值 | **0.074 51** | 0.140 37 | 0.230 83 | 0.250 81 | 0.133 00 | **0.042 66** | 0.057 48 | 0.123 72 | 0.055 44 | 0.067 26 |
| 最差值 | **0.116 19** | 0.368 25 | 0.377 25 | 0.365 31 | 0.282 36 | **0.045 30** | 0.066 07 | 0.146 70 | 0.087 13 | 0.102 42 |
| 标准差 | **0.011 12** | 0.051 20 | 0.044 98 | 0.024 49 | 0.043 89 | **0.001 00** | 0.001 55 | 0.007 41 | 0.008 53 | 0.012 06 |
| IGD | UF$_5$ | | | | | UF$_6$ | | | | |
| | MOASA | MOGWO | MOPSO | MOEAD | NSGA-II | MOASA | MOGWO | MOPSO | MOEAD | NSGA-II |
| 平均值 | **0.187 61** | 0.726 91 | 2.080 77 | 1.187 30 | 2.452 63 | **0.120 76** | 0.271 84 | 0.739 13 | 0.453 44 | 0.368 09 |

续表

| IGD | UF$_5$ | | | | | UF$_6$ | | | | |
|---|---|---|---|---|---|---|---|---|---|---|
| | MOASA | MOGWO | MOPSO | MOEAD | NSGA-II | MOASA | MOGWO | MOPSO | MOEAD | NSGA-II |
| 中位数 | **0.180 34** | 0.591 13 | 2.107 12 | 1.064 55 | 2.451 30 | **0.132 50** | 0.271 29 | 0.607 77 | 0.384 40 | 0.360 00 |
| 最优值 | **0.168 20** | 0.330 47 | 1.481 65 | 0.708 02 | 1.604 16 | **0.094 21** | 0.199 35 | 0.312 99 | 0.124 32 | 0.106 20 |
| 最差值 | **0.276 11** | 1.922 12 | 2.524 53 | 2.088 26 | 3.216 33 | **0.150 40** | 0.353 34 | 1.565 83 | 1.001 50 | 0.830 16 |
| 标准差 | **0.023 84** | 0.335 01 | 0.354 09 | 0.375 44 | 0.358 27 | **0.013 72** | 0.042 38 | 0.380 26 | 0.194 50 | 0.223 48 |

| IGD | UF$_7$ | | | | | UF$_8$ | | |
|---|---|---|---|---|---|---|---|---|
| | MOASA | MOGWO | MOPSO | MOEAD | NSGA-II | MOASA | MOGWO | MOPSO |
| 平均值 | **0.015 53** | 0.076 99 | 0.286 39 | 0.416 95 | 0.116 45 | **0.219 36** | 2.556 95 | 0.692 77 |
| 中位数 | **0.018 42** | 0.067 83 | 0.339 88 | 0.407 98 | 0.045 59 | **0.213 24** | 2.666 32 | 0.675 35 |
| 最优值 | **0.014 65** | 0.061 92 | 0.060 24 | 0.014 71 | 0.019 80 | **0.161 62** | 0.595 86 | 0.490 51 |
| 最差值 | **0.022 03** | 0.351 04 | 0.561 05 | 0.607 03 | 0.563 56 | **0.275 69** | 4.804 75 | 0.906 66 |
| 标准差 | **0.001 96** | 0.050 99 | 0.177 69 | 0.134 15 | 0.139 10 | **0.030 07** | 1.134 47 | 0.133 60 |

| IGD | UF$_9$ | | | UF$_{10}$ | | |
|---|---|---|---|---|---|---|
| | MOASA | MOGWO | MOPSO | MOASA | MOGWO | MOPSO |
| 平均值 | **0.169 04** | 0.537 73 | 0.812 69 | **0.516 63** | 1.219 72 | 4.172 83 |
| 中位数 | **0.108 74** | 0.411 04 | 0.824 81 | **0.549 03** | 0.966 10 | 4.144 20 |
| 最优值 | **0.083 45** | 0.309 10 | 0.602 36 | **0.254 20** | 0.584 47 | 2.568 49 |
| 最差值 | **0.317 10** | 0.962 17 | 1.125 01 | **0.835 98** | 2.852 76 | 6.394 01 |
| 标准差 | **0.090 09** | 0.223 09 | 0.126 60 | **0.167 32** | 0.609 17 | 1.244 17 |

注：表中黑体数为最佳优化结果

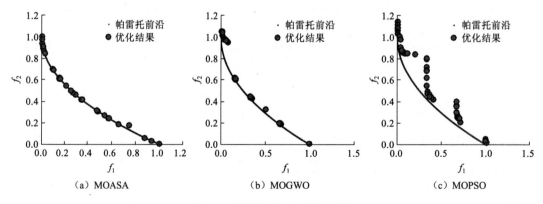

（a）MOASA　　　　　　　（b）MOGWO　　　　　　　（c）MOPSO

图 4.6　测试函数 UF$_1$ 优化结果

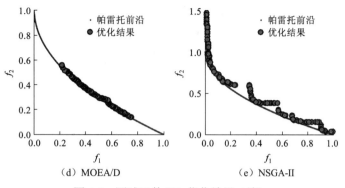

（d）MOEA/D　　　　（e）NSGA-II

图 4.6　测试函数 $UF_1$ 优化结果（续）

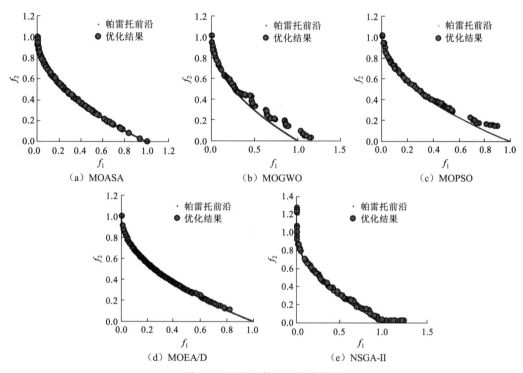

（a）MOASA　　　（b）MOGWO　　　（c）MOPSO

（d）MOEA/D　　　　（e）NSGA-II

图 4.7　测试函数 $UF_2$ 优化结果

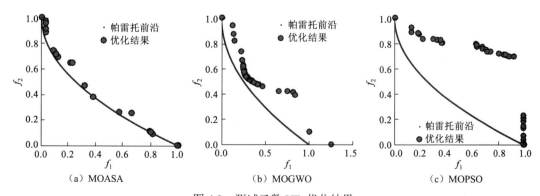

（a）MOASA　　　（b）MOGWO　　　（c）MOPSO

图 4.8　测试函数 $UF_3$ 优化结果

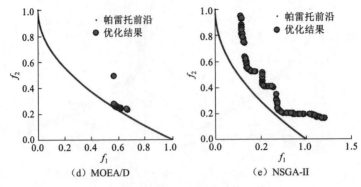

（d）MOEA/D  （e）NSGA-II

图 4.8　测试函数 UF$_3$ 优化结果（续）

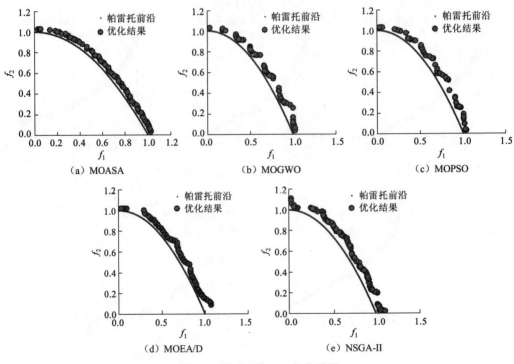

（a）MOASA  （b）MOGWO  （c）MOPSO

（d）MOEA/D  （e）NSGA-II

图 4.9　测试函数 UF$_4$ 优化结果

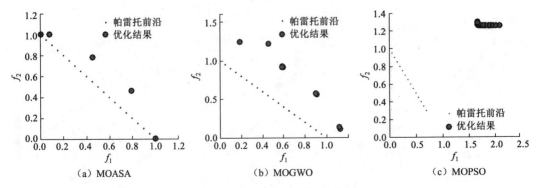

（a）MOASA  （b）MOGWO  （c）MOPSO

图 4.10　测试函数 UF$_5$ 优化结果

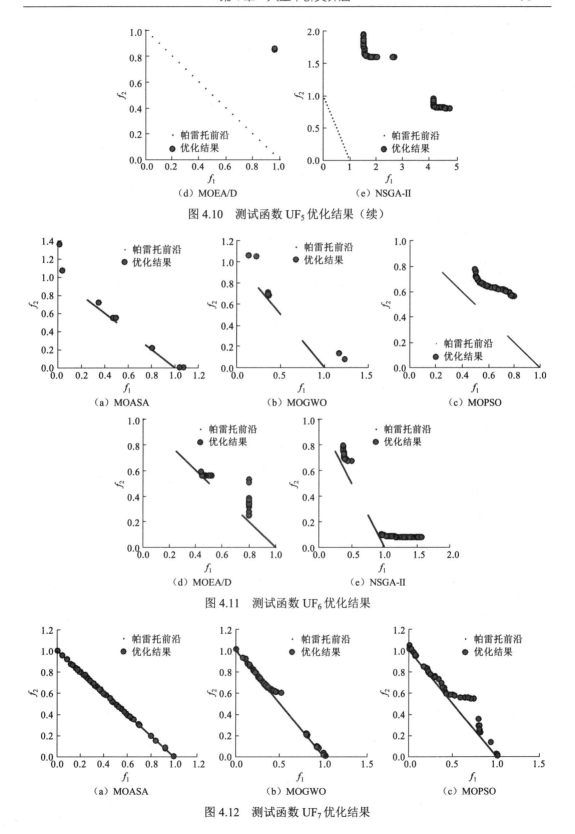

（d）MOEA/D　　　　　　　　　（e）NSGA-II

图 4.10　测试函数 $UF_5$ 优化结果（续）

（a）MOASA　　　　　　　（b）MOGWO　　　　　　　（c）MOPSO

（d）MOEA/D　　　　　　　　　（e）NSGA-II

图 4.11　测试函数 $UF_6$ 优化结果

（a）MOASA　　　　　　　（b）MOGWO　　　　　　　（c）MOPSO

图 4.12　测试函数 $UF_7$ 优化结果

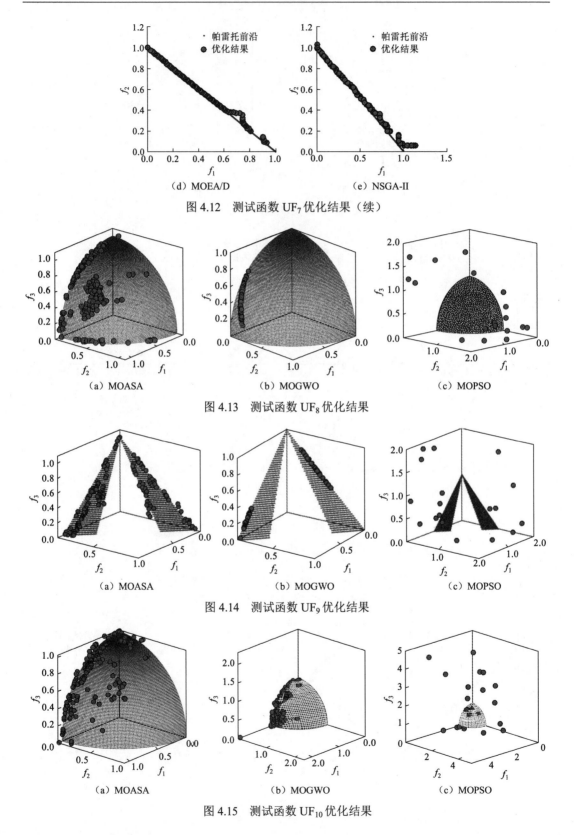

（d）MOEA/D　　　　　　　（e）NSGA-II

图 4.12　测试函数 $UF_7$ 优化结果（续）

（a）MOASA　　　　　（b）MOGWO　　　　　（c）MOPSO

图 4.13　测试函数 $UF_8$ 优化结果

（a）MOASA　　　　　（b）MOGWO　　　　　（c）MOPSO

图 4.14　测试函数 $UF_9$ 优化结果

（a）MOASA　　　　　（b）MOGWO　　　　　（c）MOPSO

图 4.15　测试函数 $UF_{10}$ 优化结果

表 4.16 中，MOASA 对测试函数 $UF_1 \sim UF_{10}$ 的优化结果 IGD 指标均优于其余四种多目标优化算法，说明 MOASA 优化无约束问题的性能优于其余四种多目标优化算法。

由图 4.9～图 4.15 可以看出，MOASA 优化双目标无约束测试函数所得的帕雷托前沿相较于其余四种多目标优化算法的优化结果更加接近真实的帕雷托前沿，优化结果的分布也更加均匀。同时，由图 4.9～图 4.15 可以看出，MOASA 优化三目标无约束测试函数所得的帕雷托前沿相较于其余四种多目标优化算法的优化结果仍然更加接近真实的帕雷托前沿，优化结果的分布也更加均匀，说明 MOASA 对无约束问题具有优异的多目标优化性能。

2）带约束测试函数

优化结果取 30 次独立优化所得 IGD 指标的平均值、中位数、最优值、最差值和标准差进行对比，如表 4.17 所示。各多目标优化算法 30 次独立优化所得的最优帕雷托前沿对比如图 4.16～图 4.22 所示。

表 4.17　带约束测试函数优化结果

| IGD | $CF_1$ | | | $CF_2$ | | | $CF_3$ | | |
|---|---|---|---|---|---|---|---|---|---|
| | MOASA | MOGWO | MOPSO | MOASA | MOGWO | MOPSO | MOASA | MOGWO | MOPSO |
| 平均值 | **0.007 11** | 0.010 93 | 0.030 19 | **0.044 51** | 0.114 24 | 0.092 74 | **0.224 68** | 0.642 63 | 0.644 16 |
| 中位数 | **0.007 18** | 0.010 13 | 0.028 62 | **0.043 76** | 0.089 33 | 0.085 87 | **0.213 60** | 0.603 80 | 0.592 79 |
| 最优值 | **0.003 69** | 0.004 33 | 0.009 09 | **0.028 52** | 0.052 19 | 0.030 20 | **0.088 96** | 0.326 76 | 0.221 51 |
| 最差值 | **0.012 35** | 0.024 85 | 0.064 00 | **0.069 63** | 0.218 91 | 0.182 65 | **0.419 76** | 1.307 78 | 1.225 77 |
| 标准差 | **0.001 98** | 0.004 49 | 0.014 88 | **0.010 85** | 0.049 57 | 0.037 08 | **0.089 95** | 0.255 01 | 0.240 21 |
| IGD | $CF_4$ | | | $CF_5$ | | | $CF_6$ | | |
| | MOASA | MOGWO | MOPSO | MOASA | MOGWO | MOPSO | MOASA | MOGWO | MOPSO |
| 平均值 | **0.094 73** | 0.231 33 | 0.174 39 | **0.408 99** | 0.597 00 | 0.591 81 | **0.063 25** | 0.140 99 | 0.109 10 |
| 中位数 | **0.094 12** | 0.130 98 | 0.174 00 | **0.350 20** | 0.580 32 | 0.575 88 | **0.062 95** | 0.097 22 | 0.113 63 |
| 最优值 | **0.077 28** | 0.092 87 | 0.095 96 | **0.179 10** | 0.446 95 | 0.218 24 | **0.032 19** | 0.055 15 | 0.049 36 |
| 最差值 | **0.118 30** | 0.964 39 | 0.272 29 | **0.597 17** | 1.403 49 | 1.552 36 | **0.094 46** | 0.437 33 | 0.165 84 |
| 标准差 | **0.008 50** | 0.207 83 | 0.041 89 | **0.132 65** | 0.161 79 | 0.288 54 | **0.020 42** | 0.090 69 | 0.033 91 |
| IGD | $CF_7$ | | |
| | MOASA | | MOGWO | | MOPSO | |
| 平均值 | **0.491 24** | | 4.754 79 | | 0.818 01 | |
| 中位数 | **0.347 59** | | 2.374 30 | | 0.788 20 | |
| 最优值 | **0.118 27** | | 0.296 27 | | 0.255 45 | |
| 最差值 | **1.300 99** | | 21.563 73 | | 1.511 37 | |
| 标准差 | **0.323 39** | | 5.415 76 | | 0.306 06 | |

注：表中黑体数代表最佳优化结果

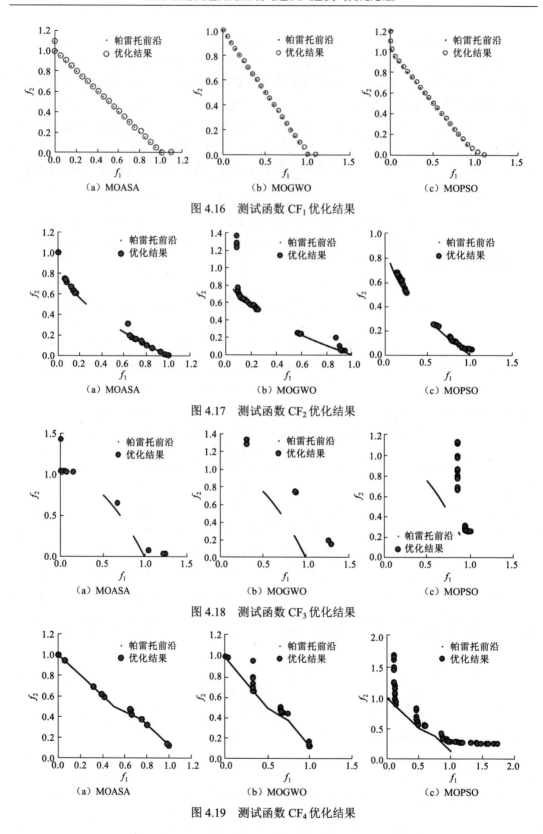

图 4.16　测试函数 $CF_1$ 优化结果

图 4.17　测试函数 $CF_2$ 优化结果

图 4.18　测试函数 $CF_3$ 优化结果

图 4.19　测试函数 $CF_4$ 优化结果

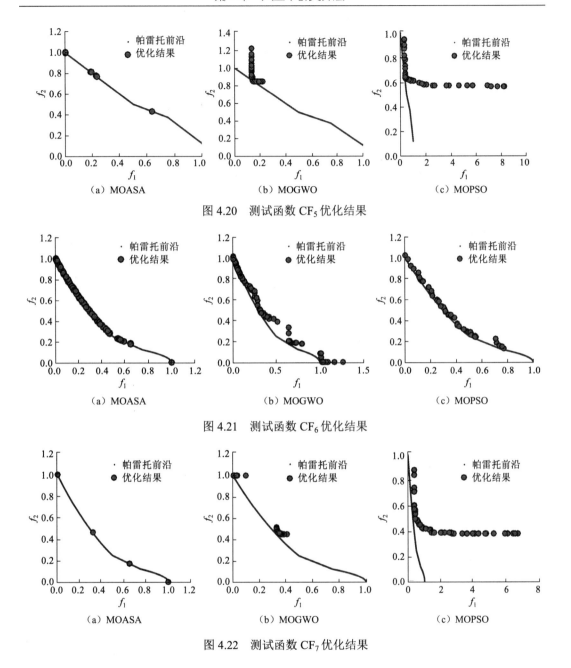

（a）MOASA　　　　　　（b）MOGWO　　　　　　（c）MOPSO

图 4.20　测试函数 $CF_5$ 优化结果

（a）MOASA　　　　　　（b）MOGWO　　　　　　（c）MOPSO

图 4.21　测试函数 $CF_6$ 优化结果

（a）MOASA　　　　　　（b）MOGWO　　　　　　（c）MOPSO

图 4.22　测试函数 $CF_7$ 优化结果

表 4.17 中，MOASA 对测试函数 $CF_1 \sim CF_7$ 的优化结果 IGD 指标除 $CF_7$ 外均优于其余四种多目标优化算法，证明了 MOASA 优化带约束问题的性能优于其余四种多目标优化算法。

由图 4.16～图 4.22 可以看出，MOASA 优化双目标带约束测试函数所得的帕雷托前沿相较于其余四种多目标优化算法的优化结果更加接近真实的帕雷托前沿，优化结果的分布范围更广、更均匀，说明 MOASA 对带约束多目标优化问题依然具有优异的优化性能。

### 6. 基于霍尔姆–邦弗朗妮过程排序的优化结果统计分析

单纯依靠分析 IGD 指标判别 MOASA 相较于 MOPSO、MOGWO、MOEA/D 和 NSGA-II 算法优化性能的优劣，容易受判别者主观意愿的影响。为此，采用霍尔姆–邦弗朗妮（Holm-Bonferroni procedure-based ranking，以下简写为 Holm-Bonferroni）方法进行优化结果统计分析，达到更为客观地衡量 MOASA 的多目标优化性能的目的。

Holm-Bonferroni 方法步骤如下。

步骤 1：依据 MOASA、MOFWO、MOEA/D、MOPSO 和 NSGA-II 的 IGD 指标平均值，进行排序；

步骤 2：根据步骤 1 中排序，依顺序标记序号值 $N_a$，$N_a-1$,$\cdots$,1。其中，$N_a$ 为进行排序的算法个数。同时，给每个算法赋值 $S_j$，其中 $j=1,2,\cdots,N_a-1$；

步骤 3：将 MOASA 设定为参考算法，赋值 $S_0$，则其余算法和参考算法两两比较的 $z_j$ 值可由下式计算

$$z_j = \frac{S_j - S_0}{\sqrt{\dfrac{N_a(N_a+1)}{6N_p}}} \tag{4-22}$$

式中：$S_j(j=1,2,\cdots,N_a-1)$ 为除参考算法之外的 $N_a-1$ 个算法的 $S_j$ 值；$N_p$ 为包含参考算法在内的算法总数。在此基础上，每个算法的标准积累分布值 $p_j$ 可由 $z_j$ 计算得到。

步骤 4：在置信概率 $\delta$ 的条件下（本书中 $\delta=0.05$），计算门限值 $\theta_j=\delta/(N_a-j)$。在计算得到门限值 $\theta_j$ 的基础上，将 $p_j$ 与计算得到的门限值 $\theta_j$ 进行比较。若 $p_j<\theta_j$，则表示进行比较的两算法的优化性能存在显著差异，虚假设不成立（$h=1$），否则，进行比较的两算法的优化性能不存在显著差异，虚假设成立（$h=0$）。

依据以上步骤对 MOASA、MOGWO、MOEA/D、MOPSO 和 NSGA-II 的优化结果进行基于 Holm-Bonferroni 的统计分析，分析结果如表 4.18～表 4.20 所示。由表 4.18 可知，MOASA 在双目标无约束优化问题的优化性能上相交于其余四种算法具有显著优势。由表 4.19 可知，对三目标无约束优化问题，MOASA 与 MOGWO 的优化性能不存在明显差距，但优于 MOPSO。由表 4.20 可知，对双目标带约束问题，MOASA 的优化性能明显优于 MOGWO 和 MOPSO。

表 4.18　各算法对 $UF_1$～$UF_7$ 优化效果的 Holm-Bonferroni 排序

| 排序 | 算法 | $z$ | $p$ | $\theta$ | $h$ | 得分 |
|:---:|:---:|:---:|:---:|:---:|:---:|:---:|
| 1 | MOASA | — | — | — | — | 5.00 |
| 2 | MOGWO | −1.86 | $3.15\times10^{-2}$ | $5.00\times10^{-2}$ | 1 | 3.43 |
| 3 | NSGA-II | −2.37 | $8.98\times10^{-3}$ | $2.50\times10^{-2}$ | 1 | 3.00 |
| 4 | MOEA/D | −3.72 | $1.00\times10^{-4}$ | $1.25\times10^{-2}$ | 1 | 1.86 |
| 5 | MOPSO | −3.89 | $5.06\times10^{-5}$ | $1.67\times10^{-2}$ | 1 | 1.71 |

表 4.19　各算法对 $UF_8 \sim UF_{10}$ 优化效果的 Holm-Bonferroni 排序

| 排序 | 算法 | $z$ | $p$ | $\theta$ | $h$ | 得分 |
|---|---|---|---|---|---|---|
| 1 | MOASA | — | — | — | — | 3.00 |
| 2 | MOGWO | $-1.63$ | $5.12 \times 10^{-2}$ | $5.00 \times 10^{-2}$ | 0 | 1.67 |
| 3 | MOPSO | $-2.04$ | $2.06 \times 10^{-2}$ | $2.50 \times 10^{-2}$ | 1 | 1.33 |

表 4.20　各算法对 $CF_1 \sim CF_7$ 优化效果的 Holm-Bonferroni 排序

| 排序 | 算法 | $z$ | $p$ | $\theta$ | $h$ | 得分 |
|---|---|---|---|---|---|---|
| 1 | MOASA | — | — | — | — | 3.00 |
| 2 | MOPSO | $-2.67 \times 10^2$ | $3.76 \times 10^{-3}$ | $5.00 \times 10^{-2}$ | 1 | 1.57 |
| 3 | MOGWO | $-3.21 \times 10^2$ | $6.70 \times 10^{-4}$ | $2.50 \times 10^{-2}$ | 1 | 1.29 |

综上所述，基于 Holm-Bonferroni 的统计分析结果表明，MOASA 对无约束优化问题和带约束优化问题均具有优异的优化性能。

**7. CEC′09 Competition 参赛算法对比结果**

以下选取 CEC′09 Competition 参赛算法前五名（无约束优化问题）和前四名（带约束优化问题），即基于分解的多目标进化算法（multi-objective evolutionary algorithm，MOEA/D）、第三步广义差分进化的第三个进化步骤（the third evolutionary step of generalized differential evolution，GDE3）、多轨迹搜索算法（multiple trajectory search，MTS）、基于确定权重和区域搜索的进化算法（the multi-objective algorithm based on determine weight and sub-regional search，LiuLi）、基于区域分解动态的多目标进化算法（dynamical multi-objective evolutionary algorithms based on domain decomposition，DMOEADD）和 MOASA 进行优化性能对比。MOASA 优化结果取 30 次独立优化所得 IGD 指标的平均值，如表 4.21 所示。

表 4.21　MOASA 算法与 CEC′09 参赛算法效果对比

| 排序 | $UF_1$ | | $UF_2$ | | $UF_3$ | | $UF_4$ | |
|---|---|---|---|---|---|---|---|---|
| 1 | MOEA/D | 0.004 35 | MTS | 0.006 15 | MOEAD | 0.007 42 | MTS | 0.023 56 |
| 2 | GDE3 | 0.005 34 | DMOEADD | 0.006 79 | LiuLi | 0.014 97 | GDE3 | 0.026 50 |
| 3 | MTS | 0.006 46 | MOEAD | 0.006 79 | DMOEADD | 0.033 37 | DMOEADD | 0.042 68 |
| 4 | LiuLi | 0.007 85 | MOASA | 0.011 54 | MTS | 0.053 10 | MOASA | 0.043 36 |
| 5 | DMOEADD | 0.010 38 | GDE3 | 0.011 95 | MOASA | 0.090 01 | LiuLi | 0.043 50 |
| 6 | MOASA | 0.035 02 | LiuLi | 0.012 30 | GDE3 | 0.106 39 | MOEAD | 0.063 85 |
| 排序 | $UF_5$ | | $UF_6$ | | $UF_7$ | | $UF_8$ | |
| 1 | MTS | 0.014 89 | MOEAD | 0.005 87 | MOEAD | 0.004 44 | MOEAD | 0.058 40 |
| 2 | GDE3 | 0.039 28 | MTS | 0.059 17 | LiuLi | 0.007 30 | DMOEADD | 0.068 41 |
| 3 | LiuLi | 0.161 86 | DMOEADD | 0.066 73 | DMOEADD | 0.010 32 | LiuLi | 0.082 35 |

续表

| 排序 | UF$_5$ | | UF$_6$ | | UF$_7$ | | UF$_8$ | |
|---|---|---|---|---|---|---|---|---|
| 4 | MOEA/D | 0.180 71 | MOASA | 0.120 76 | MOASA | 0.015 53 | MTS | 0.112 51 |
| 5 | MOASA | 0.187 61 | LiuLi | 0.175 55 | GDE3 | 0.025 22 | MOASA | 0.163 23 |
| 6 | DMOEADD | 0.314 54 | GDE3 | 0.250 91 | MTS | 0.040 79 | GDE3 | 0.248 55 |

| 排序 | UF$_9$ | | UF$_{10}$ | |
|---|---|---|---|---|
| 1 | DMOEADD | 0.048 97 | MTS | 0.153 06 |
| 2 | MOASA | 0.064 76 | MOASA | 0.244 41 |
| 3 | MOEA/D | 0.078 96 | DMOEADD | 0.322 11 |
| 4 | GDE3 | 0.082 48 | GDE3 | 0.433 26 |
| 5 | LiuLi | 0.093 91 | LiuLi | 0.446 91 |
| 6 | MTS | 0.114 42 | MOEAD | 0.474 15 |

| 排序 | CF$_1$ | | CF$_2$ | | CF$_3$ | | CF$_4$ | |
|---|---|---|---|---|---|---|---|---|
| 1 | LiuLi | 0.000 85 | DMOEADD | 0.002 10 | DMOEADD | 0.056 31 | DMOEADD | 0.006 99 |
| 2 | MOASA | 0.007 37 | LiuLi | 0.004 20 | MTS | 0.104 46 | MTS | 0.011 09 |
| 3 | DMOEADD | 0.011 31 | MOASA | 0.007 37 | MOASA | 0.161 88 | LiuLi | 0.014 23 |
| 4 | MTS | 0.019 18 | MTS | 0.026 77 | LiuLi | 0.182 91 | MOASA | 0.054 48 |

| 排序 | CF$_5$ | | CF$_6$ | | CF$_7$ | |
|---|---|---|---|---|---|---|
| 1 | DMOEADD | 0.015 77 | LiuLi | 0.013 95 | DMOEADD | 0.019 05 |
| 2 | MTS | 0.020 77 | DMOEADD | 0.015 02 | MTS | 0.024 69 |
| 3 | LiuLi | 0.109 73 | MTS | 0.016 16 | MOASA | 0.085 82 |
| 4 | MOASA | 0.282 14 | MOASA | 0.049 73 | LiuLi | 0.104 46 |

由表 4.21 可知，MOASA 相较于 CEC'09 Competition 参赛算法仍表现出优异的优化性能。在无约束多目标优化问题上，MOASA 除 UF$_1$ 外，排名均靠前；在带约束优化问题上，MOASA 能进入前四名，表现出优异的多目标优化性能。

### 8．敏感性分析

对于多目标优化算法，算法参数对算法优化性能具有重要的影响。下面重点考察 MOASA 算法中控制羊群个体觅食强度的参数 MaxTrial 控制空间网格数量的参数 nGrid 和对算法性能的影响，探究其敏感性。

#### 1）MaxTrial

首先，考虑 MaxTrial。较大的 MaxTrial 会使羊群个体在初始化前进行较多次数的位置更新，使算法整体局部寻优能力加强，全局寻优能力减弱。设定一组 MaxTrial=（10，20，30，…，190，200），其余算法参数不变，对双目标无约束优化问题 UF$_1$～UF$_7$ 进行优化，其中 UF$_5$ 的帕累托前沿为离散的点，如图 4.23 所示。

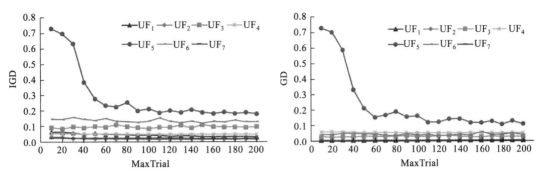

图 4.23　MOASA 对 MaxTrial 敏感性分析

从图 4.23 中可以看出，MaxTrial 的变化不会影响 MOASA 对具有连续帕雷托前沿的优化问题的优化性能，主要影响 MOASA 对具有离散帕累托前沿的优化问题的优化性能，且当 MaxTrial 大于 100 后，敏感性消失。

2）nGrid

考虑 nGrid。在 MOASA 算法中，nGrid 控制空间网格的数量，较大的 nGrid 会提高目标空间的辨别精度从而提高算法的优化性能，但另一方面，过大的 nGrid 会增加算法的计算量，因此有必要对 nGrid 进行敏感性分析，权衡算法的精度和计算复杂度。为此，设定一组 nGrid $= (10, 20, \cdots, 90, 100)$，其余算法参数不变，对双目标无约束优化问题 $UF_1 \sim UF_7$ 进行优化，其中 $UF_5$ 的帕累托前沿为离散的点，$UF_2$、$UF_5$、$UF_6$ 和 $UF_7$ 的优化结果如图 4.24 所示。

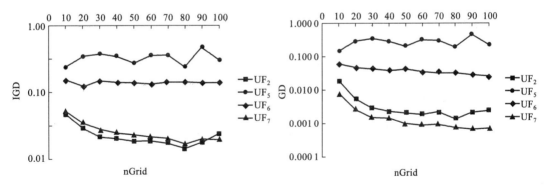

图 4.24　MOASA 对 nGrid 敏感性分析

从图 4.24 中可以看出，随着 nGrid 的增加，IGD 指标和 GD 指标变化趋势一致。其中，$UF_2$ 和 $UF_7$ 的 IGD 指标随着 nGrid 的增大而减小，$UF_5$ 的 IGD 指标随着 nGrid 的增加而出现不稳定的趋势，$UF_6$ 未见敏感性。因此，最佳的 nGrid 应设置为小于 80 的值。

# 第 5 章　抽水蓄能机组控制系统非线性参数辨识

抽水蓄能机组调速系统及发电/电动机在大波动动态过程中存在严重非线性,此时线性系统辨识理论不具备解决水电机组参数辨识问题的基础,传统的时域或频率辨识方法无法应用。本质上,系统辨识的主要研究目标就是在已知系统输入和输出数据的前提下,使用一定的算法从指定的一组模型类中选择一个与被辨识系统等价的模型。基于此,本章从参数优化和控制的角度研究水电机组控制系统的非线性模型辨识。

传统意义上,系统辨识或参数辨识被理解为一个关于待辨识参数的优化问题,因而优化算法被广泛应用于从指定的一组模型类中选择与被辨识系统等价的模型。基于智能优化的系统辨识方法的辨识效果与优化方法的寻优性能有极大关系,为了获得更好的辨识结果,需要研究合适的优化方法。基于群体行为的智能优化方法充分利用了群体间的信息共享、信息交换、群体学习等社会行为以及优胜劣汰等自然法则,实现对目标的搜索[225-227]。作为群集智能的典型代表,遗传算法和粒子群算法、差分进化算法非常流行并逐步发展成熟,在各种领域广泛应用并被引入到电力系统参数辨识中[214, 228-229]。然而作为较早提出的群集智能优化方法,这些方法都存在一些固有缺陷,例如早熟、陷入局部极小等。为此,学者们尝试各种改进措施,以期提高该类群集搜索算法的性能,另一种有效方式是寻找研究遵循其他物理法则并具有优异属性的智能算法,其中的典型代表是引力搜索算法。从控制的角度分析水电机组控制系统非线性辨识,本章给出另一种研究思路:动态系统设计。该研究思路的主要思想是,根据待辨识系统模型,使用一定的方法构造一个动态系统,通过设计合理的控制输入,该动态系统能够从任意状态稳定演化到指定状态。

本章基于水电机组控制系统非线性模型,采用改进的引力搜索算法对水电机组控制系统非线性模型辨识进行研究。用以上方法实现复杂工况下抽水蓄能机组调速系统非线性模型参数的精确辨识。

## 5.1　基于引力搜索的调速系统非线性模型辨识

作为一类复杂的非线性系统,水力发电机组控制系统的辨识研究需要精确数学模型支撑。在这些依赖对象模型的研究中,若所采用的数学模型与真实系统模型差距较大,必然会导致理论研究结果与实际工程应用不符,而达不到预期效果。因此,水电机组控制系统对象模型研究将是本书工作的基础。依据研究需要及工程实践要求,水电机组系统辨识研究分为参数辨识和整体模型辨识。如第 2 章所述，参数辨识需先假定对象的模型结构，通过辨识技术获取对象真实参数，某些重要指标参数包含在特定的经过简化的线性模型中，这时辨识需采用该线性模型。而系统的整体模型辨识不关心模型结构及参数，只关心系统的输入输出特性与真实系统的一致性，此时辨识研究采用的数学模型需要充分反映对象特性，一般是不经简化的系统复杂模型。

水电机组控制系统具有时变、非最小相位特点，且参数随工况点改变而变化，是一种集水、机、电为一体的复杂非线性对象，水电机组控制系统的动态过程分为大波动过程和小波动过程，一般认为当负荷扰动大于 10%，或频率扰动大于 8% 的动态过程称为大波动过程，反之称为小波动过程。大波动过程表现出强烈的非线性，而小波动过程系统的非线性特性未被充分激励，可以在稳定工况点近似展开为线性系统，因而抽水蓄能机组调速系统建模仿真研究必须反映对象特性及工程需求。

2009 年 Rashedi 等[195]提出的引力搜索算法是一种具有优异属性的新型智能算法。作为一种与 GA、PSO 等基于群体行为的智能优化方法完全不同的方法，GSA 利用万有引力定理，实现对目标函数的智能搜索，被证明具有极其优越的优化效果。基于 GSA 的优异寻优性能，实现了对复杂非线性抽水蓄能机组调速系统的参数辨识。

本节主要研究基于智能优化的非线性系统辨识方法，比较并分析传统优化方法的优缺点，引入引力搜索算法。结合 PSO 算法中粒子运动的特点，对引力搜索算法进行改进，使其在保留引力搜索特点的前提下增加信息共享及记忆能力，进一步提高搜索能力。构造基于智能优化方法的抽水蓄能机组调速系统辨识策略，实现复杂工况下抽水蓄能机组调速系统非线性模型参数的精确辨识。

如前所述，参数辨识是建立在一个假设基础上的，即待辨识对象模型已知，其参数未知。辨识的参数只有在假定的模型下才能真实反映实际系统的特性，在某些条件准确可信的情况下才有意义。本节研究对象为包含大波动工况过渡过程情况下的抽水蓄能机组调速系统的参数辨识，此时系统存在严重非线性，在某工况点的线性展开模型不能反映系统特性。这里采用调节系统非线性模型，在此基础上进行参数辨识研究。

## 5.1.1　抽水蓄能机组调速系统模型

第 2 章详细分析了抽水蓄能机组调速系统模型，抽水蓄能机组调速系统存在严重非线性，包括调速器液压随动系统的限速非线性、接力器输出的限幅非线性、抽水蓄能机组模型非线性等。尤其是抽水蓄能机组模型，真实水泵水轮机模型是一个复杂的非线性模型，且无法用解析数学式表达。这种情况下，得不到整个系统的解析表达式，然而在小波动工况下抽水蓄能机组模型可以简化为线性六参数模型。基于第 2 章建立的抽水蓄能机组调速系统模型，考虑调速器液压随动系统的限速非线性、接力器输出的限幅非线性，水泵水轮机采用线性化六参数模型，引水系统考虑二阶弹性水击模型，本小节研究中采用的调节系统模型如图 5.1 所示。

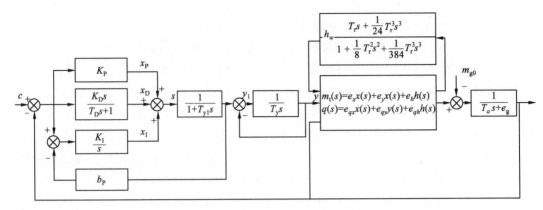

图 5.1　抽水蓄能机组调速系统模型框图

$y_G$ 为接力器位移信号输出；$m_t$ 为力矩（功率）信号输出；$x$ 为转速（频率）信号输出

## 5.1.2　适应度函数

已知对象模型的参数辨识问题，可以转化为优化问题。优化的目标为实际系统与辨识系统间的偏差，一般用系统输出差值表示，优化变量即为待辨识参数。在假定辨识系统模型能真实反映实际系统的前提下，通过对未知参数的寻优，辨识系统输出与实际系统输出趋于一致，如果辨识系统模型与实际系统"模型"相同，则可认为辨识系统参数与实际系统参数相同，从而辨识出实际系统参数。

由此可知，目标函数（适应度函数）在基于智能优化的参数辨识研究中具有重要作用，目标函数需要反映实际系统与辨识系统间的偏差，一般选取实际系统中的可测状态量与辨识系统比较。相关文献多选用系统最后环节输出构造目标函数，传统目标函数（traditional objective function，TOF）定义为

$$C_{\mathrm{TOF}}(\theta)=\sum_{k=1}^{K}\left[x(k)-\hat{x}(k)\right]^2 \tag{5-1}$$

式中：$x$ 为实际系统最后环节输出；$\hat{x}$ 为辨识系统最后环节输出；$k$ 为采样点；$\theta=[k_p,k_i,k_d,T_{y1},T_y,h_w,T_a,e_g]$ 为需辨识参数向量。

然而，在实际工程中，系统的可测输出量不止一项，除了最后环节，其他环节输出也是参数向量 $\theta$ 的函数，且可能对参数向量具有不同的观测效果，反映出更多的参数信息。因此，在抽水蓄能机组调速系统辨识中，可以考虑选择调速器控制信号输出 $\sigma$，调速器电液随动系统位移 $y$，水泵水轮机力矩 $m_t$ 及机组转速 $x$ 为系统输出项，构造目标函数。改进的目标函数（improved objective function，IOF）定义为

$$C_{\mathrm{IOF}}(\theta)=\sum_{k=1}^{N}\sum_{j=1}^{n}w_j\left[z_j(k)-\hat{z}_j(k)\right]^2 \tag{5-2}$$

式中：实际系统输出向量 $z_j=[x,y,m_t]$；辨识系统输出向量 $\hat{z}_j=[x,y,m_t]$；$N$ 为采样数；$n$ 为系统输出数。

在 IOF 中，选择了四种系统输出，每个系统输出均是待辨参数的函数，均能反映辨识

参数相关信息，但它们的信息"反映度"可能并不相同，在目标函数中对参数辨识的贡献也不一样，需要为它们赋予不同权重。系统输出是待辨参数的函数，当辨识的参数偏离真实值时，实际系统的不同环节输出与辨识系统的对应环节输出间的偏差可能不一致，各环节实际系统与辨识系统间的偏差反映了系统输出对参数变化的敏感度。如果在同一参数偏差下，环节输出偏差越大，则该环节越能反映参数的变化情况，携带的参数信息也就越多，更能"测量"辨识参数与实际参数的偏离程度，在目标函数中能起到更大作用，应赋予更大的权重。

系统输出赋权重工作只能在实验室环境下完成，为图 5.1 所示抽水蓄能机组调速系统搭建仿真平台，模拟实际系统。设定一组参数为实际系统的真实参数 $\theta^*$，得到系统各环节真实输出。在真实参数的基础上给参数施加一定的偏移量 $\Delta$，记录偏移情况下的系统各环节输出，依据各环节输出的偏移量计算权重。具体步骤如下：

步骤 1：设定系统真实参数 $\theta^*$，仿真得到系统环节输出 $z_i^*$，其中 $i=1,2,3$；

步骤 2：给参数施加偏移量 $\theta_j = \theta_j^* \times (1 + \Delta\%)$，仿真得到系统输出 $z_i^{\Delta j}$，其中 $j=1,2,\cdots,m$，$m$ 为参数向量维数；

步骤 3：计算第 $i$ 个权重；

步骤 4：权重归一化，$w_i = \dfrac{W_i}{\sum W}$。

## 5.1.3　辨识策略

基于 IGSA 的抽水蓄能机组调速系统辨识策略如图 5.2 所示。首先，施加一定输入信号激励实际系统，采集实际系统各环节的动态响应过程 $z=[x,y,m_t]$；其次，对辨识系统进行参数初始化，并给其施加相同的系统输入，采集环节输出 $\hat{z}=[\hat{x},\hat{y},\hat{m}_t]$；接下来，实际系统输出与辨识系统输出构造适应度函数 $C(\theta)$；接下来，用 IGSA 优化 $C(\theta)$，将每次循环得到的最优值 $\theta$ 更新辨识系统参数，仿真得到新的辨识系统输出，依次类推，直至得到满意的辨识参数。

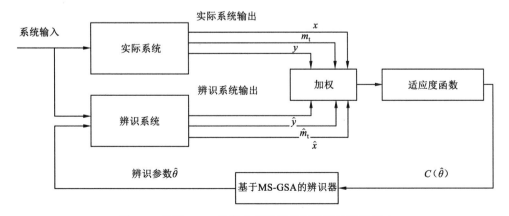

图 5.2　基于 IGSA 的抽水蓄能机组调速系统辨识策略

需要指出的是,图 5.2 所示的辨识策略具有普适性,这里只是以 MS-GSA 为例来说明辨识过程,不只适用于 MS-GSA,也适用于其他优化算法。辨识试验研究将采用不同的优化算法,来测试各种不同优化方法在抽水蓄能机组调速系统辨识中的效果,并证明 MS-GSA 的有效性。

## 5.1.4　辨识结果

由于缺乏现场试验数据,本小节用仿真平台模拟实际系统。采用如图 5.2 所示模型,并构建仿真平台,设定一组参数 $k_p, k_i, k_d, T_{yl}, T_y, h_w, T_a, e_g$ 作为真实值,记录输入信号和各环节输出动态过程,作为参数辨识的基础。

试验中,抽水蓄能机组调速系统在空载扰动工况进行参数辨识,仿真时长为 50 s,采样频率为 100 Hz。采集的系统输出有,调速器控制输出 $\sigma$,接力器行程 $y$,水泵水轮机转矩 $m_t$ 和机组转速 $x$。

参数辨识精度用参数误差（parameter error，PE）公式为

$$\mathrm{PE} = \frac{|\theta_i - \hat{\theta}_i|}{\theta_i} \times 100\%, \quad i=1,2,\cdots,m \tag{5-3}$$

也可用平均参数误差（average parameter error，APE）公式表示

$$\mathrm{APE} = \frac{1}{m} \sum_{i=1}^{m} \frac{|\theta_i - \hat{\theta}_i|}{\theta_i} \times 100\% \tag{5-4}$$

## 5.1.5　辨识方法比较

本部分试验将采用 GSA,IGSA,GGSA,GWO,MS-GSA 等不同优化方法,辨识抽水蓄能机组调速系统参数,比较辨识效果,验证 MS-GSA 在抽水蓄能机组调速系统非线性模型参数辨识中的有效性。本部分试验采用改进型目标函数 MS-GSA。试验在频率扰动工况进行。

利用仿真平台,对仿真系统施加 4%频率扰动,设定系统参数为 $\theta=[1, 0.7, 0.3, 0.08, 0.2, 0.5, 1.5, 6, 0.8]$,仿真时间为 50 s,采样频率为 100 Hz,采集系统接力器行程信号,水泵水轮机力矩信号及机组转速信号。

试验中各算法参数设置如下。

GSA：种群规模为 30,迭代次数为 200,$G_0=20$,$\beta=6$;

IGSA：种群规模为 30,迭代次数为 200,$G_0=20$,$\beta=6$,$c_1=c_2=0.8$;

GGSA：种群规模为 30,迭代次数为 200,$G_0=20$,$\beta=6$;

GWO：种群规模为 30,迭代次数为 200;

MS-GSA：种群规模为 30,迭代次数为 200,$G_0=20$,$\beta=6$,$\varpi=0.1$,$\delta=10$,$\theta=0.35$。

由于上述优化方法均为随机搜索方法,各次搜索结果间必定有偏差,为测试方法的稳定性,每组试验均重复 30 次,结果取平均值。

表 5.1 显示了采用不同优化方法辨识得到的参数结果及辨识精度，结果为 30 次试验结果的平均值。从表 5.1 可以看出，GSA 和 IGSA 得到的辨识结果精度较高，说明基于引力法则的搜索机制在解决抽水蓄能机组调速系统辨识中的优化问题具有较好效果，IGSA 得到的辨识结果整体来说优于 GSA 得到的结果，验证了在 GSA 中引入"记忆"及"信息共享"能提高算法性能。

表 5.1 频率扰动试验中采用不同算法得到的辨识精度比较

| $\theta_i$ | 系统值 | GSA | | IGSA | | GGSA | | GWO | | MS-GSA | |
|---|---|---|---|---|---|---|---|---|---|---|---|
| | | $\hat{\theta}_i$ | PE | $\hat{\theta}_i$ | PE | $\hat{\theta}_i$ | PE | $\hat{\theta}_i$ | PE | $\hat{\theta}_i$ | PE |
| $K_P$ | 1.00 | 0.975 6 | 0.026 6 | 0.963 3 | 0.518 4 | 0.978 0 | 0.023 6 | 0.775 2 | 0.224 8 | 0.991 0 | 0.009 0 |
| $K_I$ | 0.70 | 0.702 8 | 0.010 6 | 0.701 0 | 0.168 3 | 0.704 8 | 0.007 7 | 0.739 2 | 0.095 4 | 0.695 0 | $7.8\times10^{-4}$ |
| $K_D$ | 0.30 | 0.270 7 | 0.116 2 | 0.175 9 | 0.413 6 | 0.288 2 | 0.057 4 | 0.078 6 | 0.738 1 | 0.283 5 | 0.055 1 |
| $T_{yl}$ | 0.08 | 0.085 1 | 0.136 4 | 0.075 4 | 0.253 5 | 0.089 9 | 0.124 3 | 0.042 3 | 0.512 7 | 0.088 3 | 0.104 1 |
| $T_y$ | 0.20 | 0.171 6 | 0.141 8 | 0.127 5 | 0.362 7 | 0.178 1 | 0.109 5 | 0.070 4 | 0.648 0 | 0.177 3 | 0.113 3 |
| $h_w$ | 0.50 | 0.485 0 | 0.039 4 | 0.489 4 | 0.054 5 | 0.483 2 | 0.036 8 | 0.311 6 | 0.410 2 | 0.498 6 | 0.002 8 |
| $T_r$ | 1.50 | 1.497 0 | 0.002 2 | 1.475 1 | 0.021 9 | 1.473 3 | 0.018 2 | 1.126 7 | 0.248 9 | 1.500 3 | $2.4\times10^{-4}$ |
| $T_a$ | 6.00 | 6.020 9 | 0.005 3 | 6.045 6 | 0.027 1 | 6.003 8 | 0.002 4 | 6.218 9 | 0.036 5 | 6.006 6 | 0.001 2 |
| $e_n$ | 0.80 | 0.799 9 | $7.5\times10^{-4}$ | 0.805 4 | 0.014 3 | 0.800 2 | $3.7\times10^{-4}$ | 0.799 2 | 0.004 4 | 0.799 9 | $1.5\times10^{-4}$ |

表 5.2 展示了采用不同优化算法在辨识试验中得到的最优目标函数值及整体辨识精度，用平均参数误差 APE 表示，所有结果均为 20 次试验平均值。表 5.2 清晰地表明了在寻优过程中，GSA 和 IGSA 能搜索到更好的目标极值，并因此得到更精确的参数结果。试验结果表明，IGSA 具有较强的寻优能力，提出的辨识策略能得到较高精度的辨识结果。

表 5.2 频率扰动试验中不同算法得到的最优目标函数值及平均精度

| 项目 | GSA | IGSA | GGSA | GWO | MS-GSA |
|---|---|---|---|---|---|
| 平均最低成本 | $8.8\times10^{-4}$ | 0.002 1 | $8.1\times10^{-4}$ | 0.010 4 | $5.5\times10^{-7}$ |
| 平均 APE | 0.053 3 | 0.203 8 | 0.042 2 | 0.324 3 | 0.031 8 6 |

图 5.3 为采用 IGSA 进行抽水蓄能机组调速系统辨识得到的辨识系统输出与实际系统输出的比较，结果显示采用 MS-GSA 的辨识器得到的辨识系统与实际系统极为吻合，精度较高。

本小节提出的一种基于改进引力搜索算法的抽水蓄能机组调速系统非线性模型参数辨识策略，在频率扰动试验试验中采集数据，运用所提方法对系统进行辨识，得到的结论有以下三点。

（1）智能优化方法是解决复杂非线性系统参数辨识的一种有效途径，特别是系统无法用解析模型表示的情况下，其他方法可能无法解决此类问题。

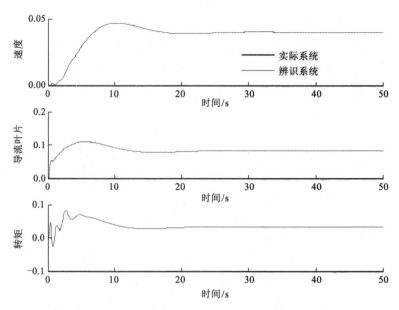

图 5.3　频率扰动试验中辨识系统输出与实际系统输出比较

（2）引力搜索算法是一种新型的随机搜索算法，基于改进引力法则的搜索机制在解决复杂优化问题时具有较好效果，能得到较高精度。改进引力搜索算法 MS-GSA 为原始引力搜索算上引入了三种改进策略，试验证明改进后的算法在参数辨识中具有更好优化效果。

（3）基于 MS-GSA 的非线性系统参数辨识策略实现了抽水蓄能机组调速系统参数的高精度辨识，在多种工况下的试验结果验证了方法的有效性。

## 5.2　基于改进引力搜索优化算法励磁系统参数辨识

励磁调节系统在大波动动态过程中存在严重非线性，此时线性系统辨识理论不具备解决励磁系统参数辨识问题的基础，传统的时域或频率辨识方法无法应用。本质上，系统辨识的主要研究目标就是在已知系统输入和输出数据的前提下，使用一定的算法从指定的一组模型类中选择一个与被辨识系统等价的模型。

已知模型结构的对象参数辨识，可以等价为参数优化问题求解。此时需要定义误差方程或者准则函数，也可称为目标函数，目标函数是待辨识参数的函数，一般定义为辨识系统与实际系统之间的数值误差，通过中间量或者输出量之间的误差来量化。参数辨识过程实际上是极小化目标函数使辨识得到的系统与实际系统，在定义的误差准则下完全一致或者趋向一致，在辨识系统与实际系统模型结构一致的前提下，优化得到的辨识系统参数与实际系统参数趋于一致。由此可见，通过优化的方法辨识系统参数，有两个必备条件：①准确的模型结构；②能充分衡量辨识系统与实际系统偏差的误差函数。基于智能优化的参数辨识方法不需要对待辨识对象进行线性化假设，只要在已知模型结构和假定的模型参数支持下,能求解待辨识系统动态响应过程即可,误差函数可以定义为实际系统与待辨识系统若干环节输出响应的综合误差。智能优化方法已逐步应用在系统辨识研究中,为解决非线性系统参数辨识问题提供了一种有效途径。

基于智能优化的系统辨识方法的辨识效果与优化方法的寻优性能有极大关系,为了获得更好的辨识结果,需要研究合适的优化方法。基于群体行为的智能优化方法充分利用了群体间的信息共享、信息交换、群体学习等社会行为以及优胜劣汰等自然法则,实现对目标的搜索。作为群集智能的典型代表,遗传算法和粒子群算法非常流行并逐步发展成熟,在各种领域广泛应用并被引入到电力系统参数辨识中。然而作为较早提出的群集智能优化方法,GA 和 PSO 都存在一些固有缺陷,例如早熟、陷入局部极小等。作为一种与 GA、PSO 等基于群体行为的智能优化方法完全不同的方法,GSA 利用万有引力定理,实现对目标函数的智能搜索,被证明具有极其优越的优化效果。本节利用 GSA 的优异寻优性能,实现复杂非线性励磁调节系统的参数辨识。

## 5.2.1 非线性励磁调节系统模型参数辨识

本小节详细分析励磁调节系统模型,在大波动工况下,励磁调节系统存在严重非线性,包括输出电压非线性、励磁调节器内部输出电压非线性、同步电机饱和特性等。优化的目标为实际系统与辨识系统间的偏差,一般用系统输出差值表示,优化变量即为待辨识参数。在假定辨识系统模型能真实反映实际系统的前提下,通过对未知参数的寻优,辨识系统输出与实际系统输出趋于一致,如果辨识系统模型与实际系统"模型"相同,则可认为辨识系统参数与实际系统参数相同,从而辨识出实际系统参数(图 5.4)。

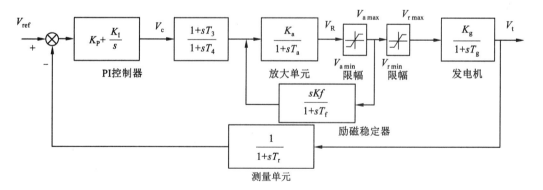

图 5.4 机组励磁调节系统方框图

由此可知,目标函数(适应度函数)在基于智能优化的参数辨识研究中具有重要作用,目标函数需要反映实际系统与辨识系统间的偏差,一般选取实际系统中的可测状态量与辨识系统比较。一般多选用系统最后环节输出构造目标函数,传统目标函数定义为

$$C_{TOF}(\theta) = \sum_{k=1}^{K} \left[ x(k) - \hat{x}(k) \right]^2 \tag{5-5}$$

式中：$x$ 为实际系统最后环节输出；$\hat{x}$ 为辨识系统最后环节输出；$k$ 为采样点；$\theta=[K_a,T_g,$ $T_r,T_a,T_g]$ 为需辨识参数向量。

　　然而，在实际工程中，系统的可测输出量不止一项，除了最后环节，其他环节输出也是参数向量 $\theta$ 的函数，且可能对参数向量具有不同的观测效果，反映出更多的参数信息。因此，在励磁调节系统辨识中，可以考虑选择放大单元输出 $V_a$，励磁机输出 $V_f$，水轮发电机机端电压 $V_g$ 和传感器输出 $V_r$，构造目标函数。改进的目标函数定义为

$$C_{\text{IOF}}(\theta)=\sum_{k=1}^{N}\sum_{j=1}^{n}w_j\left[z_j(k)-\hat{z}_j(k)\right]^2 \tag{5-6}$$

式中：实际系统输出向量 $z=[V_a,V_f,V_g,V_r]$；辨识系统输出向量 $\hat{z}=[\hat{V}_a,\hat{V}_f,\hat{V}_g,\hat{V}_r]$；权重向量 $w=[w_1,w_2,w_3,w_4]$；$N$ 为采样数；$n$ 为系统输出数。

　　在 IOF 中，选择了四种系统输出，每个系统输出均是待辨识参数的函数，均能反映辨识参数相关信息，但它们的信息"反映度"可能并不相同，在目标函数中对参数辨识的贡献也不一样，需要为它们赋予不同权重。系统输出是待辨识参数的函数，当辨识的参数偏离真实值时，实际系统的不同环节输出与辨识系统的对应环节输出间的偏差可能不一致，各环节实际系统与辨识系统间的偏差反映了系统输出对参数变化的敏感度。如果在同一参数偏差下，环节输出偏差越大，则该环节越能反映参数的变化情况，携带的参数信息也就越多，更能"测量"辨识参数与实际参数的偏离程度，在目标函数中能起到更大作用，应赋予更大的权重。

　　系统输出赋权重工作只能在实验室环境下完成，图 5.5 所示励磁调节系统搭建仿真平台，模拟实际系统。设定一组参数为实际系统的真实参数 $\theta^*$，得到系统各环节真实输出。在真实参数的基础上给参数施加一定的偏移量 $\Delta$，记录偏移情况下的系统各环节输出，依据各环节输出的偏移量计算权重。具体步骤如下。

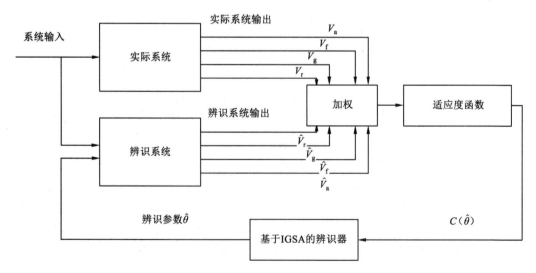

图 5.5　基于 IGSA 的励磁调节系统参数辨识策略

步骤 1：设定系统真实参数 $\theta^*$，仿真得到系统环节输出 $z_i^*$，$i=1,2,3,4$；

步骤 2：给参数施加偏移量 $\theta_j=\theta_j^*\times(1+\Delta\%)$，仿真得到系统输出 $z_i^{\Delta j}$，$j=1,2,\cdots,m$，$m$ 为参数向量维数；

步骤 3：计算第 $i$ 个权重，$W_i=\sum\limits_{j=1}^{m}\sum\limits_{k=1}^{N}(z_i^*(k)-z_i^{\Delta j}(k))^2$，$i=1,2,3,4$；

步骤 4：权重归一化，$w_i=\dfrac{W_i}{\sum W}$。

励磁调节器控制系统的模型结构是确定的，因此辨识步骤为：首先，施加一定输入信号激励实际系统，采集实际系统各环节的动态响应过程 $[V_a,V_f,V_g,V_r]$；其次，为辨识系统进行参数初始化，并给其施加相同的系统输入，采集环节输出 $[\hat V_a,\hat V_f,\hat V_g,\hat V_r]$；接下来，实际系统输出与辨识系统输出构造适应度函数 $C(\theta)$；接下来，用 IGSA 优化 $C(\theta)$，将每次循环得到的最优值 $\hat\theta$ 更新辨识系统参数，仿真得到新的辨识系统输出，依次类推，直至得到满意的辨识参数。

## 5.2.2　辨识结果

现场发电机空载阶跃响应特性试验，用励磁调节器将发电机电压升到空载额定值的 95%，进行 5%阶跃响应试验，将发电机定子电压输出试验数据 $V_g$ 作为励磁调节系统辨识的原始数据，由于实测试验数据没有中间环节放大单元输出 $V_a$，励磁机输出 $V_f$ 和传感器输出 $V_r$，对整体进行辨识。按照图 5.5 模型框图搭建模型，励磁电压信号输入阶跃信号，采样时间间隔设置为 10 ms，采样过程持续 10 s。

设定 IGSA 参数：种群规模为 30，迭代次数为 200，$G_0=30$，$\beta=10$，$c_1=c_2=0.5$。为了避免算法的随机性，参数辨识方法重复 30 次，取均值作为参数辨识结果，以绝对误差，相对偏差值为评价指标对参数辨识结果进行评价。

基于 IGSA 的辨识器目标函数收敛曲线如图 5.6 所示，优化算法参数辨识结果和基于现场试验的传统参数的参数结果对比和评价指标见表 5.3。

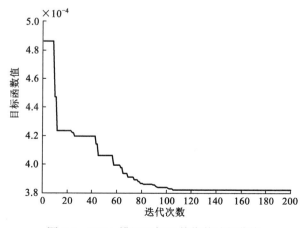

图 5.6　IGSA 辨识目标函数收敛过程曲线

**表 5.3　依据现场试验数据参数辨识结果**

| 待辨识参数 | $K_g$ | $K_a$ | $T_g$ | $T_r$ | $T_a$ |
|---|---|---|---|---|---|
| 范围 | 0.5～2.0 | 0.5～2.0 | 6.0～25.0 | 0.002 4～0.010 0 | 0.000 8～0.004 0 |
| 试验参数结果 | 1.000 0 | 1.000 0 | 11.941 0 | 0.004 8 | 0.001 6 |
| 辨识参数结果 | 0.962 66 | 1.197 36 | 11.932 52 | 0.004 05 | 0.001 4 |
| 绝对误差 | 0.037 34 | 0.197 36 | 0.008 48 | 0.000 75 | 0.000 2 |
| 偏差相对值/% | 3.73 | 19.74 | 0.07 | 15.63 | 12.5 |

　　由参数辨识结果和试验方法所得参数进行对比可知,由于试验所得数据只有发电机机端电压输出,没有中间环节的输出,优化方法只能对整体模型进行辨识,参数互相影响,辨识结果不太理想,但图中机端电压输出试验数据图形与参数辨识输出图形有一定的吻合,如图 5.7 所示。

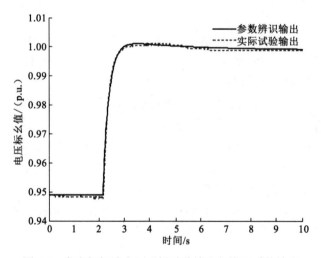

图 5.7　发电机机端电压现场试验输出与辨识系统输出

　　利用试验结果参数对励磁调节系统进行仿真计算,记录输入信号和放大单元输出 $V_a$,励磁机输出 $V_f$,水轮发电机机端电压 $V_g$ 和传感器输出 $V_r$ 的仿真输出动态过程作为辨识参考数据。采用引入权重的改进目标函数对励磁调节系统进行辨识。建立励磁调节系统模型,励磁电压信号输入阶跃信号,采样时间间隔设置为 10 ms,采样过程持续 10 s。

　　设定 IGSA 参数:种群规模为 30,迭代次数为 200,$G_0$=30,$\beta$=10,$c_1$=$c_2$=0.5。为了避免算法的随机性,参数辨识方法重复 30 次,取均值作为参数辨识结果,以绝对误差,相对偏差值为评价指标对参数辨识结果进行评价,见表 5.4。

表 5.4　依据实验仿真数据参数辨识结果

| 待辨识参数 | $K_g$ | $K_a$ | $T_g$ | $T_r$ | $T_a$ |
|---|---|---|---|---|---|
| 范围 | 0.5～2.0 | 0.5～2.0 | 6.0～25.0 | 0.002 4～0.010 0 | 0.000 8～0.004 0 |
| 试验参数结果 | 1.000 0 | 1.000 0 | 11.941 0 | 0.004 8 | 0.001 6 |
| 辨识参数结果 | 0.989 85 | 1.022 39 | 11.492 62 | 0.004 84 | 0.001 66 |
| 绝对误差 | 0.010 15 | 0.022 39 | 0.448 38 | 0.000 04 | 0.000 06 |
| 偏差相对值/% | 1.02 | 2.24 | 3.75 | 0.83 | 3.75 |

　　表 5.4 显示了采用 IGSA 优化方法辨识得到的参数结果及辨识精度，IGSA 得到的辨识结果精度较高，说明基于引力法则的搜索机制在解决励磁调节系统辨识中的优化问题具有较好效果。在迭代过程中，IGSA 能迅速收敛得到最好的目标函数值，如图 5.8 所示。图 5.9 为采用 IGSA 进行励磁调节系统辨识得到的辨识系统输出与实际系统输出的比较，结果显示采用 IGSA 的辨识器得到的辨识系统与实际仿真系统极为吻合，精度较高。

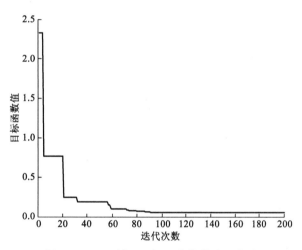

图 5.8　IGSA 辨识目标函数收敛过程曲线

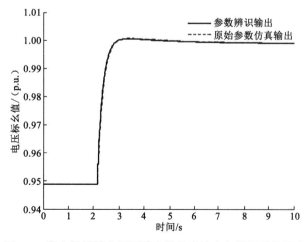

图 5.9　发电机机端电压原始参数仿真输出与辨识系统输出

# 第 *6* 章　抽水蓄能机组控制器参数优化

随着我国电力系统规模的持续扩展,电网对电能质量、安全性以及智能化程度的要求不断提高,抽水蓄能机组因其启停速度快、工况转换灵活、调峰调频能力优良等特点,在维持电力系统供需平衡和调整事故备用等方面起到了极其重要的作用。水泵水轮机调节系统是抽水蓄能电站的核心控制系统,承担着稳定机组频率和调节机组功率的重任,由于长引水管道水流惯性巨大和水泵水轮机"S"特性不稳定区域的存在,加之导叶执行机构等设备含有大量时滞、死区、间隙非线性环节,抽水蓄能机组调节系统的优化控制呈现高度复杂特性。经典的比例积分微分控制器因其结构简单可靠、控制参数易于调整,被工程现场人员所熟悉,仍然广泛应用在当前我国大多数抽水蓄能电站调节系统上,通常可以基本满足机组安全稳定运行的需求[230-231]。然而,由于前述抽水蓄能机组各环节强非线性特性的存在,且其动态特性随着运行工况和现场环境的不同会出现极大的改变,传统 PID 控制往往无法使调节系统的控制品质在全局范围内达到最优,例如低水头水轮机起动并网困难、调相转发电不稳定、机组空载频率振荡等控制问题日益突出。因此,探索调节系统控制参数优化整定方法和研究新型控制规律,对于提高抽水蓄能机组的控制品质、改善调节系统的动态响应性能有着重大理论价值及工程实际意义。

为了提高抽水蓄能机组调速系统控制品质,本章基于建立的抽水蓄能机组调节系统非线性模型,将模糊控制[232-239]和分数阶 PID 控制[240-241]等先进控制规律引入抽水蓄能机组调速系统控制。为了解决控制器参数的优化整定的难题,将智能优化算法引入到抽水蓄能机组调速系统控制器参数优化设计中,以提高调速系统控制参数优化效果,参数优化后的仿真结果验证所提控制策略的有效性,为改善抽水蓄能机组的动态响应性能、提高调节系统的控制品质和自适应能力开辟新的思路。

## 6.1　抽水蓄能机组调速系统分数阶 PID 控制器设计与参数优化

抽水蓄能机组启停速度快、工况转换灵活及优良的调峰填谷能力等优势使得其在电力系统调节和事故备用方面发挥了极其重要的作用。由于抽水蓄能机组的可逆式设计,决定了其在运行时存在"S"特性区域。由本节针对抽水蓄能机组调速系统的非线性动力学分析可知,当机组在低水头空载工况运行时,机组较容易运行进入"S"特性区域,使得机组在水轮机工况、水轮机制动工况和反水泵工况间来回转换,进而导致机组频率在电网频率附近上下波动，对抽水蓄能机组同期并网造成不利影响。抽水蓄能机组工作水头越低、单位转速越大，运行进入反水泵区出现摆动的转速越小、摆度越大、不稳定区的范围也越大。水泵水轮机固有的"S"特性，使得抽水蓄能机组调速系统优化控制呈现高度复杂特性[242-246]。

　　当前抽水蓄能电站调速控制系统大都采用经典 PID 控制[247-248]，在电站建设初期经过调试试验整定后的 PID 控制参数，可以满足抽水蓄能机组在大部分工况的控制需求。但当抽水蓄能机组运行在低水头空载工况易进入"S"特性区域，进而引起机组频率大范围波动和运行不稳定；然而，传统 PID 控制在低水头空载工况下不能较好地调节抽水蓄能机组频率波动。预测控制、模糊控制、分数阶 PID（fractional order PID，FOPID）控制等新型控制策略的兴起，为抽水蓄能机组这一复杂非线性系统控制领域的研究开辟了新的途径。20 世纪末，Podlubny[249]在研究分数阶微积分的基础上，提出了 FOPID 控制的思想。在工业生产中，许多系统是分数阶的，应用整数阶 PID 控制不能较好地抑制其非线性，实现理想的控制效果[47, 250-253]。FOPID 控制是对整数阶 PID 控制一种更好的概括和补充[254-255]。相较于整数阶 PID，FOPID 引入了微分阶次和积分阶次两个可调参数，使得参数的整定范围变大，能够更灵活地控制受控对象。

　　本节首先基于建立的抽水蓄能机组调速系统非线性仿真模型，引入 FOPID 控制取代传统的 PID 控制，建立适用于抽水蓄能机组空载工况的 $PI^\lambda D^\mu$（FOPID 控制器）调速器模型，为不失一般性的验证建立的 FOPID 控制器的性能，运用标准细菌觅食算法在多场景模式下优化 FOPID 控制器的参数，并进行低水头空载开机和频率扰动仿真实验。进一步，深入研究模糊推理理论，结合工程控制经验构建适用于抽水蓄能机组中、低水头空载工况运行特点的模糊推理规则库，并在 FOPID 控制器的基础上建立自适应快速模糊分数阶 PID 控制器（AFFFOPID），仿真实验结果表明，AFFFOPID 可较大程度地改善低水头空载运行时机组频率和导叶开度的过渡过程，提高了抽水蓄能机组调节系统的速动性与稳定性。

## 6.1.1　分数阶微积分原理

### 1. 分数阶微积分的定义

　　作为整数阶微积分的拓展与延伸，分数阶微积分是微分和积分阶数为非整数的概括，在其研究发展过程中，许多学者都对其进行了基于多种函数的分数阶微积分定义，基本操作算子为 $_aD_t^\alpha$，其中 $a$ 和 $t$ 为操作算子的上下限，$\alpha$ 为微积分的阶次。

　　1）分数阶柯西积分公式

$$D^\gamma f(t) = \frac{\Gamma(\gamma+1)}{2\pi j} \int_C \frac{f(\tau)}{(\tau-t)^{\gamma+1}} d\tau \tag{6-1}$$

　　该式由传统的整数阶积分扩展而来，式中 $C$ 为包围 $f(t)$ 单值与解析开区域的光滑曲线，$\Gamma(\cdot)$ 为欧拉伽马函数，$\Gamma(z) = \int_0^{-\infty} e^{-t} t^{z-1} dt$。

2）Grünwald-Letnikov 定义

Grünwald-Letnikov 定义在分数阶控制中的应用比较广泛，该定义如下

$$_aD_t^\alpha f(t)=\lim_{h\to 0}\frac{1}{h^\alpha}\sum_{j=0}^{[(t-a/h)]}\omega_j^{(\alpha)}f(t-jh) \tag{6-2}$$

式中：$\omega_j^{(\alpha)}=(-1)^j\begin{pmatrix}\alpha\\j\end{pmatrix}$ 为函数 $(1-z)^\alpha$ 的多项式系数，$\omega_j^{(\alpha)}$ 可以由递推公式（6-3）直接求出。

$$\omega_0^{(\alpha)}=1; \quad \omega_j^{(\alpha)}=\left(1-\frac{\alpha+1}{j}\right)\omega_{j-1}^{(\alpha)}, \quad j=1,2,\cdots,N \tag{6-3}$$

由 Grünwald-Letnikov 定义可推出分数阶微积分的计算算法形式

$$_aD_t^\alpha f(t)\approx h^\alpha\sum_{j=0}^{[(t-a/h)]}\omega_j^{(\alpha)}f(t-jh) \tag{6-4}$$

假设步长 $h$ 足够小，则可由式（6-4）直接求出函数数值微分的近似值，且精度可达 $o(h)$。

3）Caputo 定义

Caputo 分数阶微分

$$_0D_t^\alpha f(t)=\frac{1}{\Gamma(1-\alpha)}\int_0^t\frac{f^{(m+1)}(\tau)}{(t-\tau)^\gamma}\mathrm{d}\tau \tag{6-5}$$

式中：$\alpha=m+\gamma$，$m$ 为整数，$0<\gamma\leqslant1$。

类似的，Caputo 分数阶积分

$$_0D_t^\gamma=\frac{1}{\Gamma(-\gamma)}\int_0^t\frac{f(\tau)}{(t-\tau)^{1+\gamma}}\mathrm{d}\tau, \quad \gamma<0 \tag{6-6}$$

4）Riemann-Liouville 定义

目前最常用是的 Riemann-Liouville 对于微积分的定义（R-L 定义），如下

$$_aD_t^\alpha f(t)=\frac{1}{\Gamma(m-\alpha)}\left(\frac{\mathrm{d}}{\mathrm{d}t}\right)^m\int_t^a\frac{f(\tau)}{(t-\tau)^{\alpha-m+1}}\mathrm{d}\tau \tag{6-7}$$

式中：$m-1<\alpha<m$，$m\in\mathbf{Z}$，$\Gamma(\cdot)$ 为欧拉伽马函数，$\Gamma(z)=\int_0^{-\infty}\mathrm{e}^{-t}t^{z-1}\mathrm{d}t$。

由上述对分数阶微积分的不同定义分析可知，从广义的角度出发，Grünwald-Letnikov 与 Riemann-Liouville 的定义是完全等效的，且在对常数求导时为无界的；而 Caputo 定义在对常数求导时是有界的，下界为 0。对于解析函数 $f(t)$ 的分数阶导数 $_0D_t^\alpha$ 对 $t$ 和 $\alpha$ 都是解析的，分数阶微积分的算子为线性的且满足交换律和叠加关系。

## 2. 分数阶微积分的滤波器近似

采用 6.2.1 小节中的定义公式可以精确地计算出给定信号的分数阶微积分，但是这类算法应用于控制系统研究时仍存在一定的局限性，传统算法需预先计算出信号的采样值，而控制系统中却未知函数值，因此需采用滤波器的算法进行数值逼近。

研究中存在很多种连续滤波器算法，本节分数阶控制器研究所采用的是应用较为广泛的 Oustaloup 算法。假设选定的拟合频率范围为$[\omega_b, \omega_h]$，则连续滤波器的传递函数为

$$G_f(s) = s^\alpha = K \prod_{k=-N}^{N} \frac{s + \omega_k'}{s + \omega_k} \tag{6-8}$$

式中：滤波器的零点 $\omega_k$、极点 $\omega_k'$ 和增益 $K$ 可由式（6-9）求出。

$$\omega_k' = \omega_b \left( \frac{\omega_h}{\omega_b} \right)^{\frac{k+N+\frac{1}{2}(1-\alpha)}{2N+1}}, \quad \omega_k = \omega_b \left( \frac{\omega_h}{\omega_b} \right)^{\frac{k+N+\frac{1}{2}(1+\alpha)}{2N+1}}, \quad K = \omega_h^\alpha \tag{6-9}$$

式中：$\alpha$ 为分数阶微积分的阶次，$2N+1$ 为滤波器的阶次。

**3. 分数阶微积分的拉普拉斯变换**

微积分变换可以将复杂的数学问题通过变换的方式转换到其他研究领域，主要的变换方式有拉普拉斯变换和傅里叶变换。同样地，这两种变换方式也适用于分数阶微积分变换，在控制系统研究中，研究者多采用拉普拉斯变换来进行算法与实际问题的结合。信号 $x(t)$ 在 $t=0$ 时刻的 $\alpha$ 阶微分的拉普拉斯变换如式（6-10），其中，$\alpha \in \mathbf{R}+$。

$$L\{_a D_t^\alpha x(t)\} = s^\alpha X(s) \tag{6-10}$$

由上式可得，分数阶微分公式的传递函数可以表示为

$$G(s) = \frac{b_m s^{\beta_m} + b_{m-1} s^{\beta_{m-1}} + \cdots + b_0 s^{\beta_0}}{a_n s^{\beta_n} + a_{n-1} s^{\beta_{n-1}} + \cdots + a_0 s^{\beta_0}} \tag{6-11}$$

式（6-11）中的分数阶微分算子 $s$ 的阶次均为 $q$ 的整数倍，且 $\beta_k = kq, q \in \mathbf{R}+, 0 < q \triangleleft 1$。

# 6.1.2　多场景模式下分数阶 PID 控制器设计与参数优化

与常规水轮发电机组调速系统类似，目前工程实际中抽水蓄能机组调速系统采用的均为传统 PID 控制器，PID 控制器基本可以满足机组运行在常规工况时的控制需求。然而，抽水蓄能机组工况转换复杂、水泵水轮机多为可逆式设计，其固有的反"S"区和驼峰区增加了机组运行的不稳定性，且尤其是机组在低水头运行时，水泵水轮机转速振荡引起的机组频率振荡，增加了机组控制的难度。为实现对这一非线性运行不稳定现象的有效控制，本小节将分数阶微积分的思想引入抽水蓄能机组调速系统调节控制中，提出一种调速系统分数阶 PID 控制器，为改善抽水蓄能机组工况转换时的动态过渡过程和提高系统的控制品质开辟新的思路。

**1. 调速系统分数阶 PID 控制器**

相较于传统的整数阶 PID 控制器，$PI^\lambda D^\mu$ 控制器增加了可调的积分阶次 $\lambda$ 和微分阶次 $\mu$，其中 $\lambda$ 和 $\mu$ 为任意实数。其传递函数如下

$$G_c(s) = K_P + \frac{K_I}{s^\lambda} + K_D s^\mu \tag{6-12}$$

式中：$\lambda, \mu > 0$。

由式（6-12）和图 6.1 可知，传统 PID、PD 和 PI 控制器分别是 $PI^{\lambda}D^{\mu}$ 控制器在 $\lambda=1$ 和 $\mu=1$、$\lambda=0$ 和 $\mu=1$、$\lambda=1$ 和 $\mu=0$ 时的特殊情况。$PI^{\lambda}D^{\mu}$ 的可调参数 $[K_P, K_I, K_D, \lambda, \mu]$ 与 PID 的可调参数 $[K_P, K_I, K_D]$ 相比，多了两个可调参数积分阶次 $\lambda$ 和微分阶次 $\mu$，且 $\lambda$ 和 $\mu$ 不仅局限于等于 1 的特殊情况，可以是任意实数。因此，$PI^{\lambda}D^{\mu}$ 控制器具有更高的灵活性和更好的可调性。通过合理、有效地参数调整，可以达到较优的控制效果。

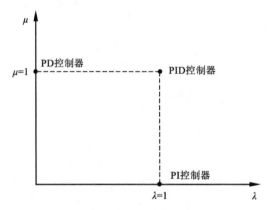

图 6.1　分数阶 PID 控制器示意图

由本节可知，水电机组调速器分为串联式 PID、并联 PID，对于控制模式又分为开度控制、频率控制和功率控制型调速器等类型。依据并联式 PID 控制器，提出一种改进的调节器型并联 FOPID 调速器模型，如图 6.2 所示。图中 $\omega$、$y$ 为机组转速相对值和导叶开度相对值；下标 c 的变量为相应的机组控制指令；$b_p$ 为永态转差系数；$T_{1v}$ 为微分时间常数；$T_y$、$T_{yB}$ 为主接力器响应时间常数和辅助接力器响应时间常数；$K_0$ 为放大系数；$K_P$、$K_I$、$K_D$ 分别为比例、积分和微分系数；$\lambda$、$\mu$ 分别为积分和微分算子的系数。

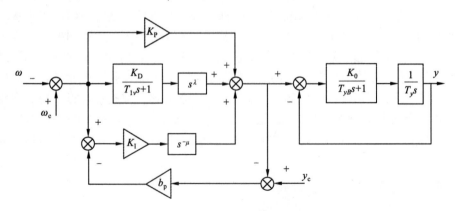

图 6.2　FOPID 控制规律的调速器

将 FOPID 与调速系统非线性模型组合，如图 6.3 所示，构造基于 FOPID 的调速系统非线性仿真模型，依据该仿真模型，在低水头空载开机和空载频率扰动工况进行仿真实验，验证本节所提方法的可行性和有效性。

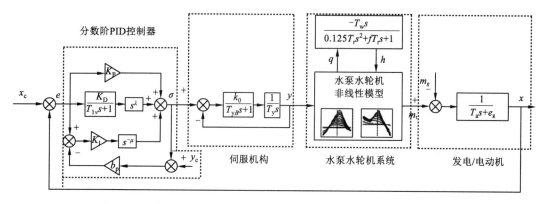

图 6.3　基于 FOPID 控制器的调速系统非线性模型示意图

### 2. 参数优化多场景目标函数

系统动态响应输出的性能指标是衡量控制系统性能优劣的一种"尺度",控制优化研究中"最佳控制系统"的定义为系统各项品质都处于最佳运行状态或者满足各项最佳性能指标。控制优化即针对控制对象设计出较好的控制器、合理的控制策略以及寻求最优的控制器参数,使得系统运行为"最佳控制系统"。由最佳控制系统的定义可知,最佳性能指标对于系统控制优化具有重要的意义。抽水蓄能机组调速系统为闭环系统,常用的能表征其闭环动态响应特性的性能指标主要有:系统的调节时间、超调量、稳态误差以及振荡周期。在控制系统参数优化时常以系统的瞬时误差 $e(t)$ 构造泛函积分,通过泛函积分的值来评价优化的效果,常用的泛函积分评价指标有 ITAE,ITSE,ISTES 和 ISTSE 等。

1）ITAE 指标

$$\text{ITAE} = \int_0^\infty t|e(t)|\mathrm{d}t \tag{6-13}$$

ITAE 即误差随时间积分指标,其将系统动态响应输出的超调量最小和调节时间最短作为性能评价的内容,可以较精确地评价控制系统的稳定性、快速性和准确性,是控制系统参数优化目标函数设计时较常用的性能指标之一。

2）ITSE 指标

$$\text{ITSE} = \int_0^\infty te^2(t)\mathrm{d}t \tag{6-14}$$

ITSE 即时间乘误差平方积分指标,其将系统动态响应输出的超调量最小和响应速度最快作为性能评价的内容。

3）ISTES 指标

$$\text{ISTES} = \int_0^\infty (t^2e(t))^2\mathrm{d}t \tag{6-15}$$

ISTES 即时间平方与误差乘积的平方指标,该指标放大了响应时间和调节时间对性能的影响,可以实现控制要求的最快上升时间和最短调节时间。

4）ISTSE 指标

$$\mathrm{ISTSE} = \int_0^\infty t^2 e^2(t)\mathrm{d}t \qquad (6\text{-}16)$$

ISTSE 即时间平方与误差平方的乘积指标，其同时放大了时间与误差的在评价系统性能时的权重，在确保最快上升时间和最短调节时间的同时，还可较大程度地减小系统超调量。

在控制器结构确定时，控制参数整定是实现良好控制效果的有效途径，控制参数整定方法较多，如 Z-N 方法、试凑法、基于模式识别和以模型为基础的参数整定方法。近年来，随着智能优化方法的快速发展，以模型为基础的控制参数优化方法成为许多学者研究的重要课题。采用智能优化算法进行控制参数优化时，优化的目标函数被作为算法的适应值用于群体进化。适应值的优劣对于算法的收敛性能和全局搜索能力具有至关重要的作用。在抽水蓄能机组控制调节时，系统响应输出的超调量是影响机组稳定运行的重要因素，为进一步优化系统的超调量（overshoot of system output, OSO），基于上述泛函积分性能评价指标，并结合系统输出超调量指标，设计了四种优化场景目标函数，用于优化分数阶 PID 控制器参数，其结构如式（6-17）～式（6-20）所示。

$$J_1 = \int_0^\infty \left[ w_1 t \left| e(t) \right| + w_2 \delta(t) \right] \mathrm{d}t = (w_1 \times \mathrm{ITAE}) + (w_2 \times \mathrm{OSO}) \qquad (6\text{-}17)$$

$$J_2 = \int_0^\infty \left[ w_1 t e^2(t) + w_2 \delta(t) \right] \mathrm{d}t = (w_1 \times \mathrm{ITAE}) + (w_2 \times \mathrm{OSO}) \qquad (6\text{-}18)$$

$$J_3 = \int_0^\infty \left[ w_1 (t^2 e(t))^2 + w_2 \delta(t) \right] \mathrm{d}t = (w_1 \times \mathrm{ISTES}) + (w_2 \times \mathrm{OSO}) \qquad (6\text{-}19)$$

$$J_4 = \int_0^\infty \left[ w_1 t^2 e^2(t) + w_2 \delta(t) \right] \mathrm{d}t = (w_1 \times \mathrm{ISTES}) + (w_2 \times \mathrm{OSO}) \qquad (6\text{-}20)$$

式中：$t$ 为系统控制时间；$e(t)$ 为系统输入给定值与输出值之间的误差；$\delta(t)$ 为系统动态响应超调量；$[w_1, w_2]$ 为权重系数，其可依据实际控制优化系统对误差和超调量指标的需求进行灵活的赋值。

### 3. 仿真实例验证与结果分析

为不失一般性的验证本章所提 FOPID 控制器的有效性，以某抽水蓄能电站机组调速系统非线性仿真模型为基础，进行低水头空载开机和孤网空载开度频率扰动仿真实验。为比较验证 FOPID 控制器的有效性，仿真实验不将智能优化算法的优势作为评价指标，在多场景参数优化目标函数下，采用标准的 BFA 算法分别对传统 PID 控制器和本章提出的 FOPID 控制器进行参数优化，并将优化后的仿真结果进行对比分析。由于抽水蓄能机组在额定水头附近的低水头空载工况运行时较易进入"S"特性区域，进而引起机组运行时频率振荡，经在各水头仿真实验的结果比较分析，选择的机组工作水头 $H_w = 193\,\mathrm{m}$，空载开度设置为额定开度的 20%。

采用 BFA 算法进行控制参数优化时，BFA 参数设置为：菌群规模为 20，最大迭代次数为 100，最大趋化次数 $N_c = 50$，最大游动次数 $N_s = 5$，最大繁殖次数 $N_{re} = 4$，最大迁徙

次数 $N_{ed}=2$，最大迁徙概率 $P_{ed}=0.25$。为了克服 BFA 算法的随机性，选取 30 次控制参数优化的平均结果进行对比分析。PID 控制器的控制参数的阈值范围 $\{K_P, K_I, K_D\} \in [0, 15]$，FOPID 控制器的控制参数的阈值范围 $\{K_P, K_I, K_D\} \in [0, 15]$、$\{\lambda, \mu\} \in [0, 2]$。

1）空载开机工况

参照上述参数设置进行抽水蓄能机组空载开机仿真实验，设置仿真时间为 30 s，当机组频率小于 92%额定频率时不采用控制策略，机组频率达到 92%额定频率时分别投入 PID 和 FOPID 控制策略。基于四种场景参数优化目标函数 $J_1$、$J_2$、$J_3$ 和 $J_4$ 的 BFA 离线优化的 PID 和 FOPID 控制的模型仿真动态响应输出如图 6.4 所示。由图 6.4 中控制性能指标结果可知，与传统的 PID 控制器相比，四种场景下 FOPID 控制器在超调量和稳态误差两方面有较好的控制结果。尤其是在场景 $J_1$ 和 $J_3$，采用 FOPID 的系统频率响应输出的超调量仅为 0.13%和 0.17%。四种场景下 PID 与 FOPID 控制器优化的参数和各目标函数值如表 6.1 所示，由表可知，FOPID 的目标函数优化值均优于 PID。

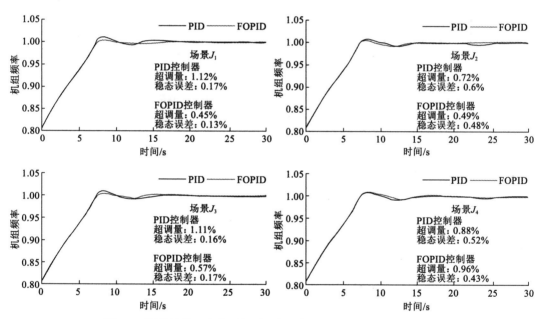

图 6.4　四种场景下空载开机过程机组频率动态响应过程优化结果

**表 6.1　空载开机工况 PID 与 FOPID 控制参数优化结果**

| 控制器类型 | 场景 | $J_{min}$ | 控制器参数 | | | | |
| --- | --- | --- | --- | --- | --- | --- | --- |
| | | | $K_P$ | $K_I$ | $K_D$ | $\lambda$ | $\mu$ |
| PID | $J_1$ | 39.195 3 | 13.202 9 | 0.290 0 | 2.865 6 | — | — |
| | $J_2$ | 17.652 7 | 13.210 2 | 0.141 0 | 4.832 4 | — | — |
| | $J_3$ | 53.257 9 | 12.111 9 | 0.280 2 | 2.904 6 | — | — |
| | $J_4$ | 29.447 8 | 12.780 8 | 0.171 1 | 4.175 2 | — | — |

续表

| 控制器类型 | 场景 | $J_{\min}$ | 控制器参数 | | | | |
|---|---|---|---|---|---|---|---|
| | | | $K_P$ | $K_I$ | $K_D$ | $\lambda$ | $\mu$ |
| FOPID | $J_1$ | 39.087 4 | 7.157 3 | 0.065 0 | 4.419 1 | 1.173 3 | 0.493 7 |
| | $J_2$ | 17.571 9 | 12.838 6 | 0.018 74 | 2.861 7 | 1.450 8 | 0.562 1 |
| | $J_3$ | 53.111 3 | 8.091 4 | 0.118 0 | 4.492 5 | 1.057 1 | 0.495 9 |
| | $J_4$ | 29.392 9 | 5.530 6 | 0.427 0 | 4.997 1 | 0.997 6 | 0.415 1 |

　　由此可知，低水头空载开机过程 FOPID 有效地降低了机组低水头空载开机运行在"S"特性区域时频率的波动范围，机组频率过渡过程比 PID 优化控制的过渡过程有明显的改善；机组频率快速稳定在电网额定频率，且稳态误差和超调量小，为机组顺利并入电网创造了良好的条件。

　　2）空载频率扰动工况

　　工程实际中常以频率、开度的变化值作为判断工况转换的依据。本节空载频率扰动实验依照工程实际中调速器控制参数切换的逻辑，频率调节模式下，当检测到单位仿真步长时间内机组频率变化率 $\Delta f \geqslant 0.5$ Hz 时，立即切换调速器控制参数，进而完成机组空载稳定运行至空载频率扰动工况的控制转换。在抽水蓄能机组孤网空载稳定运行时，对其进行+2%额定频率的扰动，经 BFA 离线优化后的 PID 和 FOPID 控制参数和各目标函数最小值结果的对比如表 6.2 所示。优化结果的机组频率动态响应过程仿真输出及相应的性能指标量如图 6.5 所示，当机组运行在 193 m 低水头空载稳定工况遭受频率扰动后，机组运行进入反"S"区域，FOPID 控制可以快速消除频率扰动和控制参数切换对机组造成的冲击，较好地抑制机组在此工况时的强非线性，使得机组频率快速、精确稳定在给定值；而在采用传统 PID 控制时，机组频率一直在给定值附近近似等幅振荡。因此，抽水蓄能机组在低水头空载工况遭受频率扰动时，FOPID 控制的机组频率动态响应过程明显优于PID 控制。

**表 6.2　空载频率扰动工况 PID 与 FOPID 控制参数优化结果**

| 控制器类型 | 场景 | $J_{\min}$ | 控制器参数 | | | | |
|---|---|---|---|---|---|---|---|
| | | | $K_P$ | $K_I$ | $K_D$ | $\lambda$ | $\mu$ |
| PID | $J_1$ | 1.412 2 | 9.065 1 | 0.583 9 | 5.394 7 | — | — |
| | $J_2$ | 0.031 0 | 8.723 8 | 0.579 8 | 4.994 7 | — | — |
| | $J_3$ | 0.202 7 | 9.733 7 | 0.629 4 | 5.572 3 | — | — |
| | $J_4$ | 0.649 3 | 9.287 9 | 0.625 2 | 5.573 5 | — | — |
| FOPID | $J_1$ | 0.590 0 | 5.173 3 | 0.087 1 | 3.386 2 | 1.653 5 | 0.641 7 |
| | $J_2$ | 0.006 5 | 6.485 4 | 0.096 5 | 3.708 9 | 1.700 6 | 0.737 6 |
| | $J_3$ | 0.022 3 | 5.625 4 | 0.077 9 | 3.542 6 | 1.666 0 | 0.665 2 |
| | $J_4$ | 0.142 4 | 4.397 5 | 0.100 8 | 2.978 5 | 1.591 5 | 0.616 2 |

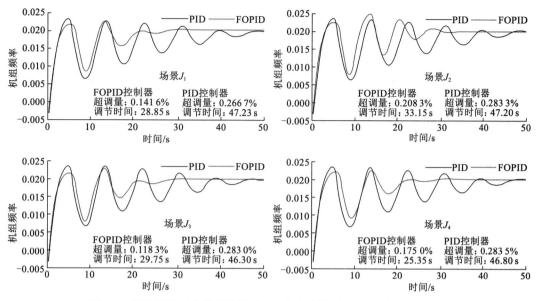

图 6.5　四种场景下空载频率扰动工况机组频率动态响应过程优化结果

　　由空载开机和空载频率扰动工况仿真实验对比分析可知, 与传统 PID 控制器相比本章提出的 FOPID 控制器对于抽水蓄能机组低水头空载工况具有较好的控制效果, 明显改善了机组运行在空载工况时的动态响应过程。

　　3）控制器鲁棒性分析

　　在工程实际中, 抽水蓄能机组调速系统是水–机–电耦合的复杂非线性系统, 水力、机械、电磁等因素的干扰对机组安全稳定运行造成十分不利的影响。因此, 设计的控制器需能满足各种不确定工况下的控制品质要求, 具有较强的鲁棒性。在高水头 "一管–双机" 布置的抽水蓄能电站, 引水管道布置长且结构复杂, 水力因素是影响机组运行稳定性和控制品质的主要因素。本节通过设置四组不同的水击时间常数 $T_w$, 对基于 FOPID 控制器的调速系统非线性模型进行空载开机控制优化的仿真实验。$T_w$ 分别为 1.3, 1.5, 1.7 和 1.9 时, 四种场景的仿真结果输出如图 6.6 和图 6.7 所示, 图 6.6 为机组频率响应的优化结果,

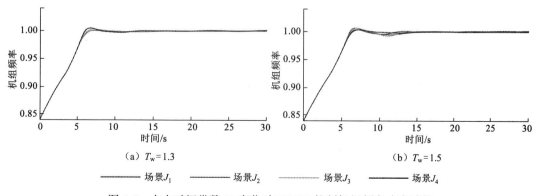

图 6.6　水击时间常数 $T_w$ 变化时 FOPID 控制机组频率响应过程

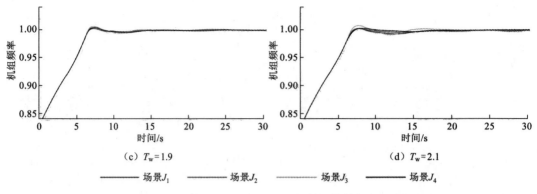

（c）$T_w$=1.9 　　　　　　　　　　　（d）$T_w$=2.1

场景$J_1$　　　　场景$J_2$　　　　场景$J_3$　　　　场景$J_4$

图 6.6　水击时间常数 $T_w$ 变化时 FOPID 控制机组频率响应过程（续）

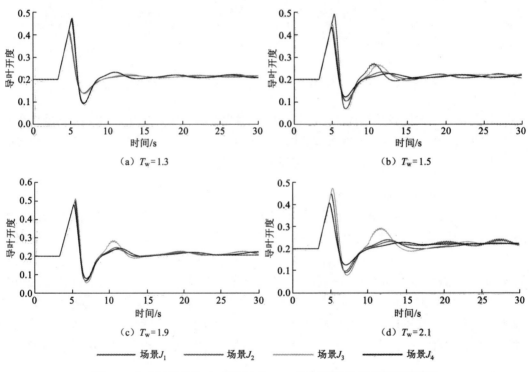

（a）$T_w$=1.3 　　　　　　　　　　　（b）$T_w$=1.5

（c）$T_w$=1.9 　　　　　　　　　　　（d）$T_w$=2.1

场景$J_1$　　　　场景$J_2$　　　　场景$J_3$　　　　场景$J_4$

图 6.7　水击时间常数 $T_w$ 变化时 FOPID 控制机组导叶开度过渡过程

图 6.7 为机组导叶开度动态过程的优化结果。由图可知，不论 $T_w$ 增大或减小，FOPID 控制均能使机组空载开机工况具有很好的过渡过程。同时，也进一步表明，所提 FOPID 控制器，在机组运行遭遇水力因素干扰时，可表现出较强的鲁棒性。

### 6.1.3　自适应快速模糊分数阶 PID 控制与参数优化

为进一步抑制抽水蓄能机组运行进入"S"区域时的转速振荡、提高机组控制品质，本节深入研究模糊控制、模糊推理理论，构建了符合工程实际控制要求的控制器模糊推理规则，并在研究提出的 FOPID 控制器的基础上，建立一种自适应快速模糊分数阶 PID 控制器（adaptive fast fuzzy fractional order PID，AFFFOPID）。相较于 FOPID 控制器，AFFFOPID 具有较多的控制参数，参数优化复杂，引入本节提出的改进 BCGSA 算法对所提控制器进行参数优化，参数优化后的仿真结果验证所提控制方法的有效性，也进一步佐证了 BCGSA 的普适性。

**1. 模糊控制理论**

在实际控制系统研究中，研究者发现绝大部分的实际控制系统是一个强非线性、时变、非最小相位的复杂系统，基于高精度确定模型的传统控制方法在实际物理系统控制研究中具有局限性。为解决非线性、复杂系统的优化控制难题，许多先进控制策略和智能控制理论被提出且得到快速发展，模糊控制是在这一背景下的众多控制理论成果中引起研究者广泛关注的智能控制方法之一。模糊控制是通过模仿人的模糊逻辑推理和决策过程，并将模糊控制集合、模糊语言变量以及模糊逻辑推理过程集成的一种智能控制方法，它的控制过程强烈依赖于计算机的计算性能。

模糊控制首先将控制对象研究领域的专家经验通过模糊语言变量构造模糊规则[256]，完成被控对象对实时采样信号的模糊化；模糊化后的数据作为模糊控制器的输入变量，按照构造的模糊规则进行模糊推理，推理结果即为模糊控制器输出；最后，将模糊控制器输出经去模糊化处理后施加到执行机构，实现对控制对象的智能化模糊控制过程。模糊控制的逻辑结构如图 6.8 所示，由此过程可知，模糊控制由四部分组成：模糊化、模糊规则知识库、模糊推理和去模糊化[257]。

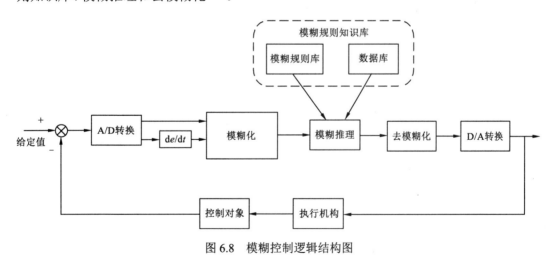

图 6.8 模糊控制逻辑结构图

1）模糊化

模糊化是将系统输入的精确量映射到输入论域上的模糊集合，进而得到模糊量。其具体过程介绍如下。

将控制系统的输入量进行处理，获得模糊控制器要求的输入量格式。一般的处理方法是将闭环的控制系统的输出与系统输入给定值的偏差值 $e$ 和偏差变化率 $e_c = de/dt$ 作为输入量；然后将符合要求的输入进行尺度变换，使其映射到各自输入论域上的模糊集合，再将论域范围内的输入量进行模糊化处理，进而得到模糊量。

在抽水蓄能机组调速系统模糊控制器设计时，将机组转速偏差 $e$ 和偏差变化率 $e_c$ 的模糊论域划分为[负大，负中，负小，零，正小，正中，正大]，分别用[NB，NM，NS，ZO，PS，NM，PB]表示。

2）模糊规则知识库

模糊规则知识库中包含了具体应用领域中的知识和要求的控制目标。模糊规则知识库由模糊规则库和数据库组成，包含了控制对象领域的知识和要求的控制性能。数据库中包含了所有语言变量的隶属度矢量值，如果论域为连续域，则为隶属度函数。同时，数据库还包括尺度变换因子和模糊空间的分级数。在抽水蓄能机组调速系统中，模糊 PID 控制器中数据库包括了机组转速输出与给定值的偏差 $e$ 和偏差量变化率 $e_c = de/dt$ 两个输入及模糊控制器的输出。

模糊规则库包含了在控制过程中应用的控制规则，这些规则是由总结专家的知识和熟练的操作员的丰富经验得来的。在推理过程中，向推理机提供控制规则。模糊控制规则是由一系列的"if then"型语句所构成的，如 if then，else，also，or，end 等。在抽水蓄能机组调速系统模糊控制中，一条模糊控制规则的语句如下

    if e is PB and e_c is NB, then ΔU is PB

模糊规则中 if 语句为"前件"，then 语句为"后件"。模糊控制规则中的前件和后件分别为模糊控制器的输入和输出的语言变量。模糊规则是决定模糊控制器性能的关键，其依赖于控制对象领域的专家经验、现场工程师的运行经验等，是模糊控制的核心部分。

3）模糊推理

模糊推理过程是依据模糊输入量，模拟人的模糊逻辑推理过程，通过制定的模糊控制规则完成模糊推理，进而求解模糊关系方程，最终获得模糊控制量。常用的模糊推理系统主要包括 Mamdani 模糊推理模型，Sugeno 模糊推理模型和 Tsukamoto 模糊推理模型。在工程实际中，考虑的控制系统的实时性要求，推理运算相对简单的 Mamdani 模糊推理模型应用最为广泛。

4）去模糊化

模糊推理过程获得的输出是一个模糊矢量，不能直接用于作为控制量来控制被控对象，需经去模糊化处理，转化为可用于实际控制的清晰量。具体过程如下。

（1）将模糊的控制量经清晰化变换，转换为可在论域范围内表示的清晰量；

（2）将表示在论域范围的清晰量经尺度变换，转换为实际的控制量。

常用的解模糊的方法有重心法、最大隶属度法、系数加权平均法、隶属度限幅元素平均法和中位数法。重心法具有计算精度较高、计算速度快的特点，应用最为广泛。当输

出变量的隶属度函数为连续时，去隶属度函数曲线与横坐标围成的面积的重心作为代表点 $u$，求解算法如式（6-21）。当输出变量的隶属度函数为离散单点时，则代表点 $u$ 选取如下

$$u = \frac{\int x u_N(x)\,\mathrm{d}x}{u_N(x)\,\mathrm{d}x} \qquad (6\text{-}21)$$

$$u = \frac{\sum x_i u_N(x_i)}{\sum u_N(x_i)} \qquad (6\text{-}22)$$

### 2. 自适应快速模糊分数阶 PID 控制器

模糊控制对复杂非线性、时变、滞后系统的良好控制以及控制器的强鲁棒性，加速了其在各领域的研究与应用。模糊 PID 是模糊控制器与 PID 算法的结合。类似的，模糊控制器与分数阶 PID 算法结合，则构成了模糊分数阶 PID。本小节基于一种由模糊分数阶 PD 和模糊分数阶 PI 控制器构成的模糊分数阶 PID 控制器，设计了一种适用于抽水蓄能机组调节控制的自适应快速模糊分数阶 PID 控制器，其结构如图 6.9 所示。由图 6.9 所示结构可知，机组转速 $x$ 和转速设定值 $x_c$ 之间的偏差 $e$ 和偏差分数阶变化率 $D^\mu e$ 为模糊控制器（fuzzy logic controller，FLC）的输入，$[K_e, K_D]$ 为输入的比例系数，$[K_{PI}, K_{PD}]$ 为模糊控制器输出的比例系数；进一步，为了提高控制器的控制率，导叶开度偏差跟踪环节被作用于控制器的积分环节；此外，转速偏差变化率的分数阶微分算子和控制器输出的分数阶积分算子 $[\mu, \lambda]$ 取代了传统 PID 控制的 $[1, 1]$，AFFFOPID 的控制规律如式（6-23）与式（6-24）所示。

$$\begin{aligned} u_{\mathrm{FLC\_FOPID}}(t) &= u_{\mathrm{FLC\_FOPI}}(t) + u_{\mathrm{FLC\_FOPD}}(t) \\ &= K_{\mathrm{PI}} \frac{\mathrm{d}^{-\lambda}(u_{\mathrm{FLC}}(t) + \Delta y)}{\mathrm{d}t^{-\lambda}} + K_{\mathrm{PD}} \cdot u_{\mathrm{FLC}}(t) \end{aligned} \qquad (6\text{-}23)$$

$$u_{\mathrm{FLC}}(t) = K_e \cdot e + K_D \cdot D^\mu e \qquad (6\text{-}24)$$

式中：$u_{\mathrm{FLC}}$ 为模糊控制器输入；$\Delta y$ 为导叶开度反馈与给定值之间的偏差；$u_{\mathrm{FLC\_FOPI}}$ 为积分环节输出；$u_{\mathrm{FLC\_FOPD}}$ 为比例环节输出；$u_{\mathrm{FLC\_FOPID}}$ 为调速器执行机构环节输入。

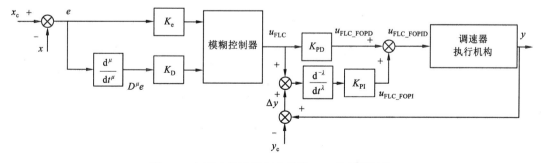

图 6.9　自适应快速模糊分数阶 PID 控制器结构

　　AFFFOPID 控制器中分数阶计算方法选用了分数阶控制领域中应用最为广泛的 Oustaloup 滤波器近似算法。为了更好地获得计算精度与时间的平衡,选用了五阶 Oustaloup 递推近似,拟合频率带宽 $\omega \in [10^{-2}, 10^{2}]$。通过基于模糊规则建立输入与输出之间的非线性映射,以此来完成 AFFFOPID 控制器的模糊推理过程。

　　由 AFFFOPID 控制器的逻辑结构可知,模糊推理过程为两输入–单输出系统,依据抽水蓄能机组调速系统控制实际工程应用和经验,建立了如表 6.3 所示的七段、二维线性化 7×7 模糊规则。考虑三角形隶属度函数的计算简单、便于工程实现的特点,模糊推理系统的三个变量均选用均匀分布的三角形隶属度函数,如图 6.10 所示,隶属度函数重叠度为 50%。此外,在模糊控制器去模糊化过程采用了在模糊控制领域应用广泛的重心法。图 6.11 所示为 FLC 非线性推理规则的三维曲面。

**表 6.3　系统误差、误差分数阶微分以及 FLC 输出的模糊规则表**

| $\dfrac{\mathrm{d}^{\mu}e}{\mathrm{d}^{\mu}t}$ | $e$ | | | | | | |
| :---: | :---: | :---: | :---: | :---: | :---: | :---: | :---: |
| | NL | NM | NS | ZO | PS | PM | PL |
| PL | ZO | PS | PM | PL | PL | PL | PL |
| PM | NS | ZO | PS | PM | PL | PL | PL |
| PS | NM | NS | ZO | PS | PM | PL | PL |
| ZO | NL | NM | NS | ZO | PS | PM | PL |
| NS | NL | NL | NM | NS | ZO | PS | PM |
| NM | NL | NL | NL | NM | NS | ZO | PS |
| NL | NL | NL | NL | NL | NM | NS | ZO |

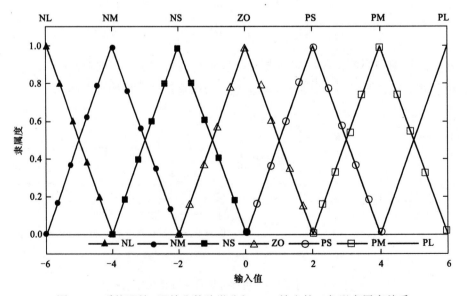

图 6.10　系统误差、误差分数阶微分与 FLC 输出的三角形隶属度关系

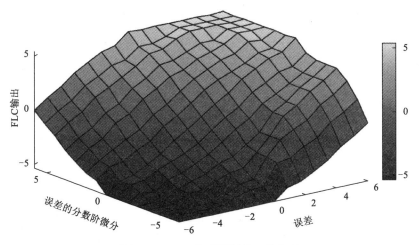

图 6.11　FLC 推理规则的三维曲面

### 3．仿真实例验证与结果分析

为验证本节所提 AFFFOPID 控制器的有效性，替换模型中的控制器环节构造基于 AFFFOPID 的非线性仿真模型，对中水头（$H_w$=193 m）、低水头（$H_w$=198 m）空载开机和孤网空载频率扰动进行仿真实验。由图 6.12 可知，AFFFOPID 中需要进行优化的控制参数为 $[K_e, K_D, K_{PI}, K_{PD}, \mu, \lambda]$，待优化的参数多，增加了控制参数的优化难度。为提高参数优化的效率，采用 BCGSA 进行控制器参数优化，并将优化结果与 FOPID、传统 PID 控制进行比较。进一步，为了证明 BCGSA 在控制参数优化时的性能，将 BCGSA 结果与 PSO 和标准 GSA 算法进行对比，选用场景 1 函数 $J_1$ 作为优化目标函数。

为了规避智能优化算法的随机性，控制优化结果为进行 30 次优化后的结果平均值。同时，为了保证算法对比实验的公平性与合理性，设置 3 种算法的种群数量为 20，最大迭代次数为 500 代，算法的其他参数设置如下。

PSO：$\omega$=0.6，$c_1$=$c_2$=2.0；

GSA：$G_0$=30，$\beta$=10；

BCGSA：$G_0$=30，$\beta$=10，$c_1$=$c_2$=2.0，$N_c$=5，$N_s$=5。

PID 控制器的控制参数的阈值范围 $\{K_P, K_I, K_D\} \in [0, 15]$，FOPID 控制器的控制参数的阈值范围 $\{K_P, K_I, K_D\} \in [0, 15]$，$\{\lambda, \mu\} \in [0, 2]$，AFFFOPID 控制器的控制参数的阈值范围 $\{K_e, K_d, K_{PD}, K_{PI}\} \in [0, 15]$，$\{\lambda, \mu\} \in [0, 2]$。

1）空载开机工况

在空载开机工况控制优化仿真实验过程中，将 AFFFOPID 控制与传统 PID 和本章提出的 FOPID 进行优化结果对比。表 6.4 显示了机组分别在 193 m 和 198 m 水头空载开机过程的三种控制器参数优化结果以及对应的目标函数 $J_1$ 的最小适应值。由表 6.4 可知，AFFFOPID 在两种运行条件下均具有较好的 $J_{1min}$。依据表中的参数优化结果，代入相应的仿真模型得到的机组转速响应输出如图 6.12 所示，图 6.12 表明，采用 AFFFOPID 控制的机组具有更好的过渡过程动态品质,机组中水头、低水头空载开机过程机组频率的超调量和稳态误差也最小,在 $H_w$=198 m 时,超调量更是达到 0.04%,稳态误差为 0.05%。

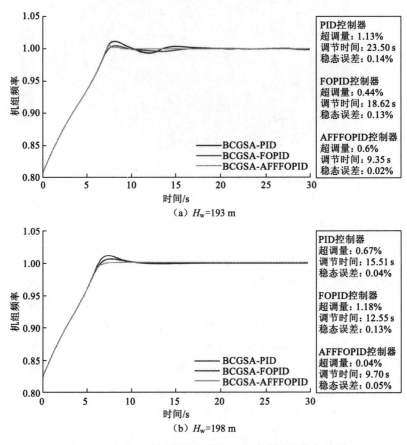

图 6.12 空载开机过程机组频率动态响应过程优化结果

**表 6.4 调速系统空载开机工况控制器优化结果**

| $H_w$/m | 控制器类型 | $J_{1min}$ | 控制器参数 | | | | | |
| --- | --- | --- | --- | --- | --- | --- | --- | --- |
| | | | $K_P$ | $K_I$ | $K_D$ | — | — | — |
| | | | $K_P$ | $K_I$ | $K_D$ | $\lambda$ | $\mu$ | — |
| | | | $K_e$ | $K_D$ | $K_{PI}$ | $K_{PD}$ | $\lambda$ | $\mu$ |
| | PID | 39.195 3 | 13.202 9 | 0.290 0 | 2.865 6 | — | — | — |
| 193 | FOPID | 39.087 4 | 7.157 3 | 0.065 0 | 4.419 1 | 1.173 3 | 0.493 7 | — |
| | AFFFOPID | 38.994 1 | 11.546 9 | 3.865 1 | 1.793 3 | 4.173 2 | 1.191 6 | 0.565 2 |
| | PID | 36.397 8 | 8.233 9 | 0.147 5 | 4.992 0 | — | — | — |
| 198 | FOPID | 36.440 5 | 7.309 7 | 0.070 4 | 2.315 9 | 1.225 2 | 0.667 3 | — |
| | AFFFOPID | 36.161 6 | 8.348 1 | 4.370 8 | 0.079 1 | 4.032 0 | 1.000 2 | 1.103 3 |

2）空载频率扰动工况

为更进一步验证 AFFFPOID 在抽水蓄能机组调速系统中的控制效果，有必要进行不同工况下的控制仿真实验。表 6.5 为机组在空载频率扰动时的三种控制器参数优化结果以及对应的目标函数 $J_1$ 的最小适应值。图 6.13 为参数优化结果仿真得到的机组转速响应输出。表 6.5 和图 6.13（a）和（b）表明，采用 AFFFOPID 控制的机组具有更好的过渡过程动态过程，机组中、低水头频率扰动时机组频率控制的超调量和调节时间都明显小于其他两种控制优化的结果。同时可以看出，AFFFOPID 比 FOPID 更有效地抑制了机组频率的振荡，更进一步提高了机组在中、低水头的控制品质。

**表 6.5　调速系统空载频率扰动工况控制器优化结果**

| $H_w$/m | 控制器类型 | $J_{1min}$ | 控制器参数 | | | | | |
| --- | --- | --- | --- | --- | --- | --- | --- | --- |
| | | | $K_P$ | $K_I$ | $K_D$ | — | — | — |
| | | | $K_P$ | $K_I$ | $K_D$ | $\lambda$ | $\mu$ | — |
| | | | $K_e$ | $K_D$ | $K_{PI}$ | $K_{PD}$ | $\lambda$ | $\mu$ |
| 193 | PID | 1.412 3 | 9.065 1 | 0.583 9 | 5.394 7 | — | — | — |
| | FOPID | 0.649 6 | 5.173 3 | 0.087 16 | 3.386 3 | 1.653 6 | 0.641 7 | — |
| | AFFFOPID | 0.459 8 | 2.602 9 | 4.028 2 | 0.187 1 | 2.313 2 | 0.816 2 | 1.541 2 |
| 198 | PID | 1.180 1 | 7.526 3 | 0.661 0 | 4.750 6 | — | — | — |
| | FOPID | 0.693 4 | 8.564 3 | 0.033 0 | 4.860 0 | 0.889 8 | 0.802 8 | — |
| | AFFFOPID | 0.642 7 | 1.988 9 | 4.449 6 | 1.229 0 | 3.993 7 | 0.955 8 | 1.151 8 |

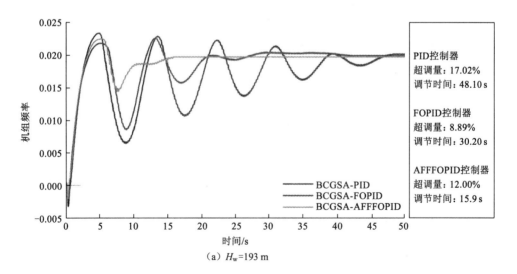

（a）$H_w$=193 m

图 6.13　空载频率扰动工况机组频率动态响应过程优化结果

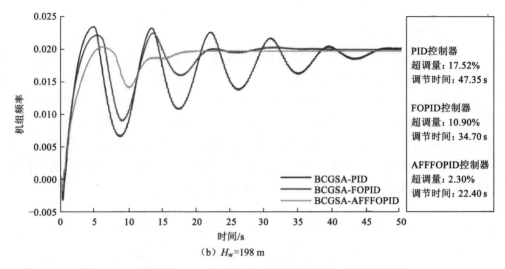

（b）$H_w$=198 m

图 6.13　空载频率扰动工况机组频率动态响应过程优化结果（续）

总结上述空载开机和空载频率扰动工况仿真实验和对比分析结果，与 PID 和 FOPID 相比，AFFFOPID 控制使得运行在中、低水头的机组具有满意的动态过渡过程。进一步分析总结，AFFFOPID 具有如下优势：机组导叶开度偏差跟踪环节使得控制器快速抑制了机组在"S"特性区域的振荡，提高了控制效率；模糊推理环节与分数阶 PI 和分数阶 PD 环节的结合，使得控制器在控制过程中具有自适应性；分数阶算子[$\mu, \lambda$]，提高了控制器的可调性。因此，通过合理的优化目标函数设计和高效的智能优化算法，AFFFOPID 可以获得比传统控制方法更好的控制效果。

3）控制器鲁棒性分析

$T_w$ 分别为 1.3，1.5，1.7 和 1.9 时开机过程的机组频率和导叶开度过渡过程优化结果如图 6.14 和 6.15 所示。由图可知，不论 $T_w$ 增大或减小，AFFFOPID 控制均能使机组空载开机工况具有很好的过渡过程。在机组运行遭遇水力因素干扰时，AFFFOPID 控制器具有较强的鲁棒性。

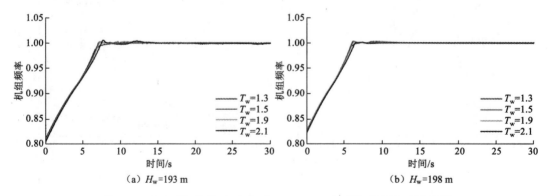

（a）$H_w$=193 m　　　　　　　　　　　　（b）$H_w$=198 m

图 6.14　水击时间常数 $T_w$ 变化时 AFFFOPID 控制机组频率过渡过程

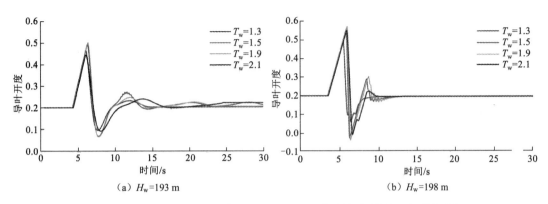

图 6.15　水击时间常数 $T_w$ 变化时 AFFFOPID 控制机组导叶开度过渡过程

**4）控制参数优化 BCGSA 性能分析**

BCGSA 算法被用于上述控制参数优化仿真实验中,为了进一步验证 BCGSA 算法的寻优能力,将空载开机和频率扰动工况 AFFFOPID 控制参数 BCGSA 优化过程的目标函数适应值收敛曲线与 PSO 和 GSA 进行对比分析。图 6.16 和图 6.17 所示为两种工况的智能算法进行控制参数优化的过程对比,从图中可以看出,BCGSA 在迭代过程中能迅速收敛,且能得到比 PSO 和 GSA 更优的目标函数适应值。具体而言,在 AFFFOPID 控制参数优化过程中,PSO 具有更好的全局搜索能力,但是收敛速度慢;GSA 则较易进入了局部最优。同时,智能算法控制参数优化结果对比也进一步证明,本节提出的改进的 BCGSA,在控制参数寻优求解时,也表现出较好的性能。

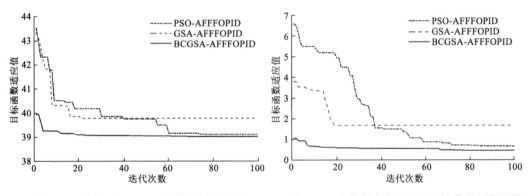

图 6.16　空载开机工况平均收敛过程比较　　　图 6.17　空载频率扰动工况平均收敛过程比较

本节针对抽水蓄能机组在中、低水头空载开机和空载频率扰动工况时,易运行进入"S"特性区域,进而引起机组在额定频率附近振荡的问题,引入分数阶微积分和模糊控制的思想,分别建立了适用于抽水蓄能机组中、低水头空载工况运行的分数阶 PID 控制器和自适应快速模糊分数阶 PID 控制器,仿真实验结果表明,所提方法显著提高了机组的控制品质。研究工作总结如下。

（1）与传统 PID 控制相比,机组运行在低水头空载工况时,FOPID 控制使得机组具有较好的过渡过程动态性能,FOPID 较好地调节控制了机组低水头空载工况的转速波动,有效抑制了"S"特性区域对机组空载稳定的不利影响。同时,FOPID 控制器具有较强的鲁棒性。进一步,FOPID 控制作为特殊的 PID 控制方法,为其工程实现奠定了良好的理论基础,在与传统 PID 控制相同的硬件条件下,只需改变软件就可以实现不同阶次的 PID 控制,具有广泛的工程应用前景。

（2）为进一步改善抽水蓄能机组的控制品质,本节基于模糊分数阶 PI 和分数阶 PD 控制,建立了抽水蓄能机组调速系统 AFFFOPID 控制器。通过与 PID 和 FOPID 的仿真对比结果表明,AFFFOPID 的机组导叶开度偏差跟踪环节使得控制器快速抑制了机组在"S"特性区域的转速振荡,提高了控制效率;模糊推理环节与分数阶控制环节的结合,使得控制器在控制过程中具有自适应能力;与传统的模糊 PID 控制相比,分数阶算子[$\mu$, $\lambda$]的引入,提高了控制器的可调性。AFFFOPID 的上述优势,实现了抽水蓄能机组空载工况控制品质和过渡过程性能的进一步改善。

（3）针对标准 GSA 引入的改进策略,在控制器参数优化中得到了进一步验证,BCGSA 在处理 AFFFOPID 多维控制参数寻优求解问题时,同样表现出了较好的全局搜索能力和快速收敛特性,说明 BCGSA 在处理各种优化问题时具有较好的普适性。

# 6.2　抽水蓄能机组模糊控制器参数优化

可逆式抽水蓄能机组调速系统是一个复杂非线性系统,为提高抽水蓄能机组的控制效果,研究尝试将模糊 PID 控制器引入到抽水蓄能机组控制,由于被控对象的复杂非线性,且经常在多种工况下进行工作,但常规的模糊 PID 控制的隶属度函数是一套在前期工作中就已经确定不变的,针对该被控对象并不能达到很好的控制效果,为了适应不同工况下,能得到较好的控制效果,进一步提出一种改进引力搜索算法对模糊 PID 控制器的隶属度函数进行搜索优化,解决模糊 PID 控制器的参数优化整定问题。为验证所提方法的有效性,建立了洪屏抽水蓄能电站机组的仿真平台,设计了空载频率扰动试验,对比了分别采用 PID,非线性 PID（nonlinear PID, NPID）和模糊 PID（fuzzy-PID）控制并运用不同优化方法进行控制参数优化的控制效果,试验结果验证了所提方法的有效性。

## 6.2.1　模糊 PID 控制器

本节中设计的模糊 PID 控制器是一种基于模糊逻辑推理的 PID 控制器。其中控制参数由 $K_P$、$K_I$、$K_D$ 与 $e$（转轮转速跟踪误差）、$e_c$（跟踪偏差变化率）之间的模糊关系确定。控制器结构如图 6.18 所示。在控制过程中,控制器参数根据模糊逻辑规则在线更新。在使 PID 控制参数向着有利于系统稳定性和控制性能的原则下,对模糊规则进行在线更新和测试。

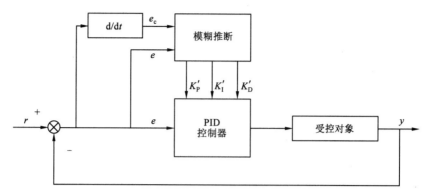

图 6.18 模糊 PID 控制结构

在图 6.18 中，模糊 PID 控制器由一个基本 PID 控制器和一个自适应调整 PID 控制参数的模糊逻辑控制部分组成。跟踪偏差和偏差变化率是模糊逻辑控制部分的输入，PID 参数的变化为其输出。在确定的模糊逻辑规则条件下，通过去模糊化方法计算 PID 控制器参数。

基于这些模糊规则对 PID 控制器参数进行动态调整。设定初始的 PID 参数：$K_{P0}$，$K_{I0}$，$K_{D0}$，$t$ 时刻的 PID 参数可以通过下式计算

$$\begin{cases} K_P(t) = K_{P0} + K_P'(t) \\ K_I(t) = K_{I0} + K_I'(t) \\ K_D(t) = K_{D0} + K_D'(t) \end{cases} \tag{6-25}$$

和传统 PID 控制器参数通过元启发式算法进行优化一样，初始的 PID 参数通过优化方法来进行设定。

通过以下模糊"if then"规则来推导 PID 控制器参数的变化。

$R^{(1)}$: if $x_1$ is $F_1^l$ and $\cdots$ and $x_n$ is $F_n^l$, then $y$ is $G^l$

$x$ 和 $y$ 表示输入和输出参数；$F, G \in \{NB, NM, NS, Z, PS, PM, PB\}$ 表示模糊子集。根据实际工程应用和经验，模糊规则表设定见表 6.6～表 6.8。

表 6.6 $K_P$ 的模糊规则

| $e_c$ | $e$ | | | | | | |
|---|---|---|---|---|---|---|---|
| | NB | NM | NS | Z | PS | PM | PB |
| NB | PB | PB | PM | PM | PS | Z | Z |
| NM | PB | PB | PM | PS | PS | Z | NS |
| NS | PM | PM | PM | PS | Z | NS | NS |
| Z | PM | PM | PS | Z | NS | NM | NM |
| PS | PS | PS | Z | NS | NS | NM | NM |
| PM | PS | Z | NS | NM | NM | NM | NB |
| PB | Z | Z | NM | NM | NM | NB | NB |

表 6.7 $K_I$ 的模糊规则

| $e_c$ | e | | | | | | |
|---|---|---|---|---|---|---|---|
| | NB | NM | NS | Z | PS | PM | PB |
| NB | NB | NB | NM | NM | NS | Z | Z |
| NM | NB | NB | NM | NS | NS | Z | Z |
| NS | NB | NM | NS | NS | Z | PS | PS |
| Z | NM | NM | NS | Z | PS | PM | PM |
| PS | NM | NS | Z | PS | PS | PM | PB |
| PM | Z | Z | PS | PS | PM | PB | PB |
| PB | Z | Z | PS | PM | PM | PB | PB |

表 6.8 $K_D$ 的模糊规则

| $e_c$ | e | | | | | | |
|---|---|---|---|---|---|---|---|
| | NB | NM | NS | Z | PS | PM | PB |
| NB | PS | NS | NB | NB | NB | NM | PS |
| NM | PS | NS | NB | NM | NM | NS | Z |
| NS | Z | NS | NM | NM | NS | NS | Z |
| Z | Z | NS | NS | NS | NS | NS | Z |
| PS | Z | Z | Z | Z | Z | Z | Z |
| PM | PB | NS | PS | PS | PS | PS | PB |
| PB | PB | PM | PM | PM | PS | PS | PB |

根据水轮机控制系统的运行情况, 模糊推理的输入和输出设定为七个等级, 分别为: NB, NM, NS, ZO, PS, PM, PB (分别表示负大, 负中, 负小, 零, 正小, 正中, 正大)。由于输入和输入均是模糊变量, 所以基于模糊逻辑控制理论设计控制器。输入和输出变量的隶属度函数如图 6.19 所示。

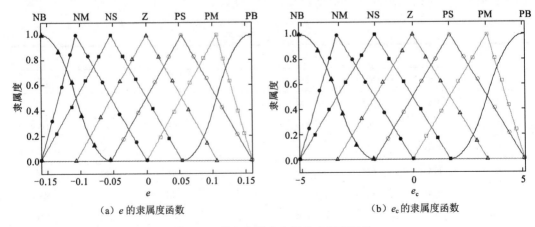

（a）e 的隶属度函数　　　　　　（b）$e_c$ 的隶属度函数

图 6.19　输入和输出变量的隶属度函数

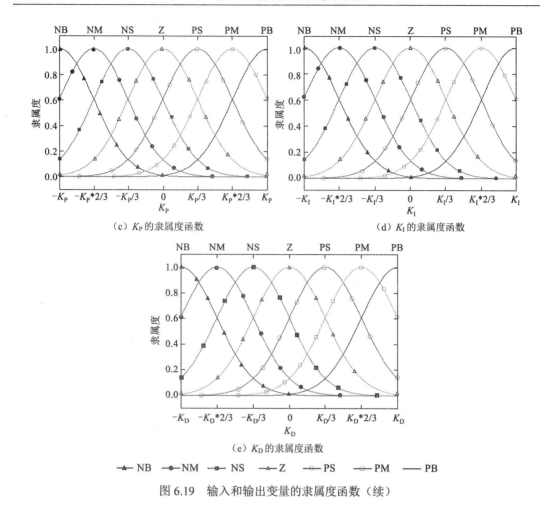

（c）$K_P$ 的隶属度函数　　　　　　　　（d）$K_I$ 的隶属度函数

（e）$K_D$ 的隶属度函数

──▲── NB　──●── NM　──■── NS　──△── Z　──○── PS　──□── PM　──── PB

图 6.19　输入和输出变量的隶属度函数（续）

　　输入变量 $e$ 和 $e_c$ 采用相同的隶属度函数形式。如图 6.19 所示：NB 采用 S 形隶属度函数，PB 采用 Z 形隶属度函数，NM、NS、Z、PS、PM 是三角形隶属度函数。类似地，由于这种隶属度函数的平滑性，且在所有点上均不为零，所以我们用高斯隶属度函数来描述输出的模糊性。而且可能更适合描述复杂的模糊关系。高斯隶属度函数有两个关键的参数：位置参数和尺度参数，分别表示曲线的中点位置和宽度。在本部分，曲线的中点位置和宽度被定义为优化变量，如下所示

$$\text{center} = (\text{cen}_P, \text{cen}_I, \text{cen}_D)^T$$

$$\text{width} = \begin{bmatrix} \text{wid}_P^{NB}, \text{wid}_P^{NM}, \text{wid}_P^{NS}, \text{wid}_P^{Z}, \text{wid}_P^{PS}, \text{wid}_P^{PM}, \text{wid}_P^{PB} \\ \text{wid}_I^{NB}, \text{wid}_I^{NM}, \text{wid}_I^{NS}, \text{wid}_I^{Z}, \text{wid}_I^{PS}, \text{wid}_I^{PM}, \text{wid}_I^{PB} \\ \text{wid}_D^{NB}, \text{wid}_D^{NM}, \text{wid}_D^{NS}, \text{wid}_D^{Z}, \text{wid}_D^{PS}, \text{wid}_D^{PM}, \text{wid}_D^{PB} \end{bmatrix}$$

式中：$\text{cen}_u, u \in \{P, I, D\}$ 为 $K_u$ 的隶属度函数的中心位置，同时每个状态可以分为中心值、2/3 的中心值和 1/3 的中心值如图 6.19（c）～（e）所示。另外，$\text{wid}_u^r$ 表示 $K_u$ 的状态 $r$ 的宽度。抽水蓄能机组水泵水轮机调节系统整体模型如图 6.20 所示。

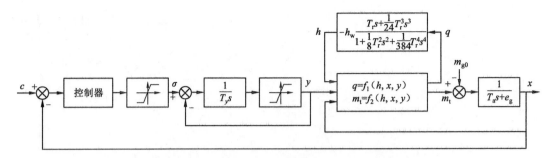

图 6.20　抽水蓄能机组水泵水轮机调节系统整体模型

## 6.2.2　基于 GSA-CW 的 fuzzy-PID 参数优化

采用常用的离散形式 ITAE 指标最为控制参数优化的目标函数，其定义如式（3-10）。运用 GSA-CW 优化 fuzzy-PID，其优化变量为高斯隶属度函数。同时与 PID 与 NPID 对比，三种控制器的优化变量如表 6.9 所示。

**表 6.9　控制器参数**

| 控制器 | 参数 |
|---|---|
| PID 控制器 | $p=(K_P, K_I, K_D)^T$ |
| NPID 控制器 | $p^{nl}=(a_p, b_p, c_p, a_d, b_d, c_d, d_d, a_i, c_i)^T$ |
| fuzzy-PID 控制器 | $\text{center}=(\text{cen}_P, \text{cen}_I, \text{cen}_D)^T$<br><br>$\text{width}=\begin{bmatrix} \text{wid}_P^{NB}, \text{wid}_P^{NM}, \text{wid}_P^{NS}, \text{wid}_P^{Z}, \text{wid}_P^{PS}, \text{wid}_P^{PM}, \text{wid}_P^{PB} \\ \text{wid}_I^{NB}, \text{wid}_I^{NM}, \text{wid}_I^{NS}, \text{wid}_I^{Z}, \text{wid}_I^{PS}, \text{wid}_I^{PM}, \text{wid}_I^{PB} \\ \text{wid}_D^{NB}, \text{wid}_D^{NM}, \text{wid}_D^{NS}, \text{wid}_D^{Z}, \text{wid}_D^{PS}, \text{wid}_D^{PM}, \text{wid}_D^{PB} \end{bmatrix}$ |

以洪屏抽水蓄能电站机组调节系统为研究对象，建立水泵水轮机调节系统仿真模型，进行空载开度频率扰动试验。该仿真模型控制器设置为 PID 控制，NPID 控制和 fuzzy-PID 控制。采用 GSA-CW，GSA 和 PSO 对 PID，NPID 和 fuzzy-PID 控制器进行优化，在三种不同管道特征参数下，首先比较三种不同控制器的控制效果，实验结果如表 6.10～表 6.12 和图 6.21 所示。

**表 6.10　不同优化算法 PID 控制器的控制效果**

| | | 优化方法 | | | | | | | | |
|---|---|---|---|---|---|---|---|---|---|---|
| | | PSO | | | GSA | | | GSA-CW | | |
| 参数 | | $H_w=0.6$ | $H_w=0.9$ | $H_w=1.4$ | $H_w=0.6$ | $H_w=0.9$ | $H_w=1.4$ | $H_w=0.6$ | $H_w=0.9$ | $H_w=1.4$ |
| 中间值 | ITAE | 0.345 | 0.371 | 0.432 | 0.342 | 0.350 | 0.405 | 0.342 | 0.350 | 0.405 |
| | 超调量/% | 2.7 | 3.46 | 4.60 | 3.83 | 2.62 | 2.08 | 3.83 | 2.62 | 2.08 |
| | 稳定时间/s | 7.3 | 5.7 | 9.9 | 7.9 | 6.6 | 7.1 | 7.9 | 6.6 | 7.1 |

续表

| 参数 | | 优化方法 | | | | | | | | |
| --- | --- | --- | --- | --- | --- | --- | --- | --- | --- | --- |
| | | PSO | | | GSA | | | GSA-CW | | |
| | | $H_w$=0.6 | $H_w$=0.9 | $H_w$=1.4 | $H_w$=0.6 | $H_w$=0.9 | $H_w$=1.4 | $H_w$=0.6 | $H_w$=0.9 | $H_w$=1.4 |
| 最优值 | ITAE | 0.344 | 0.353 | 0.407 | 0.342 | 0.350 | 0.405 | 0.342 | 0.350 | 0.405 |
| | 超调量/% | 4.06 | 2.94 | 1.44 | 3.83 | 2.62 | 2.08 | 3.83 | 2.62 | 2.08 |
| | 稳定时间/s | 7.3 | 7.5 | 7.2 | 7.9 | 6.6 | 7.1 | 7.9 | 6.6 | 7.1 |

**表 6.11　不同优化算法 NPID 控制器的控制效果**

| 参数 | | 优化方法 | | | | | | | | |
| --- | --- | --- | --- | --- | --- | --- | --- | --- | --- | --- |
| | | PSO | | | GSA | | | GSA-CW | | |
| | | $H_w$=0.6 | $H_w$=0.9 | $H_w$=1.4 | $H_w$=0.6 | $H_w$=0.9 | $H_w$=1.4 | $H_w$=0.6 | $H_w$=0.9 | $H_w$=1.4 |
| 中间值 | ITAE | 0.369 | 0.370 | 0.421 | 0.342 | 0.350 | 0.450 | 0.342 | 0.350 | 0.406 |
| | 超调量/% | 7.33 | 6.99 | 5.99 | 3.83 | 2.62 | 2.08 | 3.83 | 2.61 | 2.07 |
| | 稳定时间/s | 9.4 | 7.8 | 7.3 | 7.9 | 6.6 | 7.1 | 7.9 | 6.6 | 7.1 |
| 最优值 | ITAE | 0.343 | 0.353 | 0.408 | 0.342 | 0.350 | 0.405 | 0.342 | 0.350 | 0.405 |
| | 超调量/% | 3.81 | 4.25 | 2.58 | 3.83 | 2.62 | 2.08 | 3.82 | 2.61 | 2.05 |
| | 稳定时间/s | 7.3 | 6.6 | 7.2 | 7.9 | 6.6 | 7.1 | 7.9 | 6.6 | 7.1 |

**表 6.12　不同优化算法 fuzzy-PID 控制器的控制效果**

| 参数 | | 优化方法 | | | | | | | | |
| --- | --- | --- | --- | --- | --- | --- | --- | --- | --- | --- |
| | | PSO | | | GSA | | | GSA-CW | | |
| | | $H_w$=0.6 | $H_w$=0.9 | $H_w$=1.4 | $H_w$=0.6 | $H_w$=0.9 | $H_w$=1.4 | $H_w$=0.6 | $H_w$=0.9 | $H_w$=1.4 |
| 中间值 | ITAE | 0.329 | 0.349 | 0.390 | 0.317 | 0.329 | 0.378 | 0.307 | 0.324 | 0.373 |
| | 超调量/% | 3.81 | 2.60 | 1.49 | 2.98 | 1.55 | 1.17 | 0.72 | 0.31 | 0.34 |
| | 稳定时间/s | 6.8 | 6.6 | 7.5 | 8.6 | 7.1 | 7.5 | 4.6 | 4.9 | 6.3 |
| 最优值 | ITAE | 0.304 | 0.322 | 0.373 | 0.303 | 0.322 | 0.370 | 0.298 | 0.321 | 0.368 |
| | 超调量/% | 2.02 | 1.21 | 1.19 | 0.59 | 0.26 | 0.33 | 0.36 | 0.37 | 0.25 |
| | 稳定时间/s | 8.8 | 7.0 | 7.6 | 3.6 | 4.8 | 6.2 | 2.8 | 4.09 | 6.3 |

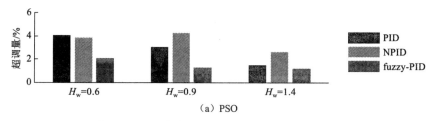

图 6.21　三种算法对 fuzzy-PID 控制器的优化效果

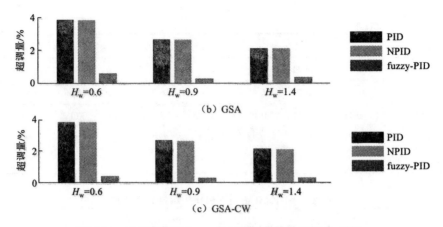

（b）GSA

（c）GSA-CW

图 6.21　三种算法对 fuzzy-PID 控制器的优化效果（续）

　　为了测试所提出的 GSA-CW 算法的性能，在三种不同管道特征参数下，比较 PSO、GSA、GSA-CW 三种算法对 fuzzy-PID 控制器的优化效果，试验结果如图 6.22、图 6.23。

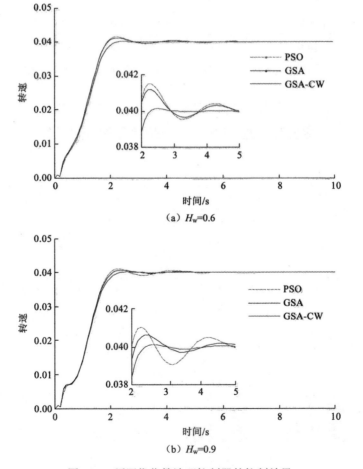

（a）$H_w$=0.6

（b）$H_w$=0.9

图 6.22　不同优化算法下控制器的控制效果

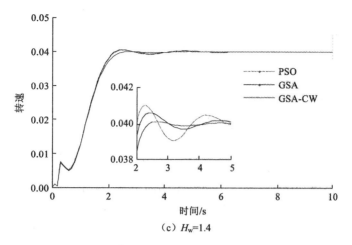

（c）$H_w=1.4$

图 6.22　不同优化算法下控制器的控制效果（续）

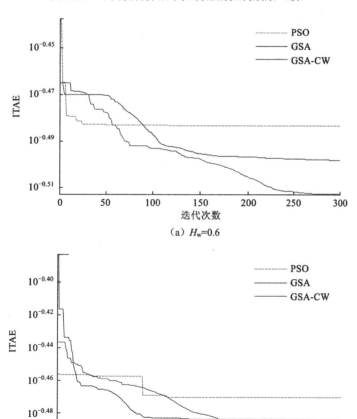

（a）$H_w=0.6$

（b）$H_w=0.9$

图 6.23　不同优化算法的收敛过程比较

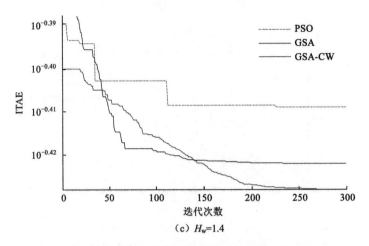

（c）$H_w = 1.4$

图 6.23　不同优化算法的收敛过程比较（续）

　　对比 PID、NPID 和 fuzzy-PID 结果，可以发现 fuzzy-PID 控制效果均优于 PID 控制和 NPID 控制，稳定时间和超调量等控制指标提升明显，说明 fuzzy-PID 在抽水蓄能机组控制中具有更好的应用前景。从试验结果可以看出，对比不同算法的优化结果可以发现，GSA-CW 优化效果优于 GSA 和 PSO，验证了 GSA-CW 在控制参数优化中的优异性能。

# 第 $7$ 章　抽水蓄能机组水轮机工况开机规律优化

抽水蓄能机组在静止工况下接收到水轮机工况开机指令后，调速器即进入相应的开机程序，按照一定的规律将导叶打开，控制机组向水轮机方向启动[258]。当调速器空载开度设置不合理时，就会使机组开机后转速过高甚至无法启动，延长开机时间。我国大多数抽水蓄能机组水轮机工况开机方法均沿用传统水电机组开机方法，一般采用"开环＋闭环"模式[259-264]，即开机初段不引入转速反馈信号，控制系统开环，调速器按照一定规律控制导叶开启，待机组转速上升至额定转速附近，再引入转速反馈信号，调速器按照闭环控制规律（一般为 PID 控制）调节机组转速至额定转速，待定并网。

抽水蓄能机组的开机过程时间取决于开机控制规律。在保证系统稳定性的前提下，选取最优的开机控制策略，对缩短开机过程时间具有十分重要的意义[265]。由于抽水蓄能机组在电力系统中承担着削峰填谷、调频调相和事故备用任务，开停机比较频繁，如果能加速机组的开机过程，实现快速平稳开机并网，将大大改善机组的动态特性，提高电网的稳定性，增加抽水蓄能电站的经济效益。

## 7.1　一段式开机

第一种开机策略为一段式开机[260]，在水轮机开启过程中，先将导叶开启至空载开度，使机组的转速逐渐升高到额定频率的 90%，再切换到 PID 控制，待机组转速稳定后再进行并网。这种开机方式因导叶的控制开度为空载开度，所以机组转速在接近额定转速时不容易出现超调，但由于抽水蓄能机组水头变化范围较大，精确控制和调节导叶开度比较困难，从而导致开机时间较长。此外，机组的转速变化与其惯性时间常数 $T_a$ 有关，机组的 $T_a$ 越大，转速变化越慢，开机时间就越长。因此，这种开机方式对于机组惯性时间常数比较大、要求有快速响应能力的抽水蓄能机组来说，显然不能满足要求。

采用一段式开机策略，投入 PID 控制前的导叶开度变化规律如图 7.1 所示。其中导叶开度手动上升的最大值 $y_c$ 以及上升时间 $t_c$ 可作为待优化参数，即 $X=[y_c, t_c]$。研究对象抽水蓄能机组的空载开度约为 0.131 4，导叶最快为 27 s 全开，若按照常规方案不进行优化则取 $y_c=0.131\ 4$，$t_c=27y_c$。

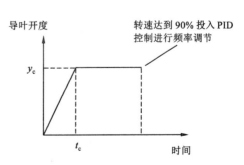

图 7.1　一段式开机导叶变化过程

# 7.2　两段式开机

第二种开机策略是目前普遍采用的两段式开机策略[261]。当调速器接到开机指令后，先以最快速度将导叶迅速开启到启动开度（启动开度约为空载开度的 2 倍），并保持这一开度不变，这时机组的转速和频率迅速上升，当频率升至某一设定值 $f_c$（$f_c$ 一般为额定频率的 60%）时，立即将导叶的开度限制调整到空载开度限制，待机组转速上升到额定转速的 90% 时投入 PID 调节控制，直到机组频率升至额定频率并逐渐稳定。这种开机方式由于导叶的初始启动开度较大，机组转速和频率上升很快，可以缩短开机时间。这种开机控制方式的不足之处有三点。一是启动开度的选取与机组的空载开度密切相关，空载开度又是水头的函数，目前抽水蓄能电站使用的空载开度–水头关系曲线有的由转轮模型曲线转换得出，有的基于历史运行数据，不可避免存在偏差，由于抽水蓄能机组水头变化范围较大，当实际水头和设定水头偏差较大时，通过插值计算出的空载开度将与实际值偏差较大，就会造成启动开度的选取失准；二是启动开度的选取比较盲目，启动开度选取过小则开机速度缓慢，过大则易产生过调，启动开度为空载开度的两倍不一定最优，也并不适用于所有机组，若第一段启动开度太大、机组升速过快，会产生较大的超调量；三是这种开机方式当导叶从较大的启动开度突然降到较小的空载开度时，会引起引水系统水压的较大变化，在管道内产生大幅水压震荡，影响机组的稳定运行。

采用两段式开机策略，投入 PID 控制前的导叶开度变化如图 7.2 所示。首先以最快速度开启导叶，达到 $y_{c1}$ 时保持开度不变转速自动上升，当转速达到设定值 $f_c$ 时以最快速度关闭导叶至 $y_{c2}$，然后当转速达到 90% 时启动 PID 控制进行频率调节。其中导叶开度上升的最大值 $y_{c1}$、导叶开度下降的最小值 $y_{c2}$ 以及导叶开始下降时的转速 $f_c$ 作为待优化参数，即 $X=[y_{c1}, y_{c2}, f_c]$。

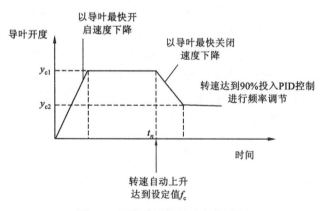

图 7.2　两段式开机导叶变化过程

研究对象抽水蓄能机组的空载开度约为 0.131 4，导叶最快为 27 s 全开，导叶最快关闭速度为 45 s 全关，若按照常规方案不进行优化则取 $y_{c1}=y_{c2}\times 2=0.131\ 4\times 2$，且通常取 $f_c$ 为 60%。

上述两种传统的抽水蓄能机组调速器启动控制以偏差为基础,在开机过程中如机组转速低于额定转速,调速器控制导叶开启,只有当机组转速非常接近或者高于额定转速后,导叶才会关闭,由于导叶关闭速度受电站压力引水系统水锤作用的限制和机组转动惯性的影响不能迅速关闭,易于造成机组过速和开机时间延长;机组的启动控制与电站水头和空载开度密切相关,在不能确定当时水头下的空载开度时机组的启动控制十分困难;PID 控制算法存在积分饱和,对机组的启动控制十分不利,特别是对低水头和大转动惯量的机组影响十分严重。因此,采取按偏差进行 PID 调节的控制策略很难解决抽水蓄能机组的启动问题。

# 7.3　智能开机

第三种开机方式为智能开机策略,智能开机不依赖于机组空载开度和启动开度,可以有两种开机方式:当水头信号正常时,调速器根据水头计算出理论空载开度进行开机;当水头信号失效时,调速器计算出一个安全、保守的启动开度进行开机。

## 7.3.1　智能开机策略分析

智能开机策略在于解决以偏差为基础的 PID 控制策略不能满足抽水蓄能机组在不同水头下有较好启动特性的问题,其控制目标为

$$\frac{\mathrm{d}\Delta f/\mathrm{d}t}{\Delta f}=C \qquad (7\text{-}1)$$

式中:$\mathrm{d}\Delta f/\mathrm{d}t$ 为转速的微分;$\Delta f$ 为转速的偏差。

该控制目标要求转速的微分与转速偏差的比值在机组启动过程中为一常数 $C$。在实际控制过程中,很难始终保持这一比值为设定的常数。由式(7-1)可知,机组启动过程中当转速偏差较大时,可以控制机组有较大的转速变化;当机组转速偏差较小时,控制机组有较小的转速变化,基本保持这一比值为设定的常数,并且控制转速始终朝着偏差减小的方向变化,这样就可使机组转速平稳地接近额定转速。由于机组启动过程中该比值与设定的常数之差有正有负,不同于按照转速偏差进行 PID 控制调节其偏差总是正的,从而减小了积分饱和的影响。当机组转速接近额定转速时,再将调速器切换到按频率偏差调节的 PID 控制。

在机组启动过程中当转速偏差较大时,可以控制机组有较大的转速变化;当机组转速偏差较小时,控制机组有较小的转速变化,这样就可使机组转速平稳地接近额定转速。通过优选出控制参数,并应用到仿真计算后,显著提升不同水头下抽水蓄能机组水轮机工况开机品质,缩短开机时间、减小超调量和减少转速波动等指标。

## 7.3.2　智能开机优化流程

智能启动控制策略首先以式（7-1）为控制目标进行 PI 调节，其中式（7-1）中的常数 $C$ 很难确定，可作为待优化变量，此外转速达到 98% 前的 PI 调节的 PI 参数 $K_{P1}$ 和 $K_{I1}$ 也可作为待优化变量，投入闭环控制后的 PID 控制器参数即

$$K_{P2}, K_{I2}, K_{D2}, \quad X=[K_{P1}, K_{I1}, C, K_{P2}, K_{I2}, K_{D2}]$$

抽水蓄能机组水轮机工况智能开机方法，包括下述四个步骤。

### 1．建立抽水蓄能机组的水泵水轮机调速系统仿真模型

水泵水轮机调速系统仿真模型包括 PID 控制器、调速器伺服机构、有压引水系统、水泵水轮机、发电机和负载。为提高模型的仿真精度，有压引水系统水锤采用特征线法进行计算，水泵水轮机模型采用经改进 Suter 变换处理后的特性曲线插值模型[188-189]。水泵水轮机调速器检查机组转速、导叶开度等反馈信号，可通过 PLC 执行预先设定的各种控制规律，驱动导叶动作，进而控制水泵水轮机的流量和力矩，达到调节机组转速的目的。仿真模型能准确模拟实际机组开机过程。

### 2．在所述水泵水轮机调速系统仿真模型中设置三个阶段开机控制原则

三个阶段开机控制原则包括：第一阶段，抽水蓄能机组接到开机指令至转速达到 30% 前以最快速率开启导叶，机组转速快速上升；第二阶段，机组转速达到 30% 至转速达到阈值 $n_c$ 前；调速器采用 PI 控制方法，且控制参数包括第一比例增益 $K_{P1}$ 和第一积分增益 $K_{I1}$；控制目标为转速的微分与转速偏差的比值为常数 $C$；其中，$\dfrac{\mathrm{d}\Delta n/\mathrm{d}t}{\Delta n}=C$，$\dfrac{\mathrm{d}\Delta n}{\mathrm{d}t}$ 为转速的微分，第 $k$ 时刻转速微分为 $\dfrac{\Delta n(k)-\Delta n(k-1)}{\Delta t}$，$\Delta t$ 为采样时间间隔；$\Delta n$ 为转速的偏差，第 $k$ 时刻转速偏差 $\Delta n(k)=n(k)-n(k-1)$，$n(k)$ 为 $k$ 时刻机组转速；第三阶段，机组转速达到阈值 $n_c$ 至机组转速稳定在额定转速前，调速器采用 PID 控制方法，且控制参数包括第二比例增益 $K_{P2}$、第二积分增益 $K_{I2}$ 和微分增益 $K_{D2}$。

### 3．建立开机过程控制参数优化目标函数

根据三个阶段开机控制原则，并采用离散形式时间乘误差绝对值积分（integral time absolute error，ITAE）指标作为控制参数优化的目标函数来建立开机过程控制参数优化目标函数：

$$\min f_{\mathrm{ITAE}}(X)=\sum_{k=1}^{N_s} T(k)\left|(n_r-n(k))\right|$$

式中：$X=\left[K_{P1,i}, K_{I1,i}, C, K_{P2,i}, K_{I2,i}, K_{D2,i}\right]$ 为控制参数；$n_r$ 为额定转速；$N_s$ 为采样点数；$T$ 为时间序列；$n(k)$ 为 $k$ 时刻机组转速；$i$ 为第 $i$ 个群体。

### 4. 运用启发式优化方法求解所述开机过程控制参数优化目标函数

（1）算法初始化：设置算法参数，包括群体规模 $N$、总迭代数 $T$、个体随机搜索数量 $N_1$、淘汰幅度系数 $\sigma$、跳跃阈值 $p$；设定优化变量边界，下边界 $B_L=[K_{P1,i}^L,K_{I1,i}^L,C^L,K_{P2,i}^L,K_{I2,i}^L,K_{D2,i}^L]$，上边界 $B_U=[K_{P1,i}^U,K_{I1,i}^U,C^U,K_{P2,i}^U,K_{I2,i}^U,K_{D2,i}^U]$，在此区间初始化群体中所有个体的位置向量，个体位置向量 $X_i=[K_{P1,i},K_{I1,i},C,K_{P2,i},K_{I2,i},K_{D2,i}]$，$i=1,2,\cdots,N$，代表一组控制参数；令当前迭代次数 $t=0$。

（2）计算个体的目标函数值 $F_i^t=f_{\text{ITAE}}(X_i(t))$，$i=1,2,\cdots,N$。从个体 $i$ 位置向量 $X_i(t)$ 解码得到控制参数，其中 $K_{P1},K_{I1},C,K_{P2},K_{I2},K_{D2}$ 分别为位置向量中的第一至六号元素，将控制参数代入水泵水轮机调速系统仿真模型，仿真得到开机过程机组转速 $n$；按照目标函数得到个体 $i$ 的目标函数值 $F_i^t=f_{\text{ITAE}}(X_i)$；并计算群体目标函数最小值，具有最小目标函数值的个体确定为当前最优个体 $X_B(t)$。

（3）对所有个体 $X_i$，$i=1,2,\cdots,N$ 进行个体随机搜索，计算惯性向量 $X_i^{\text{self}}(t)$。

①令个体搜索次数 $l=0$；

②观望一个位置 $X_i^{\text{play}}(t)$，计算 $X_i^{\text{play}}(t)$，$i=1,2,\cdots,N$：$X_i^{\text{play}}(t)=X_i(t)+\text{rand}\cdot\varepsilon_{\text{play}}$；rand 为[0，1]的随机数，$\varepsilon_{\text{play}}$ 为观望步长，$\varepsilon_{\text{play}}=0.1\cdot\|B_U-B_L\|$；

③计算下一个当前位置 $X_i^{\text{self}}(t)$

$$\begin{cases} X_i^{\text{self}}(t)=X_i(t)+\text{rand}\dfrac{X_i^{\text{play}}(t)-X_i(t)}{\|X_i^{\text{play}}(t)-X_i(t)\|}\varepsilon_{\text{step}}, & f(X_i^{\text{play}}(t))<f(X_i(t)) \\ X_i^{\text{self}}(t)=X_i(t), & f(X_i^{\text{play}}(t))\geqslant f(X_i(t)) \end{cases}$$

式中：rand 为[0，1]的随机数；$\varepsilon_{\text{step}}$ 为惯性步长，$\varepsilon_{\text{step}}=0.2\cdot\|B_U-B_L\|$；

④$l=l+1$，如果 $l<N_1$，转至②；否则，转至④。

（4）计算每个个体受当前最优个体召唤向量

$$X_i^{\text{bw}}(t),\quad i=1,2,\cdots,N$$
$$\begin{cases} X_i^{\text{bw}}(t)=X_B(t)+c_2\cdot\delta_i \\ \delta_i=|c_1\cdot X_B(t)-X_i(t)| \end{cases}$$

式中：$\delta_i$ 为第 $i$ 个个体与当前最优个体的距离向量，随机数 $c_1=2\text{rand}$，$c_2=(2\text{rand}-1)\times(1-t/T)$，rand 为[0，1]的随机数；由此可知 $c_1$ 为[0，2]的随机数，表示当前最优个体的号召力，当 $c_1>1$ 时，表示当前最优个体的影响力增强，反之减弱；$c_2$ 为动态随机数，其所以 $c_2$ 的随机范围由 1 线性递减到 0。

（5）按照个体位置更新公式更新个体位置：$X_i(t+1)=2\text{rand}X_i^{\text{bw}}(t)+\text{rand}X_i^{\text{self}}(t)$。

（6）判断个体是否需要被淘汰并重新初始化。

①如果第 $i$ 个个体满足公式则该个体被淘汰并重新初始化，$F_i^t>F_{\text{ave}}^t+\omega\cdot(F_{\text{ave}}^t-F_{\text{min}}^t)$，$i=1,2,\cdots,N$；其中，$F_{\text{ave}}^t$ 是 $t$ 代种群所有个体目标函数值的平均值，$F_{\text{min}}^t$ 是最小的目标函数值，$\omega$ 是一个随迭代次数而线性递增的参数，$\omega=\sigma\left(2\dfrac{t}{T}-1\right)$，取值范围为 $[-\sigma,\sigma]$；

②被淘汰的个体初始化：$\boldsymbol{X}_i = \text{rand}(1,D) \times (\boldsymbol{B}_U - \boldsymbol{B}_L) + \boldsymbol{B}_L$；其中，$D$ 为位置向量维数，$D=6$。

（7）判断是否连续 $p$ 代当前最优个体位置未发生移动，如果是则认为种群灭亡，按照下式反演重构新的种群：

$$\boldsymbol{X}_i = \boldsymbol{X}_B + \text{rand}\frac{R^2}{\delta_i}, \quad i=1,2,\cdots,N$$

式中：$R$ 为反演半径，$R=0.1\|\boldsymbol{B}_U - \boldsymbol{B}_L\|$；rand 为[0, 1]的随机数，$p$ 为跳跃阈值。

（8）$t=t+1$，如果 $t>T$，算法结束，输出当前最优个体位置作为终解；否则，转入（2）。

# 7.4　实例分析

## 7.4.1　模型参数解析

对抽水蓄能机组调速器启动控制进行优化，同时对各个开机方案进行对比。建立抽水蓄能机组的仿真模型，初始化模型参数和具体的模型参数如表 7.1 所示。某电站水泵水轮机模型试验在上游水库 735.45 m，下游水库 181 m 的水头下进行，引水管道的布置结构图如图 7.3 所示。

**表 7.1　模型参数**

| 子模型 | 参数值 | | | |
| --- | --- | --- | --- | --- |
| 改进 Suter 变换 | $k_1=10$ | $k_2=0.9$ | $C_y=0.2$ | $C_h=0.5$ |
| 发电机 | $J=96.84$ | | | |
| 执行机构 | $T_{yB}=0.05$ | $T_y=0.3$ | $k_0=1$ | |
| 仿真参数设定 | $k_{max}=20$ | $t_s=0.02$ s | | |

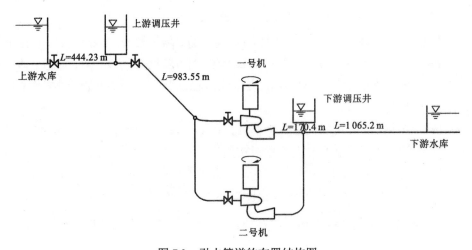

图 7.3　引水管道的布置结构图

　　由 7.1 节～7.3 节所提到的不同的开机方法,包括两种传统的开机策略和智能开机方法,采用 ASA 启发式优化算法优化开机策略参数。在接下来的试验中,ASA 算法的参数设置如下:群体规模 $N$=30,总迭代数 $T$=200,个体随机搜索数 $N_1$=3,淘汰幅度系数 $\sigma$=0.01,跳跃阈值 $p$=300。

　　由于三种开机方案均涉及 PID 控制,从而首先通过常规优化方案确定一组 PID 参数,三种开机方案均固定采用该同一组 PID 参数。将控制器 PID 参数和三种开机方式设计的参数作为待优化参数,参数优化上下边界值如表 7.2 所示。传统开机方法的经验参数如表 7.3 所示。

表 7.2　开机策略待优化参数的上下界

| 开机策略 | 边界 | 值 | | | | | |
|---|---|---|---|---|---|---|---|
| PID控制 | 下边界 | 0 | 0 | 0 | | | |
| | 上边界 | 10 | 5 | 10 | | | |
| 一段式开机 | 下边界 | 0.1 | 0 | | | | |
| | 上边界 | 0.4 | 1/27 | | | | |
| 两段式开机 | 下边界 | 0.3 | 0.1 | 0.4 | | | |
| | 上边界 | 0.8 | 0.3 | 0.9 | | | |
| 智能开机 | 下边界 | 0 | 0 | 0.01 | 0 | 0 | 0 |
| | 上边界 | 20 | 20 | 1 | 10 | 5 | 10 |

表 7.3　传统开机策略经验参数

| 开机策略 | 参数值 | | |
|---|---|---|---|
| 一段式开机 | $y_c$=0.167 | $k_c$=1/27 | |
| 两段式开机 | $y_{c1}$=0.334 | $y_{c2}$=0.167 | $f_c$=0.6 |

## 7.4.2　仿真结果比较与分析

### 1. 传统开机策略对比

　　首先,比较两种传统开机方法的差异,开机方式的参数值采用表 7.3 中的经验设定值,闭环控制器控制参数采用启发式优化算法优化,记为方案 A。各开机方法的控制器优化参数如表 7.4 所示。水泵水轮机一段式开机和两段式开机的转速和导叶变化动态过程如图 7.4 和图 7.5 所示。机组的启动时间,超调量和稳态误差等性能指标在表 7.5 中列出。从图 7.4 和表 7.5 的结果可以看出,一段式开机在抑制超调量和减少上升时间方面有更好的表现。采用两段式开机,机组有更快的转速上升率,但超调量过大。采用基于经验参数值的传统开机方法能满足抽水蓄能电站的调节需求,也能防止机组过速等问题。

**表 7.4　闭环控制器参数优化值**

| 开机策略 | $K_P$ | $K_I$ | $K_D$ |
|---|---|---|---|
| 一段式开机 | 5.35 | 0.04 | 9.97 |
| 两段式开机 | 4.064 | 1.509 | 9.90 |

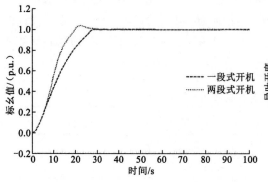

图 7.4　方案 A 的一段式开机和两段式开机的
转速曲线

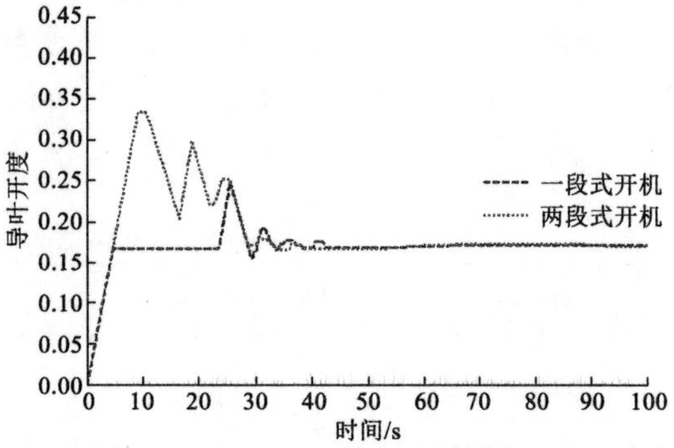

图 7.5　方案 A 的一段式开机和两段式开机的
导叶开度曲线

**表 7.5　采用经验值传统开机方法的机组性能指标**

| 开机策略 | 转速性能指标 | | |
|---|---|---|---|
| | 超调量/% | 启动时间/s | 稳态误差/% |
| 一段式开机 | 0.30 | 31.10 | 0.02 |
| 两段式开机 | 3.66 | 30.16 | 0.02 |

　　传统开机方法的第二次对比策略为：对开机策略的参数进行优化，但维持控制器参数与第一次相同，记为方案 B。将优化参数后的开机方式应用到仿真机组模型中，机组仿真转速和导叶变化规律动态结果如图 7.6 和图 7.7 所示，指标参数如表 7.6 所示，机组性能指标如表 7.7 所示。与前述结果类似，采用一段式开机，水泵水轮机开机的转速超调量更小，而采用两段式开机，机组的启动时间更短。

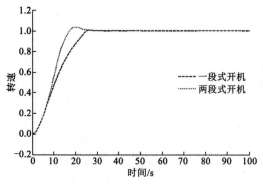

图 7.6　方案 B 的一段式开机和两段式开机
转速曲线

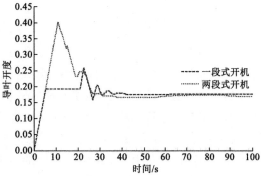

图 7.7　方案 B 的一段式开机和两段式开机
导叶开度曲线

**表 7.6　开机策略的参数优化值**

| 开机策略 | 参数 | | |
|---|---|---|---|
| 一段式开机 | $y_c=0.193$ | $k_c=0.036\,8$ | |
| 两段式开机 | $y_{c1}=0.413$ | $y_{c2}=0.255$ | $f_c=0.64$ |

**表 7.7　采用启发式算法优化开机策略的参数的机组性能指标**

| 开机策略 | 转速性能指标 | | |
|---|---|---|---|
| | 超调量/% | 开机时间/s | 稳态误差/% |
| 一段式开机 | 0.77 | 28.40 | 0.30 |
| 两段式开机 | 3.61 | 26.42 | 0.03 |

### 2.　整体智能开机方法结果分析

为了验证智能开机方法在机组启动中的优异性能,本小节对各种开机方法做一个对比。首先采用启发式优化算法优化整体智能开机方法的参数。优化后的参数值如表 7.8 所示,对应的机组转速和导叶变化规律动态过程如图 7.8 所示,从图中可以看出,采用智能开机方法的水泵水轮机在开机过程中,机组的开机时间短,超调量几乎为零。

**表 7.8　智能开机方法参数优化结果**

| 参数 | 值 | 参数 | 值 |
|---|---|---|---|
| $K_{P1}$ | 0.950 | $K_P$ | 8.84 |
| $K_{I1}$ | 4.770 | $K_I$ | 4.25 |
| $C$ | 0.308 | $K_D$ | 9.98 |

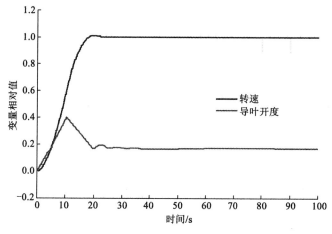

图 7.8　采用智能开机的机组综合结果

采用几种开机策略的机组转速上升曲线对比结果如图 7.9 所示。机组超调量,上升时间和稳态误差的相对指标值如表 7.9 所示。从结果可以看出,采用智能开机方法的机组上升时间要比其他采用传统开机方法的机组更短,从实际应用的角度来讲,机组可以更快地接入到电网为负荷提供能量。由于智能开机方法在整个开机过程中,机组都采用闭环控制模式,所以控制系统具有较好的动态控制品质。另外,采用智能开机的机组开机超调量和稳态误差都比其他结果较优,虽然在超调量方法略大于一段开机方法。

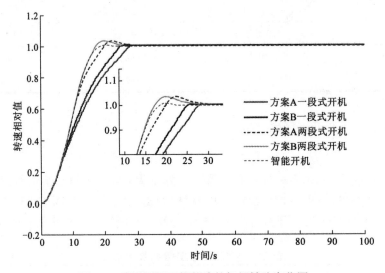

图 7.9　采用不同开机策略的机组转速变化图

**表 7.9　采用不同开机方法的机组开机性能指标**

| 开机策略 | 优化方案 | 转速性能指标 | | |
| --- | --- | --- | --- | --- |
| | | 超调量/% | 开机时间/s | 稳态误差/% |
| 一段式开机 | 优化控制器 | 0.30 | 31.10 | 0.02 |
| | 优化开机策略 | 0.77 | 28.40 | 0.30 |
| 两段式开机 | 优化控制器 | 3.66 | 30.16 | 0.02 |
| | 优化开机策略 | 3.61 | 26.42 | 0.03 |
| 智能开机 | — | 0.97 | 21.92 | 0.02 |

### 3. 不同水头工况下对比

在实际抽水蓄能电站应用,水泵水轮机的工作水头经常变化。因此对另外两种不同的上、下游水库水位的初始工况(T2 和 T3)进行仿真试验,验证不同水头工况下三种开机工况的适应能力。三种不同的水头工况上游、下游水位如表 7.10 所示。

表 7.10　水头工况上游和下游水位

| 工况编号 | 上游水位/m | 下游水位/m |
|---|---|---|
| T1 | 735.45 | 181 |
| T2 | 716.00 | 181 |
| T3 | 735.45 | 189 |

采用不同开机方式, 机组的性能指标参数如表 7.11 所示。对于一段式开机, 在机组开机时间方面是所有工况中时间最长的。对于两段式开机, 虽然在开机时间上有一定的提升, 但是其超调量相对较大。总之, 对于三种不同的水头工况, 采用智能开机方法, 水泵水轮机的平均超调量和开机时间是所有开机方法中最好的。与此同时, 机组的稳态误差也是最小的。

表 7.11　不同水头工况下机组开机性能指标

| 工况编号 | 开机策略 | 机组转速测量值 | | |
|---|---|---|---|---|
| | | 超调量/% | 开机时间/s | 稳态误差/% |
| T1 | 一段式开机 | 0.77 | 28.40 | 0.30 |
| | 两段式开机 | 3.61 | 26.42 | 0.03 |
| | 智能开机 | 0.97 | 21.92 | 0.02 |
| T2 | 一段式开机 | 2.75 | 33.76 | 0.90 |
| | 两段式开机 | 0.59 | 25.94 | 0.07 |
| | 智能开机 | 0.73 | 22.14 | 0.01 |
| T3 | 一段式开机 | 7.55 | 32.06 | 0.06 |
| | 两段式开机 | 4.47 | 27.30 | 0.04 |
| | 智能开机 | 1.23 | 23.44 | 0.02 |

# 第 $8$ 章　抽水蓄能机组导叶关闭规律优化

抽水蓄能电站在正常运行时，可能因电网故障或电站人员误操作而面临两个极端工况，即甩负荷工况和水泵断电工况[266]。抽水蓄能机组工作在水轮机工况时，若突发事故切除负荷，机组负载瞬间减少至零，若流道中水流未被及时截断，机组转速将因主轴转矩不平衡而急剧上升乃至进入飞逸特性阶段。同理，抽水蓄能机组水泵工况断电时，若电力系统突然停电或者电气保护跳机使水泵水轮机瞬间失去驱动力，若流道中水流未被及时截断，则机组将经历正转正流、正转逆流、反转逆流工况，最终进入停泵飞逸特性阶段。上述极端工况对机组健康和电站的安全稳定运行造成巨大威胁，若处理不当，极易引发事故，对电站工作人员的安全和电站设备、设施造成严重危害和破坏[267-277]。

俄罗斯萨扬–舒申斯克水电站超负荷运转的 2#机组垂直振动加剧，并瞬间爆发，涡轮连同发电机转子被强大能量弹射出运转位置，近 200 m 高程的水压从机组残破漏洞中喷射而出，瞬间摧毁了发电厂厂房，正在带负荷运行的另 8 台机组在水淹下遭受严重过电损伤；江西洪屏电站抽水蓄能机组在水泵断电工况下反转转速达−101%额定转速，较其他抽水蓄能电站机组断电后转速上升明显偏大，对机组振动、轴承安全、压力钢管水锤压力影响极大，不利于机组安全稳定运行。

为避免上述事故的再次发生，抽水蓄能机组在大波动过渡过程下的控制策略至关重要，而机组导叶关闭规律是抽水蓄能机组在大波动工况时的主要控制手段，也是在不需要增加过多额外投资条件下保证电站安全运行的最经济且有效的措施[278]。因此，本章将采用全特性曲线描述水泵水轮机非线性特性，并基于特征线法进行复杂过水系统过渡过程仿真，同时充分考虑机械执行机构非线性，建立抽水蓄能机组非线性仿真平台。在此基础上，从导叶关闭规律优化出发，以机组在水轮机状态下的甩全负荷工况为例，介绍导叶关闭规律优化原理与方法并探讨抽水蓄能电站极端工况下的控制策略。

## 8.1　抽水蓄能机组非线性仿真平台

抽水蓄能机组一般由水泵水轮机、发电/电动机、调速器和机械液压执行机构组成，与过水系统构成水机电复杂耦合非线性系统，上述组成部分已在第 2 章中介绍，本节直接建立抽水蓄能机组非线性仿真平台。

抽水蓄能机组在甩负荷工况下，调速器退出，水泵水轮机导叶按既定关闭规律闭合，故忽略调速器，仅考虑水泵水轮机、发电机、机械液压执行机构和过水系统，在第 2 章的基础上建立如图 8.1 所示抽水蓄能机组非线性仿真平台。

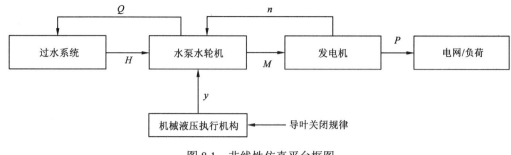

图 8.1　非线性仿真平台框图

# 8.2　导叶规律优化问题描述

## 8.2.1　过渡过程调节保证计算

当电网发生事故需要切除负荷时,抽水蓄能机组负载瞬间减少至零,但机组受接力器动作的时延和过水系统的巨大惯性的影响无法立刻关闭导叶切断过流,导致机组主动力矩和负载力矩不平衡,主动力矩远大于负载力矩,因此机组转速必然上升。同时,机组接力器动作,导叶快速关闭,导致引水系统内出现水锤波,并由此引发调压井水位波动、水泵水轮机蜗壳水锤和尾水管真空等现象。过渡过程调节保证计算的任务即为定量检验上述现象是否超过水电站的设计限制,是导叶关闭规律优化的设计依据,其主要组成部分为蜗壳处水压、尾水管真空、机组转速上升和调压井涌浪。

### 1. 对蜗壳动水压力的影响

蜗壳动水压力主要包括静水压力和动水压力,其中静水压力为上游库水位与机组安装高程差,动水压力估算公式为

$$\xi = (1.2 \times 1.4)(T_w / T_s)(q_0 - q_1) \tag{8-1}$$

式中：$T_s$ 为导叶关闭时间；$q_0$、$q_1$ 分别为机组初始时刻、终止时刻的相对流量。

### 2. 对尾水管真空度的影响

水流在转轮中完成能量转换后,通过尾水管流向下游；进一步,尾水管使转轮出口处的水流能量降低,进而增加转轮前后的能量差,完成水流的部分动能回收。在抽水蓄能机组过渡过程计算中,采用当量管径的方法处理尾水扩散段、锥管段和肘管段,尾水管的水头损失已经在水泵水轮机的效率中考虑,因此过渡过程计算中不再计尾水管的水头损失。通常,尾水管的当量面积要比尾水管道的面积小很多,其对尾水管进口的水锤压力影响较大,尤其是对尾水管进口真空度的影响。依据近似解析法,在非恒定流情况下尾水管的真空度计算公式为

$$H_B = H_S + \alpha v^2 / (2g) + \Delta H_B \tag{8-2}$$

式中：$H_B$ 表示静力真空；$\alpha v^2/(2g)$ 为动力真空，由尾水管尺寸和机组过流量决定；$\Delta H_B$ 为尾水管水压力变化的绝对值。

### 3. 对转速上升率的影响

抽水蓄能机组发生甩负荷或者水泵断电后，水泵水轮机与发电机直接的能量不平衡将导致机组的转速变化。以机组甩 100% 负荷为例，机组转速变化率近似为

$$\beta = \left(1 + \frac{365 N_0 T_{S1} f}{n_0^2 \text{GD}^2}\right)^{1/2} - 1 \tag{8-3}$$

式中：$N_0$ 为机组初始负荷；$T_{S1}$ 为最大开度关至空载开度的时间；$n_0$ 为机组初始时刻的转速；$f$ 为修正系数。由上式可知，导叶关闭时间越长，机组转速上升值越大。

### 4. 对调压室涌浪的影响

抽水蓄能电站一般在上水库后和尾水管后设置调压室，调压室可以降低引水系统管道中的水锤压力值，有效改善机组的运行条件。调压室基本方程为

$$Av = Q \pm F\frac{\text{d}z}{\text{d}t} \tag{8-4}$$

式中：$A$ 为管道的截面面积；$F$ 为调压室断面面积；$v$ 为管道中的流速；$z$ 为调压室水位；$Q$ 为流量，引水调压室取 "+"；尾水调压室取 "−"。对上式进行时间 $t$ 微分可得

$$f\frac{\text{d}v}{\text{d}t} = \frac{\text{d}Q}{\text{d}t} \pm F\frac{\text{d}^2 z}{\text{d}t^2} \tag{8-5}$$

由上式可知，导叶关闭速度对于隧洞水流惯性的变化于调压室涌浪水位的大小产生直接的影响。

## 8.2.2　导叶关闭方式

目前，我国抽水蓄能电站主要采用直线一段式导叶关闭规律和折线多段式导叶关闭规律，其中后者又分为两段式导叶关闭规律和三段式导叶关闭规律。下面对以上几种常见导叶关闭规律分别介绍如下。

### 1. 一段式关闭规律

直线单段关闭规律即机组发生工况转换后导叶按照某固定速度直接关闭，如图 8.2 所示。当机组采用直线单段关闭规律时，导叶的关闭时间即关闭速率是影响电站过渡过程的主要因素。一段式关闭规律只需对其关闭时间进行优化，但其优化的空间较小。

### 2. 两段式关闭规律

国外从 20 世纪 50 年代开始，对水电机组导叶分段式关闭规律进行研究，并把两段式导叶关闭规律用到了调节保证计算上且取得了较好的效果。我国从 20 世纪 60 年代开始进行导叶分段关闭规律试验研究，两段式折线关闭规律是将机组导叶由全开到全关

的过程分为两个部分进行,在每个关闭时间段分别采用不同斜率的直线段。两段式关闭规律依据拐点前后导叶关闭速率的不同,分为"先快后慢"和"先慢后快"两种形式,如图 8.3 所示。

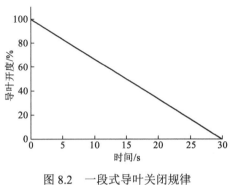

图 8.2　一段式导叶关闭规律　　　　　　图 8.3　两段式导叶关闭规律

以甩负荷工况为例对两段式折线关闭规律进行介绍,在甩负荷开始阶段,加快导叶关闭速度,有利于降低转速上升值;当水锤压力上升值达到约束上限时,导叶开始缓慢关闭过程,使得后续的压力上升值不会高于拐点 A 处的压力上升值,在甩负荷过程中最大压力升高值发生在拐点处。因此,合理地选择拐点位置及导叶在两段关闭过程中的关闭速度,就可实现同时降低压力上升值和转速上升值的目的。两段式折线关闭规律的过渡过程结果可以满足大部分的调保控制要求,且具有较强的可操控性。

### 3．三段式关闭规律

三段式导叶关闭规律虽然其关闭动作的复杂性,还未在国内的抽水蓄能机电站得到推广应用,但是三段式关闭规律相较于一段式和两段式导叶关闭规律具有关闭灵活性更强的优点,因此三段式关闭规律不仅可以满足大部分的调保控制要求,还可以保留一定裕度,具有较强的推广应用前景,如图 8.4 所示。

除此之外,还存在另外一种特殊的导叶关闭规律,即三段式延时关闭规律。其具体关闭步骤如下:当机组发生工况转换时,导叶开度在一定时间内保持不变,然后按照两段式关闭规律进行关闭导叶,如图 8.5 所示。

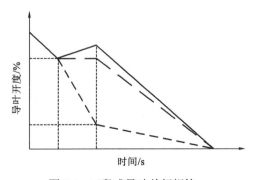

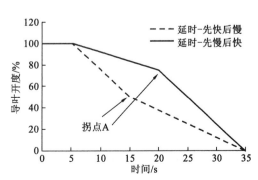

图 8.4　三段式导叶关闭规律　　　　　　图 8.5　三段式延时导叶关闭规律

该三段式关闭规律通过引入延时段，综合了两段式折线关闭规律先快后慢与先慢后快两者的优点。但是，由于调速器液压系统的巨大惯性，在工程实际中很难做到完全延时，且大多数调速器在水泵工况不具备延时功能。因此，三段式延时关闭规律还需进行深入的理论研究与探索实践。

# 8.3　单目标导叶关闭规律优化

抽水蓄能机组甩负荷工况指电网或机组出现故障时，因机组端口断路器跳闸，水泵水轮机组与电网解列后的过渡过程。此时，水泵水轮机组发电机负载力矩瞬间减小至零，主力矩依然为额定值，转速势必因为力矩不平衡而上升。导叶随后动作，又会导致水泵水轮机入口蜗壳处正水锤现象和尾水管负水锤现象的发生。除此之外，若导叶关闭规律选取不当，会造成水锤震荡，转速周期性波动等危害性后果，对水泵水轮机组伤害很大。所以选择合适的导叶关闭规律，减小转速上升，降低蜗壳处水锤压力极大值和尾水管水锤压力极小值，减少水锤波和转速的振荡次数势在必行。

## 8.3.1　优化模型

### 1. 优化目标函数

优化目标函数为

$$\text{Fitness} = w_1 \cdot \frac{n_{\max}}{n_{\text{r}}} + w_2 \cdot \frac{H_{\text{wk\_max}}}{H_{\text{wk\_r}}} \tag{8-6}$$

式中：$n_{\max}$ 为机组转速最大值；$H_{\text{wk\_max}}$ 为蜗壳末端水压值；$H_{\text{wk\_r}}$ 为蜗壳末端额定水压；$w_1$、$w_2$ 为加权系数，$w_1 + w_2 = 1$。

### 2. 多重约束条件

1）导叶关闭时间及开度限制

除导叶关闭曲线控制点各参数需增加限制外，导叶关闭曲线控制点参数之和亦需满足一定条件，即相对开度变化之和必须为 1，约束条件如下

$$y_1 + y_2 + y_3 = 1 \tag{8-7}$$

同时，三段式导叶关闭规律三段时间之和需满足导叶关闭总时间限制，约束条件如下

$$t_1 + t_2 + t_3 \leqslant \text{constant}_{\text{time}} \tag{8-8}$$

式中：$t_1$、$t_2$、$t_3$ 分别为三段式导叶关闭时间；$\text{constant}_{\text{time}}$ 为导叶关闭时间约束。

2）导叶关闭速率限制

调速器中接力器作为液压驱动的机械部件，其动作幅度需要时间累积，不可能瞬间完

成。因此，受接力器控制的导叶其动作也有速度限制。接力器动作的快慢程度由接力器反应时间常数 $T_y$ 衡量，$T_y$ 越小表示接力器动作越迅速，反之则表示接力器动作越缓慢。本小节考虑的国内某大型抽水蓄能电站的最速开、关机试验显示，导叶从零开度以最大速率开启至最大相对开度 112%耗时 27 s，从最大相对开度 112%以最大速率关闭至零开度耗时 45 s，如图 8.6 所示。

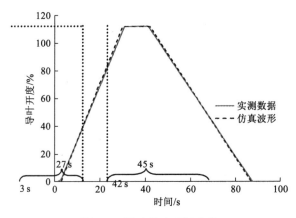

图 8.6　导叶最速开闭曲线

因此，还需要在 ASA 中添加导叶关闭速率限制机制，本小节中规定速限 $k_{max}=1.12/27 \approx 0.41512$，具体实现方法如下。

步骤 1：判断导叶关闭曲线第一段斜率 $k_1$ 是否超过导叶最大关闭速率 $k_{max}$。若超过，则重新初始化 $y_1$、$t_1$、$y_2$、$t_2$，然后再次判断导叶关闭曲线第一段斜率是否超过导叶最大关闭速率 $k_{max}$，直至导叶关闭曲线第一段斜率符合导叶最大关闭速率限制条件。

步骤 2：判断导叶关闭曲线第一段相对开度变化 $y_1$ 和第二段相对开度变化 $y_2$ 之和是否小于 1。若不小于 1，则重新初始化 $y_2$，然后再次判断两段相对开度变化之和是否小于 1，直至满足开度和限制条件。同时可得第三段相对开度变化：$y_3 = 1 - y_1 - y_2$。

步骤 3：判断导叶关闭曲线第三段斜率 $k_3$ 是否超过导叶最大关闭速率 $k_{max}$ 若超过，则重新初始化 $t_3$，然后再次判断导叶关闭曲线第一段斜率是否超过导叶最大关闭速率 $k_{max}$，直至导叶关闭曲线第一段斜率符合导叶最大关闭速率限制条件。

## 8.3.2　优化流程

步骤 1：初始化。

（1）在定义域 $S$ 内初始化数量为 $N$ 的羊群位置向量 $\boldsymbol{X}_i(0)$，$i=1,2,\cdots,N$，并计算相应的目标函数值 $F_i^0 = f(\boldsymbol{X}_i(0))$，$i=1,2,\cdots,N$；

（2）将羊群中的第一只羊设定为头羊；

（3）设定最大迭代次数 $T$、头羊领导参数 $\alpha$、自我觅食参数 $\beta$ 和当前迭代次数 $t=0$。

步骤 2：计算 $t$ 时刻羊群的目标函数值，对第 $i$ 只羊有 $F_i^t = f(\boldsymbol{X}_i(0))$，$i=1,2,\cdots,N$。若

$F_i^t < F_B$，则有 $\boldsymbol{X}_B(t) = \boldsymbol{X}_i(t)$，且 $F_B = F_i^t$。

步骤 3：由式（4-2）计算 $t$ 时刻作用在第 $i$ 只羊上的领导向量 $\boldsymbol{X}_i^{bw}(t)$，$i=1,2,\cdots,N$，由式（4-3）计算 $t$ 时刻的第 $i$ 只羊自我觅食向量 $\boldsymbol{X}_i^{self}(t)$，$i=1,2,\cdots,N$，并由式（4-4）更新 $t+1$ 时刻第 $i$ 只羊的位置向量 $\boldsymbol{X}_i(t+1)$。

步骤 4：由式（4-5）判断第 $i$ 只羊是否被淘汰，若是则在定义域 $S$ 内初始化第 $i$ 只羊，$i=1,2,\cdots,N$。

步骤 5：$t=t+1$，若 $t>T$，结束程序并输出头羊的位置向量，否则转到步骤 2。

### 8.3.3　优化算例

本小节以江西省某大型抽水蓄能电站为例，进行甩 100% 负荷工况下的导叶关闭规律单目标优化。该抽水蓄能电站装配 8 台福伊特公司生产的水泵水轮机，单机容量 300 MW。电站引水系统布置方式如图 8.7 所示，设有上下游调压井，分别位于上游水库和抽水蓄能机组之间与抽水蓄能机组和下游水库之间，上库水位 730.4 m，下库水位 168.5 m。抽水蓄能电站详细参数如表 8.1 所示，甩 100% 负荷过渡过程调节保证计算限制如表 8.2 所示。

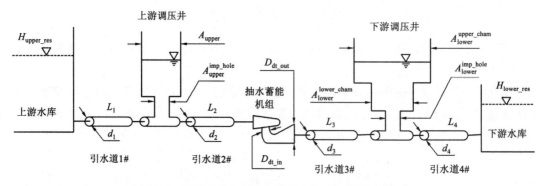

图 8.7　江西省某大型抽水蓄能电站引水系统布置图

**表 8.1　江西省某大型抽水蓄能电站配置表**

| 配置参数 | 数值 | 配置参数 | 数值 |
|---|---|---|---|
| 额定转速 $n_r$/(r/min) | 500 | 引水道 1#长度 $L_1$/m | 444.23 |
| 额定水头 $H_r$/m | 540 | 引水道 2#长度 $L_2$/m | 983.55 |
| 额定流量 $Q_r$/(m³/s) | 62.09 | 引水道 3#长度 $L_3$/m | 170.40 |
| 额定出力/MW | 306.1 | 引水道 4#长度 $L_4$/m | 1 065.20 |
| 水泵水轮机转子直径/m | 3.85 | 引水道 1#截面积 $d_1$/m | 6.20 |
| 机组转动惯量 $M$/(ton·m²) | 3 800 | 引水道 2#截面积 $d_2$/m | 4.37 |
| 导叶最大开度 $y_{max}$/(°) | 20.47 | 引水道 3#截面积 $d_3$/m | 4.30 |
| 上库水位 $H_{upper\_res}$/m | 730.4 | 引水道 4#截面积 $d_4$/m | 6.58 |
| 下库水位 $H_{lower\_res}$/m | 168.5 | 上游调压井横截面积 $A_{upper}$/m² | 63.62 |

续表

| 配置参数 | 数值 | 配置参数 | 数值 |
|---|---|---|---|
| 下游调压井上室横截面积 $A_{lower}^{upper\_cham}$ /m² | 519.98 | 下游调压井阻抗孔截面积 $A_{lower}^{imp\_hole}$ /m² | 15.90 |
| 下游调压井下室横截面积 $A_{lower}^{lower\_cham}$ /m² | 95.03 | 尾水管入口截面积 $D_{dt\_in}$/m | 1.94 |
| 上游调压井阻抗孔截面积 $A_{upper}^{imp\_hole}$ /m² | 12.57 | 尾水管出口截面积 $D_{dt\_out}$/m | 4.45 |

**表 8.2　甩 100%负荷调节保证计算限制表**

| 调节限制 | 数值 | 调节限制 | 数值 |
|---|---|---|---|
| 转速最大上升率 $n_{max}$/% | 50 | 上游调压井最小水位 $H_{min}^{upper\_st}$ /m | 692.50 |
| 蜗壳处水锤最大值 $H_{max}$/m | 850 | 下游调压井最大水位 $H_{max}^{lower\_st}$ /m | 194.00 |
| 尾水管水压最小值 $H_{dt\_min}$/m | 0 | 下游调压井最小水位 $H_{min}^{lower\_st}$ /m | 137.00 |
| 上游调压井最大水位 $H_{max}^{upper\_st}$ /m | 749.00 | | |

ASA 优化参数设置如下：最大迭代次数 MaxIter=50，种群规模 $N$=100，初始学习因子 $\alpha$=2，自由觅食因子 $\beta$=0.5，优化结果如表 8.3 所示，对应的导叶关闭规律如图 8.8 所示。

**表 8.3　全局最优参数与最优目标函数值**

| 全局最优参数 | $t_1$/s | $t_2$/s | $t_3$/s | $y_1$ | $y_2$ | $y_3$ |
|---|---|---|---|---|---|---|
| | 7.49 | 18.8 | 9.97 | 0.185 | 0.691 | 0.124 |
| 全局最优目标函数值 | 0.065 98 | | | | | |

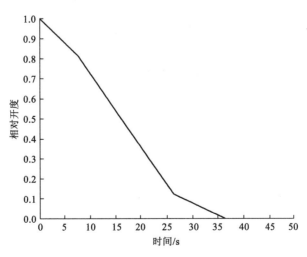

图 8.8　最优导叶关闭规律

同时可得到参数和适应度走势图如图 8.9 所示。

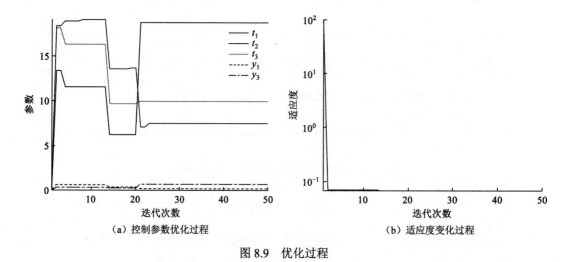

（a）控制参数优化过程        （b）适应度变化过程

图 8.9 优化过程

单目标优化后，抽水蓄能机组甩 100%负荷时最优导叶关闭规律对应的过渡过程如图 8.10 所示。

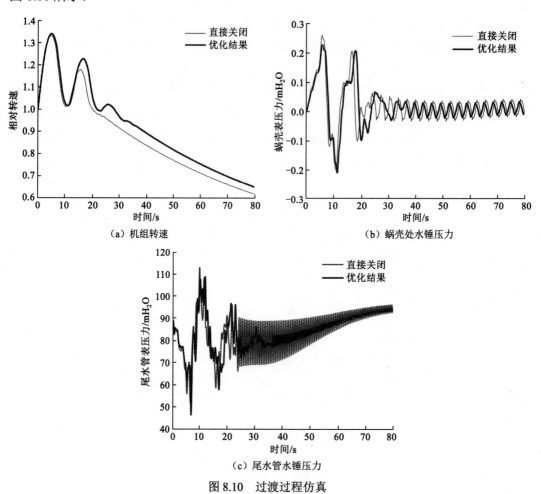

（a）机组转速        （b）蜗壳处水锤压力

（c）尾水管水锤压力

图 8.10 过渡过程仿真

在图 8.10 中，各项关键参数如表 8.4 所示。

表 8.4　甩负荷工况关键指标

| 关键指标 | 数值 |
| --- | --- |
| 相对转速上升最大值 | $0.338\,8 \ll 0.5$ |
| 蜗壳处水锤压力最大值 | $0.228\,0 \ll 0.33$ |
| 尾水水锤压力最小值 | $46.190\,6 \gg 0$ |

# 8.4　多目标导叶关闭规律优化

在 8.3 节中，讨论了在甩负荷工况下，将抽水蓄能机组转速上升和蜗壳进口处水锤压力上升两目标函数加权聚合形成单个目标函数后的导叶关闭规律单目标优化问题。在实际工程设计中，为满足过渡过程调节保证计算要求，希望机组转速上升和致蜗壳进口处水锤压力上升均尽可能地减小，然而上述两调节保证计算关键指标之间存在此消彼长、相互矛盾的关系，即机组转速上升减小必然加剧蜗壳进口处水锤压力上升，反之亦然。单目标优化中的目标函数对机组转速上升和蜗壳处水锤压力上升进行了加权聚合，无法保证上述两目标函数在优化后的导叶关闭规律作用下同时达到最小，而多目标优化能分别充分考虑上述两目标函数，并同时进行优化，能有效地解决上述问题。因此，本节重点探讨在多目标优化框架下的抽水蓄能机组甩负荷工况导叶关闭规律多目标优化问题，从而达到同时减小机组转速上升和蜗壳进口处水锤压力上升的目的。

## 8.4.1　优化模型

### 1．优化目标函数

$$\begin{cases} \min F_1 = \Delta H_{\max} \\ \min F_2 = \Delta n_{\max} \cdot N \end{cases} \tag{8-9}$$

### 2．多重约束条件

抽水蓄能机组多目标导叶关闭规律优化应满足如下约束。

1）转速上升率约束

在抽水蓄能机组调节保证计算或过渡过程计算时，对各种极端情况发生时机组转速上升率有明确的最大约束限制值。

$$\text{obj}_x \leqslant \text{constant}_x \tag{8-10}$$

式中：$\text{obj}_x$ 为机组转速上升率；$\text{constant}_x$ 为转速上升率的约束限制常数。

2）转速波动次数约束

我国《水轮机调速器与油压装置技术条件》（GB/T9652.1—2007）中对机组发生甩负荷等极端工况后的动态品质要求中，对转速超过某一定值的波峰次数（波动次数）有明确的规定。本小节在进行关闭规律优化时，引入转速波动次数约束条件，以期实现大波动过程的良好的动态品质，如下

$$
\begin{cases}
N_{xf} = \sum \text{num}\left(\text{obj}_x \geqslant \text{constant}_{\text{obj}_{xr}}\right) \\
N_{xf} \leqslant \text{constant}_{xf}
\end{cases}
\tag{8-11}
$$

式中：$\text{constant}_{\text{obj}_{xr}}$ 为动态品质要求的转速上升率常量；$N_{xf}$ 为转速波动次数；$\text{constant}_{xf}$ 为转速波动次数约束常数。

3）蜗壳压力约束

考虑压力脉动与计算误差的蜗壳进口最大压力修正值与蜗壳压力约束如下

$$
\begin{cases}
Pm_{\text{vol\_s}} = P_{\text{vol\_s}} + H_n \times 7\% + \left(P_{\text{vol\_s}} - P_{\text{vol}}\right) \times 10\% \\
Pm_{\text{vol\_s}} \leqslant \text{constant}_{Pm_{\text{vol\_s}}}
\end{cases}
\tag{8-12}
$$

式中：$P_{\text{vol\_s}}$ 为蜗壳进口压力最大计算值；$H_n$ 为净水头；$P_{\text{vol}}$ 为蜗壳进口压力的初始值；$Pm_{\text{vol\_s}}$ 为蜗壳进口压力最大修正值；$\text{constant}_{Pm_{\text{vol\_s}}}$ 为蜗壳进口压力最大值约束常数。

4）尾水管压力约束

考虑压力脉动与计算误差的尾水管进口最小压力修正值与尾水管最小压力约束如下

$$
\begin{cases}
Pm_{\text{dra\_s}} = P_{\text{dra\_s}} - H_n \times 3.5\% - \left(P_{\text{dra}} - P_{\text{dra\_s}}\right) \times 10\% \\
Pm_{\text{dra\_s}} \geqslant 0, \qquad 常规工况 \\
Pm_{\text{dra\_s}} \geqslant -5, \quad 相继甩负荷工况
\end{cases}
\tag{8-13}
$$

式中：$P_{\text{dra\_s}}$ 为尾水管进口压力最小计算值；$H_n$ 为净水头；$P_{\text{dra}}$ 为尾水管进口压力的初始值；$Pm_{\text{dra\_s}}$ 为尾水管进口压力最小修正值。

5）调压室涌浪水位约束

$$
\begin{cases}
L_{\text{sur\_up}} \leqslant \text{constant}_{L_{\text{sur\_up}}} \\
l_{\text{sur\_up}} \geqslant \text{constant}_{l_{\text{sur\_up}}} \\
L_{\text{sur\_down}} \leqslant \text{constant}_{L_{\text{sur\_down}}} \\
l_{\text{sur\_down}} \geqslant \text{constant}_{l_{\text{sur\_down}}}
\end{cases}
\tag{8-14}
$$

式中：$L_{\text{sur\_up}}$、$L_{\text{sur\_down}}$ 分别为上游、下游调压室的最大涌浪水位；$l_{\text{sur\_up}}$、$l_{\text{sur\_down}}$ 分别为上游、下游调压室的最小涌浪水位；$\text{constant}_{L_{\text{sur\_up}}}$、$\text{constant}_{l_{\text{sur\_up}}}$、$\text{constant}_{L_{\text{sur\_down}}}$ 和 $\text{constant}_{l_{\text{sur\_down}}}$ 分别为对应的约束常数。

6）导叶关闭速率约束

当机组导叶以短暂的时间关闭时，则对于调速器曲线斜率控制精度具有较高的要求；为了满足如此短暂的关闭时间，接力器油管内的油速则必须足够大，然而油速过大必将造

成重大安全事故隐患。因此，考虑调速器曲线斜率控制因素约束，并将其转化为导叶关闭速率

$$\Delta Y / t \leqslant Y_{\max} / T_r \qquad (8\text{-}15)$$

式中：$\Delta Y$ 为实际导叶开度关闭值；$t$ 为实际导叶开度关闭时间；$Y_{\max}$ 为导叶开度额定最大值；$T_r$ 为国标规定的接力器最短关闭时间，《水轮机调速器及油压装置系列型谱》（JB/T 7072—2004）规定，对于到压力罐及接力器的调速器和通流式调速器，当接力器容量 ≥ 18 000 N·m 时，接力器最短关闭时间为 3 s，其余类型的调速器，接力器最短关闭时间为 2.5 s。

## 8.4.2　优化流程

MOASA 优化抽水蓄能机组导叶关闭规律流程如图 4.5 所示。首先，进行优化模型初始化，包括仿真模型初始值、优化算法参数等。其次，根据 MOASA 算法规则进行导叶关闭规律优化迭代计算，直至满足优化终止条件，输出优化结果。

## 8.4.3　优化算例

本小节以江西省某大型抽水蓄能电站为例，进行甩 100% 负荷工况下的导叶关闭规律多目标优化，电站引水系统布置和详细参数见 8.3.3 节，甩 100% 负荷过渡过程调节保证计算要求如表 8.5 所示。

表 8.5　调节保证计算指标表

| 参数名称 | 调节保证计算指标 | 参数名称 | 调节保证计算指标 |
|---|---|---|---|
| 额定转速/rpm | 500 | 蜗壳进口最大表压力/mH₂O | 850 |
| 水轮机额定水头/m | 540 | 尾水管进口最小表压力/mH₂O | 0 |
| 水轮机额定流量/（m³/s） | 62.09 | 引水调压室最高涌浪/m | 749.00 |
| 水轮机额定功率/MW | 306.1 | 引水调压室最低涌浪/m | 692.50 |
| 转轮直径/mm | 3 850.1 | 尾水调压室最高涌浪/m | 194.00 |
| 转动惯量（GD²）/（t·m²） | 3 800 | 尾水调压室最低涌浪/m | 137.00 |
| 100%导叶开度/（°） | 20.47 | 最大瞬态转速上升值/% | 50 |

MOASA 优化参数设置如下：最大迭代次数 MaxIter=1 000，种群规模 $N_{pop}$=100，档案集规模 $N_{arc}$=100，网格数量 nGrid=100，个体最大尝试次数 MaxTrial=100，领导者选择因子 $\delta$=2，档案集删除因子 $\theta$=2。机组初始导叶相对开度 $y_0$=0.96，初始流量 $Q_0$=61.22 m³/s。针对三段式导叶关闭规律优化结果如图 8.11 所示，相应导叶关闭方案下的过渡过程调节保证计算结果如表 8.6 所示。

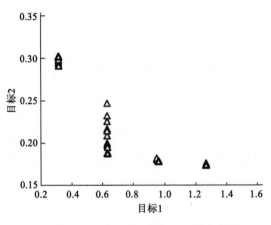

图 8.11　三段式导叶关闭规律多目标优化结果

**表 8.6　调节保证计算结果**

| 导叶关闭方案 | $\Delta n_{max}$/% | $H_{sc\_max}$/m | $H_{dt\_min}$/m | $N$ | 导叶关闭方案 | $\Delta n_{max}$/% | $H_{sc\_max}$/m | $H_{dt\_min}$/m | $N$ |
|---|---|---|---|---|---|---|---|---|---|
| 1 | 31.508 | 823.11 | 35.89 | 1 | 14 | 31.514 | 764.19 | 28.21 | 2 |
| 2 | 31.523 | 822.48 | 35.91 | 1 | 15 | 31.525 | 758.59 | 27.07 | 2 |
| 3 | 31.530 | 821.00 | 36.29 | 1 | 16 | 31.530 | 758.54 | 27.07 | 2 |
| 4 | 31.564 | 820.36 | 36.79 | 1 | 17 | 31.545 | 756.72 | 27.19 | 2 |
| 5 | 31.608 | 819.27 | 36.95 | 1 | 18 | 31.611 | 755.48 | 30.26 | 2 |
| 6 | 31.617 | 818.03 | 37.06 | 1 | 19 | 31.618 | 751.85 | 30.52 | 2 |
| 7 | 31.733 | 816.33 | 37.58 | 1 | 20 | 31.623 | 750.99 | 30.75 | 2 |
| 8 | 31.492 | 788.19 | 46.55 | 2 | 21 | 31.616 | 747.32 | 32.85 | 3 |
| 9 | 31.494 | 779.17 | 44.09 | 2 | 22 | 31.621 | 746.34 | 31.30 | 3 |
| 10 | 31.494 | 774.87 | 44.91 | 2 | 23 | 31.748 | 745.72 | 32.30 | 3 |
| 11 | 31.502 | 769.13 | 37.60 | 2 | 24 | 31.974 | 744.88 | 32.98 | 3 |
| 12 | 31.502 | 768.94 | 35.25 | 2 | 25 | 31.629 | 743.55 | 28.88 | 4 |
| 13 | 31.504 | 767.69 | 31.91 | 2 | 26 | 31.633 | 742.08 | 28.42 | 4 |
| min | 31.492 | 742.08 | 27.07 | 1 | max | 31.633 | 823.11 | 46.55 | 4 |

注: $\Delta n_{max}$ 为机组转速最大上升率,$H_{sc\_max}$ 为蜗壳处水锤压力最大值,$H_{dt\_min}$ 为尾水管水锤水压最小值,$N$ 为甩负荷过渡过程中的水力振荡次数

由表 8.6 可知,在经多目标优化后的 26 个导叶关闭方案中,机组转速最大上升率为 31.633%,小于 50%限制值,蜗壳处水锤压力最大值为 823.11 m,小于 850 m,均满足表 8.5 所示调节保证计算要求。此外,由图 8.12 和图 8.13 可知,优化结果对应的尾水管最小水

锤压力均远大于 0 m，上下游调压井涌浪水位均未超出调节保证计算限制值。因此，算例中抽水蓄能机组甩 100%负荷时的导叶关闭规律多目标优化结果满足调保计算要求。

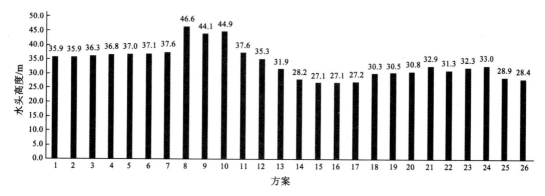

图 8.12　优化结果对应的尾水管水头压力

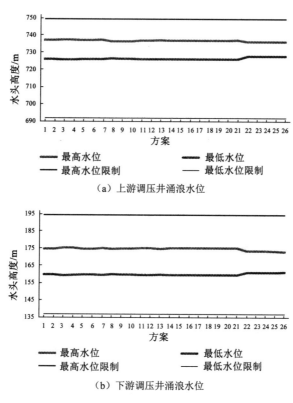

图 8.13　优化结果对应的上下游调压井涌浪水位

# 参 考 文 献

[1] BASU M. An interactive fuzzy satisfying method based on evolutionary programming technique for multi-objective short-term hydrothermal scheduling[J]. Electric power systems research, 2004, 69(2-3): 277-285.

[2] PAN I, DAS S. Fractional order fuzzy control of hybrid power system with renewable generation using chaotic PSO[J]. ISA transactions, 2016, 62:19-29.

[3] SERBAN I, MARINESCU C. Battery energy storage system for frequency support in microgrids and with enhanced control features for uninterruptible supply of local loads[J]. International journal of electrical power & energy systems, 2014, 54: 432-441.

[4] DAUD M Z, MOHAMED A, HANNAN M A. An improved control method of battery energy storage system for hourly dispatch of photovoltaic power sources[J]. Energy conversion and management, 2013, 73:256-270.

[5] NGUYEN T T, YOO H J, KIM H M. A Flywheel Energy Storage System Based on a Doubly Fed Induction Machine and Battery for Microgrid Control[J]. Energies, 2015, 8: 5074-5089.

[6] MA T, YANG H, LIN L, et al. Technical feasibility study on a standalone hybrid solar-wind system with pumped hydro storage for a remote island in Hong Kong[J]. Renewable energy, 2014, 69: 7-15.

[7] YANG W, YANG J. Study on optimum start-up method for hydroelectric generating unit based on analysis of the energy relation[C]//Proceedings of the Asia-Pacific Power and Energy Engineering Conference, Shanghai, China, 2012: 1-5.

[8] PARASTEGARI M, HOOSHMAND R A, KHODABAKHSHIAN A, et al. Joint operation of wind farm, photovoltaic, pump-storage and energy storage devices in energy and reserve markets[J]. International journal of electrical power & energy systems, 2015, 64: 275-284.

[9] KOCAMAN A S, MODI V. Value of pumped hydro storage in a hybrid energy generation and allocation system[J]. Applied energy, 2017, 205: 1202-1215.

[10] MIN C G, KIM M K. Flexibility-based reserve scheduling of pumped hydroelectric energy Storage in Korea[J]. Energies, 2017, 10: 1478.

[11] MERINO J, VEGANZONES C, SANCHEZ J A, et al. Power system stability of a small sized isolated network supplied by a combined wind-pumped storage generation system: a case study in the canary islands[J]. Energies, 2012, 5: 2351-2369.

[12] 张博庭. "十三五"规划如何落实积极发展水电政策[J]. 中国电力企业管理, 2014, (6): 37-39.

[13] 马瑞. 抽水蓄能机组自适应控制的研究[D]. 长沙:湖南大学, 1999.

[14] 周攀, 钱凤, 何林波, 等. 基于抽水蓄能机组调速系统控制策略的研究与开发[J]. 水电自动化与大坝监测, 2013, 37(4): 7-12.

[15] ZENG M, FENG J, XUE S, et al. Development of China's pumped storage plant and related policy analysis[J]. Energy policy, 2013,61 (6): 104-113.

[16] 周建中, 李超顺. 水电机组系统建模、参数辨识及调速和励磁控制方法[M]. 武汉: 华中科技大学出版社, 2016.

[17] 周建中, 张勇传, 李超顺. 水轮发电机组动力学问题及故障诊断原理与方法[M]. 武汉: 华中科技大学出版社, 2013.

[18] REHMAN S, AL-HADHRAMI L M, MAHBUB A M. Pumped hydro energy storage system: a technological review[J]. Renewable and sustainable energy reviews, 2015,44: 586-598.

[19] 王柏林. 水轮发电机组的模型参考自适应控制[J]. 自动化学报, 1987, 13(6): 408-415.

[20] 陈光大, 刘炳文, 蔡维由, 等. 基于测试系统频率的自适应水轮机调速器[J]. 水力发电学报, 1993, 2: 34-37.

[21] 南海鹏, 罗兴琦, 余向阳. 基于模糊遗传算法的水轮机调速器参数优化[J]. 西安理工大学学报, 2003, 19(3): 206-211.

[22] 方红庆. 一种改进粒子群算法及其在水轮机控制器 PID 参数优化中的应用[J]. 南京理工大学学报(自然科学版), 2008, 32(3): 274-278.

[23] 付文秀, 苏杰. 基于果蝇优化算法的水轮发电机组 PID 参数优化[J]. 计算机仿真, 2015, 32(2): 383-386.

[24] 寇攀高, 周建中, 何耀耀, 等. 基于菌群-粒子群算法的水轮发电机组 PID 调速器参数优化[J]. 中国电机工程学报, 2009, 29(26): 101-106.

[25] 饶洪德. 基于遗传算法的水轮机调节系统 PID 参数优化整定[J]. 水利水电技术, 2005, 36(1): 66-69.

[26] 苏永亮, 周彬. 基于自适应粒子群法的水轮机 PID 调速参数优化[J]. 水电厂自动化, 2014(2): 47-50.

[27] 方红庆, 沈祖诒. 基于改进粒子群算法的水轮发电机组调速器参数优化[J]. 中国电机工程学报, 2005, 25(22): 120-124.

[28] 龚崇权, 肖惠民, 蔡维由. 模糊控制在水轮机调节应用中运行模式的探讨[J]. 长沙电力学院学报(自然科学版), 2001, 16(3): 52-54.

[29] 林富华, 沈恩源, 林建亚等. 模糊技术在水轮机调节系统中的应用[J]. 动力工程, 1996, 16(2): 45-48.

[30] 刘建业, 郑玉森, 张炳达. 水轮机模糊调速器研究[J]. 控制理论与应用, 1996, 13(1): 47-51.

[31] 南海鹏, 辛华, 余向阳. 基于遗传算法的水轮机模糊自适应调节系统控制规则[J]. 水电自动化与大坝监测, 2005, 29(1): 5-9.

[32] WANG Q, ZHANG M, BAI D, et al. Fuzzy adaptive PID control for multi-range hydro-mechanical continuously variable transmission in tractor[J]. Transactions of the Chinese society for agricultural machinery, 2006(7): 167-172.

[33] CHAKRABORTY S, ITO T, SENJYU T, et al. Unit commitment strategy of thermal generators by using advanced fuzzy controlled binary particle swarm optimization algorithm[J]. Electr power energy system, 2012, 43(1): 1072-1080.

[34] SAHU B K, PATI S, MOHANTY P K, et al Teaching-learning based optimization algorithm based fuzzy-PID controller for automatic generation control of multi-area power system[J]. Applied soft computing, 2015,27: 240-249.

[35] SAHU P K, PANDA S, PRADHAN P C. Design and analysis of hybrid firefly algorithm-pattern search based fuzzy PID controller for LFC of multi area power systems[J]. International journal of electrical power & energy systems,2015, 69: 200-212.

[36] LEONARD J, KRAMER M A. Improvement of the backpropagation algorithm for training neural networks[J]. Computers & chemical engineering, 1990, 14(3): 337-341.

[37] MIRJALILI S, MIRJALILI S M, LEWIS A. Grey Wolf Optimizer[J].Advances in engineering software, 2014, 69(3): 46-61.

[38] BONNETT S C. Adaptive speed control of hydrogenerators by recursive least squares identification algorithm[J]. IEEE transactions on energy conversion, 1995, 10(1): 162-168.

[39] MALIK O P, ZENG Y. Design of a robust adaptive controller for a water turbine governor system[J]. IEEE transactions on energy conversion, 1990, 10(2): 354-359.

[40] PULEVA T, GARIPOV E, RUZHEKOV G. Adaptive power control modeling and simulation of a hydraulic turbine[C]//16th International Conference on Intelligent Systems Application to Power Systems (ISAP), Piscataway, 2011: 1-6.

[41] MALIK O P, HOPE G S, YE L Q, et al. An intelligent self-improving control strategy with a variable structure and time-varying parameters for water turbine governor[J]. La Houille Blanche, 1989(6): 463-476.

[42] JONES D F, MIRRAZAVI S K, TAMIZ M. Multi-objective meta-heuristics: an overview of the current state-of-the-art[J]. European journal of operational research, 2002, 137 (1): 1-9.

[43] KOZA J R , POLI R . Genetic Programming[M]. Boston: Springer, 2005.

[44] TANG K S, MAN K F, KWONG S, et al. Genetic algorithms and their applications[J]. IEEE signal processing magazine, 1996, 13(6): 22-37.

[45] SRINIVAS N, DEB K. Multi-objective function optimization using non-dominated sorting genetic algorithms[J]. Evolutionary computation, 1995, 2(3): 221-248.

[46] CHUANG Y C, CHEN C T, HWANG C.A real-coded genetic algorithm with a direction-based crossover operator[J]. Information sciences, 2015, 305: 320-348.

[47] DEEP K, THAKUR M. A new mutation operator for real coded genetic algorithms[J]. Applied mathematics and computation, 2007, 193: 211-230.

[48] HAUPT R L, HAUPT E. Practical Genetic Algorithms[M]. New Jersy: John Wiley & Sons, 2004.

[49] KiRKPATRICK S, GELATTO C D, VECCHI M P. Optimization by simulated annealing[J]. Science, 1983, 220: 671-680.

[50] WANG G, GUO L, WANG H, et al. Incorporating mutation scheme into krill herd algorithm for global numerical optimization[J]. Neural computing and applications, 2014, 24: 853-871.

[51] VAN VELDHUIZEN D A, LAMONT G B. Multi-objective Evolutionary Algorithm Research: A History and Analysis[J]. Evolutionary computation, 1998, 8(2): 125-147.

[52] Sierra M R, Carlos A C C. Improving PSO-Based Multi-objective Optimization Using Crowding, Mutation and $\in$ -Dominance[C]// Evolutionary Multi-criterion Optimization Third International Conference. 2005.

[53] SU Y X, CHI R. Multi-objective particle swarm-differential evolution algorithm[J]. Neural computing & applications, 2017, 28(2): 1-12.

[54] DAS S, ABRAHAM A, CHAKRABORTY U K, et al. Differential evolution using a neighborhood-based mutation operator[J]. IEEE transactions on evolutionary computation, 2009, 13(3): 526-553.

[55] MALLIPEDDI R, SUGANTHAN P N, PAN Q K, et al. Differential evolution algorithm with ensemble of parameters and mutation strategies[J]. Applied soft computing, 2011, 11(2): 1679-1696.

[56] DORIGO M, MANIEZZO V, COLORNI A. Ant system: optimization by a colony of cooperating agents[J]. IEEE transactions on systems man & cybernetics part b cybernetics a publication of the IEEE systems man & cybernetics society, 1996, 26(1): 29-41.

[57] SOCHA K, DORIGO M. Ant colony optimization for continuous domains[J]. European journal of operational research, 2008, 185(3): 1155-1173.

[58] ALAYA, SOLNON C, GHEDIRA K. Ant Colony Optimization for Multi-Objective Optimization Problems[C]// IEEE International Conference on TOOLS with Artificial Intelligence, 2017: 450-457.

[59] DU H, WU X, ZHUANG J. Small-world optimization algorithm for function optimization[C]//Advances in Natural Computation, 2006.

[60] FOGEL D. Artificial intelligence through simulated evolution[M]. New Jersey: Wiley-IEEE Press, 2009.

[61] FORMATO R A. Central force optimization: a new metaheuristic with applications in applied

electromagnetics[J]. Progress in electromag. research. 2007, 77: 425-491.

[62] GANDOMI A H, ALAVI A H. KRILL HERD. A new bio-inspired optimization algorithm[J]. Communications in nonlinear science & numerical simulation, 2012, 17(12): 4831-4845.

[63]GONG W , CAI Z , LING C X , et al. Enhanced differential evolution with adaptive strategies for numerical optimization[J]. IEEE transactions on cybernetics, 2011, 41(2): 397-413.

[64]HANSEN N , MÜLLER S D, KOUMOUTSAKOS P. Reducing the time complexity of the derandomized evolution strategy with covariance matrix adaptation (CMA-ES)[J]. Evolutionary computation, 2003, 11(1): 1-18.

[65] KAVEH A , KHAYATAZAD M . A new meta-heuristic method: ray optimization[J]. Computers & Structures, 2012, s112-113(4):283-294.

[66] ZHOU A, QU B Y, LI H, et al. Multi-objective evolutionary algorithms: a survey of the state-of-the-art[J]. Swarm and evolutionary computation, 2011, 1(1): 32-49.

[67] GULIASHKI V, TOSHEV H, KORSEMOV C.Survey of evolutionary algorithms used in multi-objective optimization[J]. Journal of problems of engineering cybernetics and robotics, 2009, 60: 42-54.

[68] SIERRA M R, COELLO C A C. Multi-objective particle swarm optimizers: a survey of the state-of-the-art[J]. International journal of computational intelligence research, 2006, 2(3): 287-308.

[69] COELLO C A C, PULIDO G, LECHUGA M. Handling multiple objectives with Particle Swarm Optimization[J]. IEEE transactions on evolutionary computation, 2004, 8(3): 256-279.

[70] HASSANZADEH H, ROUHANI M. A multi-objective Gravitational Search Algorithm[C]// International Conference on Computational Intelligence, Communication Systems and Networks, Liverpool, 2010.

[71] AKBARI R, HEDAYATZADEH R, ZIARATI K,et al. A multi-objective artificial bee colony algorithm[J]. Swarm and evolutionary computation, 2012(1): 39-52.

[72] MIRJALILI S, SAREMI S, MIRJALILI S. Multi-objective grey wolf optimizer: A novel algorithm for multi-criterion optimization[J]. Expert systems with applications, 2016(47): 106-119.

[73] JIANG Q, WANG L, HEI X, et al. MOEA/D-ASA+SBX: a new multi-objective evolutionary algorithm based on decomposition with artificial raindrop algorithm and simulated binary crossover[J]. Knowledge-based systems, 2016, 107: 197-218.

[74] CAI D, YUPING W. A new uniform evolutionary algorithm based on decomposition and CDAS for many-objective optimization[J]. Knowledge-based systems, 2015, 85(C): 131-142.

[75] SUN G, ZHANG A, JIA X. DMMOGSA: Diversity-enhanced and memory-based multi-objective gravitational search algorithm[J]. Information sciences, 2016, 363, 52-71.

[76] ZITZLER E, THIELE L. Multiobjective evolutionary algorithms: a comparative case study and the strength Pareto approach[J]. IEEE transactions on evolutionary computation, 1999, 3(4): 257-271.

[77] ZHANG Q, LI H. MOEA/D: A multi-objective evolutionary algorithm based on decomposition[J]. IEEE transactions on evolutionary computation, 2007, 11(6): 712-731.

[78] GLOVER F, KOCHENBERGER G A. Handbook of Metaheuristics[M]. London：Springer, 2010.

[79] TALBI E G. Metaheuristics: from design to implementation[C]//The International Society for Optical Engineering, 2009, 42(4): 497-541.

[80] COELLO C A C, LECHUGA M S. MOPSO: a proposal for multiple objective particle swarm optimization[C]//Proc Conger Evolutionary Computation, 2002, 1: 1051-1056.

[81] MOUSA A A, EL-SHORBAGY M A, ABD-EL-WAHED W F. Local search based hybrid particle swarm optimization algorithm for multi-objective optimization[J]. Swarm and evolutionary computation, 2012, 3: 1-14.

[82] BENAMEUR L, ALAMI J, IMRANI A H E. A new hybrid particle swarm optimization algorithm for

handling multi-objective problem using fuzzy clustering technique[C]// International Conference on Computational Intelligence, Modelling and Simulation, IEEE, 2009: 48-53.

[83] MIRJALILI S. Dragonfly algorithm: a new meta-heuristic optimization technique for solving single-objective, discrete, and multi-objective problems[J]. Neural computing and applications, 2016, 27(4): 1053-1073.

[84] SCHARFSTEIN D S, STEIN J C. Herd Behavior and Investment[J]. American economic review, 1990, 80(3): 465-479.

[85] BONABEAU E. Swarm intelligence: from natural to artificial systems[M]. Oxford: Oxford University Press Inc., 1999.

[86] TARASEWICH P, MCMULLEN P R. Swarm intelligence[J]. Communications of the acm, 2002, 45(8): 62-67.

[87] LIU B, WANG L, JIN Y, et al. Improved particle swarm optimization combined with chaos[J]. Chaos, solitons fractals. 2005, 25(5): 1261-1271.

[88] MIRJALILI S. Moth-flame optimization algorithm: a novel nature-inspired heuristic paradigm[J]. Knowledge-based systems, 2015, 89: 228-249.

[89] MIRJALILI S. SCA: a Sine Cosine Algorithm for Solving Optimization Problems[J]. Knowledge-based systems ,2016, 96: 120-133.

[90] SUN G, ZHANG A, WANG Z, et al. Locally informed gravitational search algorithm[J]. Knowledge-based systems, 2016, 104: 134-144.

[91] HATAMLOU A. Black hole: a new heuristic optimization approach for data clustering[J]. Information sciences. 2013, 222: 175-184.

[92] JAMES J, LI V O. A social spider algorithm for global optimization[J]. Applied. soft computing, 2015, 30: 614-627.

[93] GONÇALVES M S, LOPEZ R H, MIGUEL L F F. Search group algorithm: a new meta-heuristic method for the optimization of truss structures[J]. Computers and structures,2015, 153: 165-184.

[94] LI X. A new intelligent optimization-artificial fish swarm algorithm[D]. 杭州: 浙江大学, 2003.

[95] STORN R , PRICE K. Differential evolution -a simple and efficient heuristic for global optimization over continuous spaces[J]. Journal of global optimization, 1997, 11(4): 341-359.

[96] UYMAZ S A, TEZEL G, YEL E. Artificial algae algorithm (AAA) for nonlinear global optimization[J]. Applied soft computing, 2015, 31(C): 153-171.

[97] WANG G G, GUO L, GANDOMI A H, et al. Chaotic Krill Herd algorithm[J]. Information sciences, 2014, 274: 17-34.

[98] EL-ABD M. Performance assessment of foraging algorithms vs. evolutionary algorithms[J]. Information sciences, 2012, 182: 243-263.

[99] ASKARZADEH A, REZAZADEH A. A new heuristic optimization algorithm for modeling of proton exchange membrane fuel cell: bird mating optimizer[J]. Energy research, 2012, 37: 1196-1204.

[100] BASTURK B, KARABOGA D. An artificial bee colony (ABC) algorithm for numeric function optimization[J]. IEEE swarm intelligence symposium, 2007(4529): 789-798.

[101] BISWAS S , DAS S , DEBCHOUDHURY S , et al. Co-evolving bee colonies by forager migration: a multi-swarm based artificial bee colony algorithm for global search space[J]. Applied mathematics and computation, 2014, 232: 216-234.

[102] DAS S, BISWAS S, PANIGRAHI B K, et al. A spatially informative optic flow model of bee colony with saccadic flight strategy for global optimization[J]. IEEE transactions on cybernetics, 2014, 44(10): 1884-1897.

[103] DEMIŠAR J, SCHUURMANS D . Statistical comparisons of classifiers over multiple data sets[J]. Journal of machine learning research, 2006, 7(1): 1-30.

[104] DERRAC J, GARCÍA S, MOLINA D, et al. A practical tutorial on the use of nonparametric statistical tests as a methodology for comparing evolutionary and swarm intelligence algorithms[J]. Swarm and evolutionary computation, 2011, 1: 3-18.

[105] KISHORE J K, PATNAIK L M, MANI V, et al. Application of genetic programming for multicategory pattern classification[J]. IEEE transactions on evolutionary computation, 2000, 4(3): 242-258.

[106] LI C S, LI H, KOU P G. Piecewise function based gravitational search algorithm and its application on parameter identification of AVR system[J]. Neurocomputing, 2014, 124: 139-148.

[107] HAO Q, SRINIVASAN D, KHOSRAVI A. Integration of renewable generation uncertainties into stochastic unit commitment considering reserve and risk:a comparative study[J]. Energy, 2016, 103: 735-745.

[108] TUOHY A, O′MALLEY M. Pumped storage in systems with very high wind penetration[J]. Energy policy, 2011, 39(39): 1965-1974.

[109] ZENG M, ZHANG K, WANG L. Study on unit commitment problem considering wind power and pumped hydro energy storage[J]. International journal of electrical power & Energy Systems, 2014, 63: 91-96.

[110] PAPAVASILIOU A, OREN S S, ROUNTREE B. Applying high performance computing to transmission-constrained stochastic unit commitment for renewable energy integration[J]. IEEE transactions on power systems, 2015, 30(3): 1109-1120.

[111] FONSECA C M, FLEMING P J. An overview of evolutionary algorithms in multi-objective optimization[J]. Evolutionary computation, 1995, 3(1): 1-16.

[112] COELLO C A C. A comprehensive survey of evolutionary-based multi-objective optimization techniques[J]. Knowledge and information systems, 1999,1(3): 269-308.

[113] DEB K, KALYANMOY D. Multi-objective optimization using evolutionary algorithms[M]. New Jersey: John Wiley & Sons, Inc, 2001.

[114] SAWARAGI Y, NAKAYAMA H, TANINO T. Theory of multi-objective optimization[M]. New York: Academic Press, 2010.

[115] CASS D. Optimum growth in an aggregative model of capital accumulation[J]. Review of economic studies, 1965, 32(32): 233-240.

[116] SUN C C I. Use of vehicle signature analysis and lexicographic optimization for vehicle reidentification on freeways[J]. Transportation research.1999, 7(4): 167-185.

[117] AGHAEI J, AMJADY N, SHAYANFAR H A. Multi-objective electricity market clearing considering dynamic security by lexicographic optimization and augmented epsilon constraint method[J]. Applied soft computing, 2011, 11(4): 3846-3858.

[118] SAHOO N C, GANGULY S, DAS D.Simple heuristics-based selection of local guides for multi-objective PSO with an application to electrical distribution system planning[J]. Engineering applications of artificial intelligence, 2011, 24(4): 567-585.

[119] GANGULY S, SAHOO N C, DAS D. Multi-objective particle swarm optimization based on fuzzy-pareto-dominance for possibilistic planning of electrical distribution systems incorporating distributed generation[J]. Fuzzy sets and systems, 2013, 213: 47-73.

[120] RONG A, HAKONEN H, LAHDELMA R. A dynamic regrouping based sequential dynamic programming algorithm for unit commitment of combined heat and power systems[J]. Energy conversion and management, 2009, 50: 1108-1115.

[121] YANG L, JIAN J, WANG Y, et al. Projected mixed integer programming formulations for unit commitment problem[J]. International journal of electrical power, 2015, 68(68): 195-202.

[122] KOLTSAKLIS N E, GEORGIADIS M C. A multi-period, multi-regional generation expansion planning model incorporating unit commitment constraints[J]. Applied energy, 2015, 158: 310-331.

[123] JIANG Q, ZHOU B, ZHANG M. Parallel augment lagrangian relaxation method for transient stability constrained unit commitment[J]. IEEE transactions on power systems, 2013, 28(2): 1140-1148.

[124] QUAN R, JIAN J, YANG L. An improved priority list and neighborhood search method for unit commitment[J]. International journal of electrical power, 2015, 67(67): 278-285.

[125] SANTHI R K, SUBRAMANIAN S. Adaptive binary PSO based unit commitment[J]. International journal of computer applications, 2011, 15(4): 1-6.

[126] ROY P K. Solution of unit commitment problem using gravitational search algorithm[J]. International journal of electrical power, 2013, 53(4): 85-94.

[127] ABOOKAZEMI K, AHMAD H, TAVAKOLPOUR A, et al. Unit commitment solution using an optimized genetic system[J]. International journal of electrical power, 2011, 33(4): 969-975.

[128] OTHMAN M N C, RAHMAN T K A, MOKHLIS H, et al. Solving unit commitment problem using multi-agent evolutionary programming incorporating priority list[J]. Arabain journal for science and engineering, 2015, 40: 3247-3261.

[129] EMARY E, ZAWBAA H M, HASSANIEN A E. Binary grey wolf optimization approaches for feature selection[J]. Neurocomputing, 2016, 172: 371-381.

[130] YU H, CHUNG C Y, WONG K P, et al. Probabilistic load flow evaluation with hybrid Latin hypercube sampling and cholesky decomposition[J]. IEEE transcations on power systems, 2009, 24(5): 661-667.

[131] HARBRECHT H, PETERS M, SCHNEIDER R. On the low-rank approximation by the pivoted cholesky decomposition[J]. applied numerical mathematics, 2012, 62(4): 428-440.

[132] CARRIÓN M, ARROYO J M. A computationally efficient mixed-integer linear formulation for the thermal unit commitment problem[J]. IEEE transactions on power systems, 2006, 21(3): 1371-1378.

[133] YUAN X, NIE H, SU A, et al. An improved binary particle swarm optimization for unit commitment problem[J]. Expert systems with applications, 2009, 36(4): 8049-8055.

[134] TING T O, RAO M V C, LOO C K. A novel approach for unit commitment problem via an effective hybrid particle swarm optimization[J]. IEEE transactions on power systems, 2006, 21(1): 411-418.

[135] JORGE V, SMITH A. A seeded memetic algorithm for large unit commitment problems[J]. Journal of heuristics, 2002, 8(2): 173-195.

[136] ZHAO B, GUO C X, BAI B R, et al. An improved particle swarm optimization algorithm for unit commitment[J]. International journal of electrical power, 2006, 28(7): 482-490.

[137] LI C S, ZHOU J Z. Parameters identification of hydraulic turbine governing system using improved gravitational search algorithm[J]. Energy conversion and management, 2011, 52(1): 374-381.

[138] LI C S, HUANG Z, LIU Y, et al. Parameter identification of a nonlinear model of hydraulic turbine governing system with an elastic water hammer based on a modified gravitational search algorithm[J]. Engineering applications of artificial intelligence, 2016, 50: 177-191.

[139] LI C S, ZHOU J Z, XIAO J, et al. Parameters identification of chaotic system by chaotic gravitational search algorithm[J]. Chaos, soltions and fractals, 2012, 45(4): 539-547.

[140] CHEN Z, YUAN Y, YUAN X, et al. Application of multi-objective controller to optimal tuning of PID gains for a hydraulic turbine regulating system using adaptive grid particle swam optimization[J]. ISA transactions, 2015, 56: 173-187.

[141] 曹健, 李超顺, 张楠, 等. 抽水蓄能机组分数阶 PID 控制及参数优化研究[J]. 大电机技术, 2016,

(2): 50-56.

[142] LI C S, ZHOU J Z, FU B, et al. T-S fuzzy model identification with a gravitational search-based hyperplane clustering algorithm[J]. IEEE transactions on fuzzy systems, 2012, 20(2): 305-317.

[143] CHEN Z, YUAN X, JI B, et al. Design of a fractional order PID controller for hydraulic turbine regulating system using chaotic non-dominated sorting genetic algorithm II[J]. Energy conversions and management, 2014, 84: 390-404.

[144] SHU S H, FAN H, ZHANG B. Application of genetic algorithm to the optimization of the closing of gates in pumped-storage power stations[J]. Journal of Tsinghua University(Science and Technology), 2000(11): 35-38.

[145] LANSBERRY J E. Optimal hydrogenerator governor tuning with a genetic algorithm[J]. IEEE transactions on energy conversion, 1992, 7(4): 623-630.

[146] MANDAL K K, CHAKRABORTY N. Short-term combined economic emission scheduling of hydrothermal systems with cascaded reservoirs using particle swarm optimization technique[J]. Applied soft computing journal, 2011, 11(1): 1295-1302.

[147] COELLO C. Evolutionary multi-objective optimization: some current research trends and topics that remain to be explored[J]. Frontiers of computer science, 2009, 3(1): 18-30.

[148] LOHRASBI A R, ATTARNEJAD R. Water Hammer Analysis by Characteristic Method[J]. American journal of engineering & applied sciences, 2008, 1(4): 287-294.

[149] LISTER M . The numerical solution of hyperbolic partial differential equations by the method of characteristics[J]. Mathematical methods for digital computers, 1960: 165-179.

[150] JI B, YUAN X, LI X, et al. Application of quantum-inspired binary gravitational search algorithm for thermal unit commitment with wind power integration[J]. Energy conversion manage, 2014, 87(87):589-598.

[151] ZHAO C, WANG Q, WANG J, et al. Expected value and chance constrained stochastic unit commitment ensuring wind power utilization[J]. IEEE transactions and power systems , 2014, 29(6): 2696-2705.

[152] QUAN H, SRINIVASAN D, KHAMBADKONE A M, et al. A computational framework for uncertainty integration in stochastic unit commitment with intermittent renewable energy sources[J]. Applied energies, 2015, 152: 71-82.

[153] WANG J, BOTTERUD A, BESSA R, et al. Wind power forecasting uncertainty and unit commitment[J]. Applied energy, 2011, 88(11): 4014-23.

[154] VIEIRA B, VIANA A, MATOS M, et al. A multiple criteria utility-based approach for unit commitment with wind power and pumped storage hydro[J]. Electric power systems research, 2016, 131: 244-254.

[155] TSIKALAKIS A G, HATZIARGYRIOU N D, KATSIGIANNIS Y A, et al. Impact of wind power forecasting error bias on the economic operation of autonomous power systems[J]. Wind energy, 2009, 12(4): 315-331.

[156] SHUKLA A, SINGH S N. Multi-objective unit commitment with renewable energy using hybrid approach[J]. IET Renew able power generation, 2016, 10(3): 327-338.

[157] PAPPALA VS, ERLICH I, ROHRIG K, et al. A stochastic model for the optimal operation of a wind-thermal power system[J]. IEEE transactions on power systems, 2009, 24 (2): 940-950.

[158] LOWERY C, O'MALLEY M. Impact of wind forecast error statistics upon unit commitment[J]. IEEE transactions on sustainable energy, 2012, 3(4): 760-768.

[159] JI B, YUAN X, CHEN Z, et al. Improved gravitational search algorithm for unit commitment considering uncertainty of wind power[J]. Energy, 2014, 67(2): 52-62.

[160] SHUKLA A, SINGH S N. Clustering based unit commitment with wind power uncertainty[J]. Energy

conversion manage, 2016, 111: 89-102.

[161] BAKIRTZIS E A , BISKAS P N . Multiple Time Resolution Stochastic Scheduling for Systems with High Renewable Penetration[J]. IEEE transactions on power systems, 2016,32(99): 1.

[162] NAZARI M E, ARDEHALI M M, JAFARI S. Pumped-storage unit commitment with considerations for energy demand, economics, and environmental constraints[J]. Energy, 2010, 35: 4092-4101.

[163] DEANE J P, MCKEOGH E J, GALLACHOIR B P O. Derivation of intertemporal targets for large pumped hydro energy storage with stochastic optimization[J]. IEEe transactions on power systems, 2013, 28(3): 2147-2155.

[164] KHODAYAR M E, SHAHIDEHPOUR M, WU L. Enhancing the dispatchability of variable wind generation by coordination with pumped-storage hydro units in stochastic power systems[J]. IEEE transactions on power systems, 2013, 28(3): 2808-2818.

[165] FOLEY AM, LEAHY PG, LI K, et al. A long-term analysis of pumped hydro storage to firm wind power[J]. Applied energy, 2015, 137: 638-648.

[166] PÉREZ-DÍAZ J I, JIMÉNEZ J. Contribution of a pumped-storage hydropower plant to reduce the scheduling costs of an isolated power system with high wind power penetration[J]. Energy, 2016, 109: 92-104.

[167] BRUNINX K, DVORKIN Y, DELARUE E, et al. Coupling pumped hydro energy storage with unit commitment[J]. IEEE transactions on sustainable energy, 2016, 7(2): 786-796.

[168] JIANG R, WANG J, GUAN Y. Robust unit commitment with wind power and pumped storage hydro[J]. IEEE transactions on power systems, 2012, 27(2):800-810.

[169] SIMOPOULOS D N, KAVATZA S D, VOURNAS C D. Unit commitment by an enhanced simulated annealing algorithm[J]. IEEE transactions on power systems, 2006, 21(1): 68-76.

[170] ZHAO B, GUO C X, BAI B R, et al. An improved particle swarm optimization algorithm for unit commitment[J]. International journal of electrical power, 2006, 28(7): 482-490.

[171] LANSBERRY J E, WOZNIAK L. Adaptive hydrogenerator governor tuning with a genetic algorithm[J]. IEEE transactions on energy conversion, 1994, 9(1): 179-185.

[172] 沈祖怡. 水轮机调节[M]. 北京: 中国水利水电出版社, 1997.

[173] 方红庆, 孙美凤, 沈祖诒. 水轮机调节系统控制策略综述[J]. 人民长江, 2004, 35(1): 45-49.

[174] 魏守平. 水轮机调节系统的适应式变参数调节[J]. 大电机技术, 1985, 5: 48-54.

[175] 魏守平, 卢本捷. 水轮机调速器的调节规律[J]. 水力发电学报, 2003, 4: 112-118.

[176] 蔡维由, 陈光大, 刘炳文. 水轮机调速器的极点配置法设计及自适应控制[J]. 大电机技术, 1995, 6: 47-56.

[177] 孟佐宏, 蔡维由, 陈光大, 等. 水轮机调节系统最优鲁棒极点配置调速器的设计[J]. 大电机技术, 2000, 4: 32-35.

[178] 远楚. 水电机组智能控制策略与调速励磁协调控制的研究[D]. 武汉: 武汉大学, 2002.

[179] YANG W J, YANG J D, GUO W C. A mathematical model and its application for hydro power units under different operating conditions[J]. Energies. 2015, 8(9): 10260-10275.

[180] ZHANG H, CHEN D, XU B. Nonlinear modeling and dynamic analysis of hydro-turbine governing system in the process of load rejection transient[J]. Energy conversion and management, 2015, 90: 128-137.

[181] 魏守平. 水轮机控制工程[M]. 武汉: 华中科技大学出版社, 2005.

[182] LI Z H. An orthogonal test approach based control parameter optimization and its application to a hydro-turbine governor[J]. IEEE transactions on energy conversion, 1997, 12(4): 388-393.

[183] 叶鲁卿. 水力发电过程控制—理论、应用及其发展[M]. 武汉: 华中科技大学出版社, 2002.

[184] LI C S, MAO Y F, YANG J D, et al. A nonlinear generalized predictive control for pumped storage unit[J]. Renew energy, 2017, 114: 945-959.

[185] POPESCU M, ARSENIE D, VLASE P. Applied Hydraulic Transients: For Hydropower Plants and Pumping Stations[M]. Boca Raton: CRC Press, 2003.

[186] ZENG W, YANG J, HU J. Pumped-storage system model and experimental investigations on S-induced issues during transients[J]. Mechanical systems & signal processing, 2017, 90: 350-364.

[187] PARIS L, SALVADERI L. Pumped-storage plant basic characteristics: their effect on generating system reliability[J]. Proc. Am. Power Conf, Ente Nazionale per l'Energia Elettrica, Rome, 1974,36: 403-418.

[188] ZHENG X B, GUO P C, TONG H Z, et al. Improved Suter-transformation for complete characteristic curves of pump-turbine[C]// 26th IAHR Symposium on Hydraulic Machinery and Systems, Beijing, 2012.

[189] LIU Z M ,ZHANG D H , LIU Y Y, et al. New Suter-transformation method of complete characteristic curves of pump-turbines based on the 3-D surface[J]. China rural water & hydropower, 2015.

[190] 卢强, 桂小阳, 梅生伟,等. 大型发电机组调速器的非线性最优 PSS[J]. 电力系统自动化, 2005, 29(9):15-19.

[191] LI X, YIN M. An opposition-based differential evolution algorithm for permutation flow shop scheduling based on diversity measure[J]. Advances in engineering software, 2013, 55(8): 10-31.

[192] MIRJALILI S, LEWIS A, MOSTAGHIM S. Confidence measure: a novel metric for robust meta-heuristic optimisation algorithms[J]. Information sciences, 2015, 317: 114-142.

[193] MIRJALILI S, MIRJALILI S M, LEWIS A. Gravy wolf optimizer[J]. Advances in engineering software, 2014, 69: 46-61.

[194] PAN W T. A new fruit fly optimization algorithm: taking the financial distress model as an example[J]. Knowledge based systems, 2012, 26: 69-74.

[195] RASHEDI E, NEZAMABADI P H, SARYAZDI S. GSA: a gravitational search algorithm[J]. Information sciences,2009, 179: 2232-2248.

[196] SHAH H H. Principal components analysis by the galaxy-based search algorithm: A novel metaheuristic for continuous optimisation[J]. International journal of computational science and engineering, 2011, 6(1/2): 132-140.

[197] DAN S. Biogeography-based optimization[J]. IEEE transactions on evolutionary computation, 2008, 12(6): 702-713.

[198] WANG L, NI H, YANG R, et al. An adaptive simplified human learning optimization algorithm[J]. Information sciences, 2015, 320: 126-139.

[199] YADAV P, KUMAR R, PANDA S K,et al. An Intelligent Tuned Harmony Search algorithm for optimisation[J]. Information sciences, 2012, 196: 47-72.

[200] YANG X S. A new metaheuristic bat-inspired algorithm[C]//Nature inspired cooperative strategies for optimization, London: Springer, 2010, 65-74.

[201] YANG X S, DEB S. Cuckoo search via Lévy flights[C]//Nature & Biologically Inspired Computing, 2009, 210-214.

[202] YAO X, LIU Y, LIN G. Evolutionary programming made faster[J]. IEEE transactions on evolutionary computation, 1999, 3(2): 82-102.

[203] WU L, ZUO C, ZHANG H. A cloud model based fruit fly optimization algorithm[J]. Knowledge based systems, 2015, 89: 603-617.

[204] NIU J, ZHONG W, LIANG Y. Fruit fly optimization algorithm based on differential evolution and its application on gasification process operation optimization[J]. Knowledge based systems, 2015, 88:

253-263.

[205] YEH W C. An improved simplified swarm optimization[J]. Knowledge based systems, 2015, 82: 60-69.

[206] SALIMI H. Stochastic Fractal Search: A powerful metaheuristic algorithm[J]. Knowledge based systems, 2015, 75: 1-18.

[207] BEHERA N K S, ROUTRAY A R, NAYAK J. et al. Bird mating optimization based multilayer perceptron for diseases[J]. Smart innovation, systems and technologies, 2014, 33: 305-315.

[208] KHAJEHZADEH M, TAHA M R, ELSHAFIE A. A modified gravitational search algorithm for slope stability analysis[J]. Engineering applications of artificial intelligence, 2012, 25(8): 1589-1597.

[209] LI C S, ZHOU J Z. Semi-supervised weighted kernel clustering based on gravitational search for fault diagnosis[J]. ISA transactions, 2014, 53(5): 1534-1543.

[210] DUMAN S, GÜVENÇ U, SÖNMEZ Y, et al. Optimal power flow using gravitational search algorithm[J]. Energy conversion and management, 2012, 59: 86-95.

[211] BAHROLOLOUM A, NEZAMABADI-POUR H, BAHROLOLOUM H, et al. A prototype classifier based on gravitational search algorithm[J]. Applied soft computing, 2012, 12(2): 819-825.

[212] DOWLATSHAHI M B, NEZAMABADI-POUR H. GGSA: A Grouping Gravitational Search Algorithm for data clustering[J]. Engineering applications of artificial intelligence, 2014, 36: 114-121.

[213] SOMBRA A , VALDEZ F , MELIN P , et al. A new gravitational search algorithm using fuzzy logic to parameter adaptation[C]// IEEE Congress on Evolutionary Computation. IEEE, 2013.

[214] XU Y, WANG S. Enhanced version of gravitational search algorithm: weighted GSA[J]. Computer engineering and applications, 2011, 47(35): 188-192 .

[215] KHATIBINIA M, KHOSRAVI S. A hybrid approach based on an improved gravitational search algorithm and orthogonal crossover for optimal shape design of concrete gravity dams[J]. Applied soft computing, 2014, 16: 223-233.

[216] SARAFRAZI S, NEZAMABADI-POUR H, SEYDNEJAD S R. A novel hybrid algorithm of GSA with Kepler algorithm for numerical optimization[J]. Journal of King Saud University-computer and information sciences, 2015, 27(3): 288-296.

[217] MIRJALILI S A, MOHD S Z, SARDROUDI H M. Training feed forward neural networks using hybrid particle swarm optimization and gravitational search algorithm[J]. Applied mathematics and computation, 2012, 218(22): 11125-11137.

[218] KUMAR J V , KUMAR D M, EDUKONDALU K. Strategic bidding using fuzzy adaptive gravitational search algorithm in a pool based electricity market[J]. Applied soft computing, 2013, 13: 2445-2455.

[219] SU Z, WANG H. A novel robust hybrid gravitational search algorithm for reusable launch vehicle approach and landing trajectory optimization[J]. Neurocomputing, 2015, 162: 116-127.

[220] SARAFRAZI S, NEZAMABADI-POUR H, SARYAZDI S. Disruption: a new operator in gravitational search algorithm[J]. Scientia iranica, 2011, 18 (3): 539-548.

[221] WANG W, LI C, LIAO X, et al, Study on unit commitment problem considering pumped storage and renewable energy via a novel binary artificial sheep algorithm[J]. Applied Energy, 2017, 187: 612-626.

[222] WOLPERT D, MACREADY W. No free lunch theorems for optimization[J]. IEEE transactions on evolutionary computation, 1997, 1(1): 67-82.

[223] QU B Y, SUGANTHAN P N. Constrained multi-objective optimization algorithm with ensemble of constraint handling methods[J]. Engineering optimization. 2011, 43(4): 403-416.

[224] DEB K, PRATAP A, AGARWAL S, et al. A fast and elitist multi-objective genetic algorithm: NSGA-II[J]. IEEE transactions on evolutionary Computation, 2002, 6(2): 182-197.

[225] CHENG R, JIN Y C. A social learning particle swarm optimization algorithm for scalable

optimization[J]. Information sciences, 2015, 291(10): 43-60.

[226] DAS S, SUGANTHAN P N. Differential Evolution: A Survey of the State-of-the-Art[J]. IEEE transactions on evolutionary computation, 2011, 15:4 -31.

[227] KARABOGA D, BASTURK B. A powerful and efficient algorithm for numerical function optimization: Artificial bee colony (ABC) algorithm[J]. Journal of global optimization, 2007, 39(3): 459-471.

[228] WU Q . Cauchy mutation for decision-making variable of Gaussian particle swarm optimization applied to parameters selection of SVM[J]. Expert systems with applications, 2011, 38(5): 4929-4934.

[229] WU Q, LAW R. Cauchy mutation based on objective variable of Gaussian particle swarm optimization for parameters selection of SVM[J]. Expert systems with applications, 2011, 38(6): 6405-6411.

[230] VILANOVA R, VISIOLI A. PID Control in the Third Millennium[M]. London: Springer , 2012.

[231] ZENG H, LI D, JIANG X, et al. Nonlinear PID control for hydroturbine generator set[J]. Journal of Tsinghua University, 2004, 44(11): 1554-1557.

[232] MAHMOUD M, DUTTON K, DENMAN M. Design and simulation of a nonlinear fuzzy controller for a hydropower plant[J]. Electric power systems research,2005,73(2): 87-99.

[233] SAHU B K, PATI S, MOHANTY P K, et al. Teaching–learning based optimization algorithm based fuzzy-PID controller for automatic generation control of multi-area power system[J]. Applied soft computing, 2015,27: 240-249.

[234] VISEK E,MAZZRELLA L, MOTTA M. Performance Analysis of a Solar Cooling System Using Self Tuning Fuzzy-PID Control with TRNSYS[J]. Energy procedia, 2014, 57: 2609-2618.

[235] LIU C,PENG J F, ZHAO F Y, et al. Design and optimization of fuzzy-PID controller for the nuclear reactor power control[J]. nuclear engineering and design, 2009,239(11): 2311-2316.

[236] POTHIYA S, NGAMROO I. Optimal fuzzy logic-based PID controller for load-frequency control including superconducting magnetic energy storage units[J]. Energy conversions and management, 2008, 49(10): 2833-2838.

[237] YESIL E. Interval type-2 fuzzy PID load frequency controller using big bang-big Crunch optimization[J]. Applied soft computing,2014, 15: 100-112.

[238] DORRAH H. T, EL-GARHY A M, EL-SHIMY M E. PSO based optimized fuzzy controllers for decoupled highly interacted distillation process[J]. Ain shams engineering journal,2012, 3(3): 251-266.

[239] CASTILLO O, MARTINEZ A I, MARTINEZ A C. Evolutionary Computing for Topology Optimization of Type-2 Fuzzy Systems[J]. Hybrid intelligent systems, 2007, 208: 163-178.

[240] XU Y, ZHOU J, XUE X, et al. An adaptively fast fuzzy fractional order PID control for pumped storage hydro unit using improved gravitational search algorithm[J]. Energy conversion and management, 2016, 111: 67-78.

[241] LI C S, ZHANG N, LAI X, et al. Design of a fractional-order PID controller for a pumped storage unit using a gravitational search algorithm based on the Cauchy and Gaussian mutation[J]. Information sciences, 2017, 396: 162-181.

[242] 孙郁松, 孙元章, 卢强, 等. 水轮机调节系统非线性控制规律的研究[J]. 中国电机工程学报, 2001, 21(2): 56-59.

[243] 方庆红, 沈祖诒, 吴凯. 水轮机调节系统非线性扰动解耦控制[J]. 中国电机工程学报, 2004, 24(3): 151-155.

[244] 桂小阳, 梅生伟, 刘锋. 水轮机调速系统的非线性自适应控制[J]. 中国电机工程学报, 2006, 26(8): 66-71.

[245] LU Q, SUN Y S, SUN Y Z. Nonlinear decentralized robust governor control for hydroturbine-generator sets in multi-machine power systems[J]. International journal of electrical power & energy systems,

2004, 26(5): 333-339.

[246] 乃超, 刘锋, 梅生伟,等. 水轮机导叶开度的自适应非线性输出反馈控制[J]. 中国电机工程学报, 2008, 28(17):87-91.

[247] 王淑青. 水轮机调节系统控制策略及模型辨识方法研究[D]. 武汉: 华中科技大学, 2006.

[248] NATARAJAN K. Robust PID controller design for hydroturbines[J]. IEEE transactions on energy conversion, 2005, 20(3): 661-667.

[249] PODLUBNY I. Geometrical and physical interpretation of fractional integration and fractional differentiation[J]. Fractional calculus and applied analysis,2002, 5(4): 357-366.

[250] MONJE C A, VINAGRE B M, FELIU V, et al. Tuning and auto-tuning of fractional order controllers for industry applications[J]. Control engineering practice, 2008, 16(7): 798-812.

[251] MONJE C A, VINAGRE B M, CHEN Y Q , et al. Proposals for fractional tuning[C]// The First IFAC Symposium on Fractional Differentiation and its Applications, 2004, 38: 369-381.

[252] MURESAN C I, FOLEA S, MOIS G, DULF E H. Development and implementation of an FPGA based fractional order controller for a DC motor[J]. Mechatronics, 2012, 23(7): 798-804.

[253] PARIS L, SALVADERI L. Pumped-storage plant basic characteristics: their effect on generating system reliability[C]//Proc. Am. Power Conf, Ente Nazionale per l'Energia Elettrica, Rome, 1974: 403-418.

[254] VALÉRIO D , COSTA J S. Tuning of fractional PID controllers with Ziegler-Nichols type rules[J]. Signal process, 2006,86(10): 2771-2784.

[255] VALÉRIO D, COSTA JS. Tuning rules for fractional PID[M]//Advances in Fractional Calculus, Springer Netherlands, 2007, 463-476.

[256] ACILAR A M, ARSLAN A. Optimization of multiple input–output fuzzy membership functions using clonal selection algorithm[J]. Expert systems with applications, 2011, 38(3): 1374-1381.

[257] KHOOBAN M H, NIKNAM T. A new intelligent online fuzzy tuning approach for multi-area load frequency control: Self Adaptive Modified Bat Algorithm[J]. International journal of electrical power and energy systems,2015, 71: 254-261.

[258] CHALGHOUM I, ELAOUD S, AKROUT M, et al. Transient behavior of a centrifugal pump during starting period[J]. Applied Acoustics, 2016, 109: 82-89.

[259] LINDENMEYER D, MOSHREF A, SCHAEFFER C, et al. Simulation of the start-up of a Hydro Power plant for the emergency power supply of a nuclear power station[J]. IEEE transactions on power systems, 2001, 16: 163–169.

[260] LING K, YE L, JIANG T. A closed-loop start-up control strategy and its simulation studies for hydroelectric generating units[C]//Proceedings of the International Conferences on Info-Tech and Info-Net (ICII 2001), Beijing, China, 2001, 4: 209-214.

[261] CHEN S Y, ZHANG G S, ZHAO R, et al. Program control based starting-up control strategy of hydroelectric generating sets[J]. Power systems. Technology, 2005: 29.

[262] BAO H, YANG J, FU L. Study on Nonlinear Dynamical Model and Control Strategy of Transient Process in Hydropower Station with Francis Turbine[C]//Proceedings of the Power and Energy Engineering Conference(APPEEC 2009), Wuhan, China, 2009: 1-6.

[263] ZHANG J B, XIE J C, JIAO S B. Study on optimum start-up rule for hydroelectric generating units[J]. Journal of hydraulic engineering, 2004, 35: 53-59.

[264] ZHOU B, YONGLIANG S U, LUO R, J. Comparison and Optimization of Two Control Technologies on Hydraulic Turbine Start-up Process[J]. Hydropower automation and dam monitoring, 2013: 37.

[265] SABOYA I, EGIDO I, ROUCO L.Start-Up Decision of a Rapid-Start Unit for AGC Based on Machine Learning[J]. IEEE transactions on power systems. 2013, 28: 3834-3841.

[266] ZENG W , YANG J , HU J , et al. Guide-vane closing schemes for pump-turbines based on transient characteristics in s-shaped region[J]. Journal of fluids engineering, 2016, 138(5).

[267] 刘立志, 樊红刚, 陈乃祥. 抽水蓄能电站导叶关闭规律的优化[J]. 清华大学学报(自然科学版), 2006, (11): 1892-1895.

[268] 卢伟华, 陆健辉, 沈波. 抽水蓄能电站可逆机组三段折线关闭规律研究[J]. 人民长江, 2009, (19): 86-89.

[269] 王丹. 导叶启闭规律及水轮机特性曲线对水电站过渡过程的影响研究[D]. 武汉: 武汉大学, 2004.

[270] 张东升. 抽水蓄能电站过渡过程计算与导叶关闭规律研究[D]. 武汉: 华中科技大学, 2013.

[271] 张健, 房玉厅, 刘徽, 等. 抽水蓄能电站可逆机组关闭规律研究[J]. 流体机械, 2004, (12): 14-18.

[272] ZHAO W, WANG L, ZHAI Z. Application of Multi-objective Optimized Methods in the Closure law of Guide-vanes[C]//Chinese Control and Decision Conference. IEEE, 2010: 3552-3556.

[273] LIU L, FAN H, CHEN N. Optimization of distributor closure law in pumped-storage stations[J]. Journal of tsinghua university, 2006, 46(11): 1892-1895.

[274] LIU X, ZHENG Y, GAO Y. Closure law of guide-vane of reversible pump-turbine for pumped-storage power stations[J]. Water resources & power, 2011, 5(2): 504-514.

[275] HOU C S, CHENG Y G. Optimized closing procedures of wicket gate and ball valve for high head reversible pump-turbine unit[J]. Journal of wuhan university of hydraulic & electric engineering, 2005.

[276] ZHANG C, YANG J. Study on linkage closing rule between ball valve and guide-vane in high head pumped-storage power station[J]. Water resources & power, 2011,29(12): 128-131.

[277] LIN X, CHEN N, LI H, et al. Transient simulation with mixed free surface pressure flow for right bank underground hydropower station of the Three Gorges[J]. Journal of Tsinghua University, 1999, 39(11): 29-31.

[278] ZHOU J, XU Y, ZHENG Y, et al. Optimization of guide vane closing schemes of pumped storage hydro unit using an enhanced multi-objective gravitational search algorithm[J]. Energies, 2017, 10: 911.